工业和信息化部"十四五"规划专著

纤维金属层板的失效行为
与应用性能

Failure Behaviours and Application Performance of Fiber Metal Laminates

陶 杰 李华冠 靳 凯 著

科学出版社

北 京

内 容 简 介

纤维金属层板作为一种超混杂复合材料，综合了传统纤维复合材料和金属材料的特点，具有高的比强度和比刚度，并兼具优异的抗冲击和耐疲劳性能，是航空航天、轨道交通及汽车等领域备受青睐的先进复合材料。本书共 8 章，详细介绍了作者团队近年来在纤维金属层板失效理论及应用性能方面的研究结果；重点阐述了纤维金属层板在不同承载条件下的失效行为特征及界面、残余应力对其损伤产生的影响；同时，聚焦乏燃料贮存、汽车吸能结构、高速列车蒙皮等方面的应用，详述了该类材料的应用性能。

本书可以为从事超混杂复合材料、纤维复合材料、先进复合材料轻量化设计方面研究的科研人员和工程技术人员提供参考。

图书在版编目(CIP)数据

纤维金属层板的失效行为与应用性能/陶杰, 李华冠, 靳凯著. —北京：科学出版社，2023.3

ISBN 978-7-03-068453-0

I.①纤⋯　Ⅱ.①陶⋯　②李⋯　③靳⋯　Ⅲ.①纤维–金属板–研究　Ⅳ.①TG147

中国版本图书馆 CIP 数据核字(2021)第 049967 号

责任编辑：李涪汁　曾佳佳/责任校对：杜子昂
责任印制：张　伟/封面设计：许　瑞

科 学 出 版 社 出版
北京东黄城根北街 16 号
邮政编码：100717
http://www.sciencep.com

北京中科印刷有限公司 印刷
科学出版社发行　各地新华书店经销
*
2023 年 3 月第 一 版　开本：720 × 1000　1/16
2023 年 3 月第一次印刷　印张：17 1/2
字数：350 000
定价：149.00 元
(如有印装质量问题, 我社负责调换)

前　　言

纤维金属层板 (fiber metal laminates，FMLs) 源于航空航天工业，是一种由金属薄板和纤维复合材料交替铺层后，在一定的温度和压力下固化而成的层间混杂复合材料，也称超混杂层板 (super hybrid laminates)。FMLs 综合了传统纤维复合材料和金属材料的特点，具有突出的可设计性、高的比强度和比刚度、优良的疲劳性能以及高损伤容限，在航空航天领域获得了广泛的应用。随着复合材料在各领域应用的不断推广，以及结构轻量化、结构功能一体化要求的不断提高，该类超混杂复合材料在汽车、轨道交通、核电等其他领域具有广阔的应用前景。

在围绕 FMLs 的研究中，针对其承载特征及失效行为的探索始终是重要热点。FMLs 力学行为及损伤机制复杂，失效模式包括纤维脱粘及断裂、界面分层、金属断裂及基体开裂等；而围绕其失效行为的研究，离不开对其界面和残余应力场的分析。一方面，FMLs 具有复杂的界面体系，其中金属层/纤维复合材料层界面(简称金属层/纤维层界面) 作为弱界面，决定了金属层与纤维复合材料层的结合强度与应力传递，主导了 FMLs 的综合性能与失效行为。针对 FMLs 界面性能的评价方法争议，提出其层间断裂韧性等界面性能的科学评价方法；并在此基础上，掌握其界面增强方式，揭示胶黏剂、碳纳米管等界面组成成分及表面处理工艺对界面的增强作用，是围绕 FMLs 的重要研究议题。另一方面，FMLs 因金属层、纤维复合材料层热膨胀系数的差异，在其制备成形、加工、装配以及服役过程中均涉及残余应力的形成与演化，对其失效行为和性能精准预测具有显著的影响，揭示残余应力的形成、演变对其失效行为的影响，对深入认识 FMLs 的承载理论具有重要意义。

同时，FMLs 在核电工业、汽车工业及轨道交通等领域的应用研究不断开展，基于超混杂复合材料设计原理，针对不同应用领域部件的受载要求，对 FMLs 进行材料体系和结构的设计，是近年来国内外围绕 FMLs 研究的又一重要热点。从该角度出发，除了分析 FMLs 的基本力学性能和失效行为，还应更加关注其在不同应用领域、受载条件下的应用性能。

作者及研究团队近年来持续开展 FMLs 的失效理论与应用性能研究。在FMLs 的失效行为方面，长期致力于 FMLs 损伤机制与界面性能研究，建立了FMLs 宏细观力学模型，探索了残余应力的形成与演变、界面特性对 FMLs 失效行为的影响机制，揭示了热塑性 FMLs 在温热条件下的基本力学性能特征与动态应变时效特征。在 FMLs 的应用性能方面,致力于交通及运载工具用吸能盒、新型乏燃料贮存结构、高速列车蒙皮结构等用 FMLs 的设计研发,并系统开展了其应用性能研究。上述工作的开展将有效助力 FMLs 的研究及其在我国航空、轨道交通、汽车、核电等领域的应用。

　　全书主要由陶杰、李华冠和靳凯撰写,陶杰、李华冠负责全书的统稿、定稿,项俊贤负责全书的文字校对。各章试验研究和撰写分工如下:李华冠和靳凯 (第 1 章),王昊和项俊贤 (第 2 章),华小歌和项俊贤 (第 3 章),张娴、王浩及林艳艳 (第 4 章),陈虞杰和陶杨洋 (第 5 章),韩正东和陈熹 (第 6 章),符学龙 (第 7 章),林艳艳 (第 8 章)。此外,研究生陆一等在 FMLs 固化和喷丸残余应力等方面开展了深入研究;代尔夫特理工大学 René Alderliesten 教授及本团队郭训忠教授、潘蕾教授、沈一洲教授在 FMLs 的力学分析、性能评价和数值模拟等方面提供了有益的建议和帮助。本书的研究工作还获得了国家自然科学基金、国家重点研发计划、中国科协青年人才托举工程、江苏省重点研发计划等多项课题的支持,本书入选了工业和信息化部"十四五"规划专著,在此一并表示衷心的感谢!

　　还要感谢航空工业成都飞机工业 (集团) 有限责任公司、中航西安飞机工业集团股份有限公司、航空工业第一飞机设计研究院、南京玻璃纤维研究设计院有限公司、中车青岛四方机车车辆股份有限公司、江苏省产品质量监督检验研究院、南京康尼机电股份有限公司等在 FMLs 研究中的支持与帮助。特别感谢南京航空航天大学及材料科学与技术学院对本书出版的大力支持!

　　由于作者水平有限,书中内容难免有疏漏和不妥之处,敬请读者批评指正。

作　者

2022 年 3 月 25 日

目　　录

扫码查看彩图

第 1 章　纤维金属层板的力学分析

纤维金属层板是复合材料的一种，对其的研究按照复合材料力学模型的精细程度可以分为细观力学和宏观力学两部分。其中，细观力学是以纤维、树脂和金属作为基本研究单元，分析各组分之间的相互作用。根据纤维及金属的铺设形式，纤维、树脂、金属三者的力学性能，以及三者之间的相互作用等条件来分析材料的整体力学性能。该方法对研究材料破坏机制以及材料性能提高方法有显著作用。宏观力学是基于复合材料表观性能来研究各组分作用的方法，该方法将纤维和树脂构成的具有各向异性的纤维层与薄层金属层叠铺放形成纤维金属层板，进而分析整体的强度和刚度等力学特性。该方法可以较为快速地分析单层和整体材料的各种力学性质。

1.1　纤维金属层板细观力学分析

纤维金属层板是由纤维、树脂和金属共同构成，各组分的相互作用会直接影响材料性能，采用细观力学的方法可以近似预测各层材料力学性能。本节采用材料力学方法和弹性力学方法来分析预测材料的力学性能，主要利用各组分材料的性能以及相对体积含量来预测纤维金属层板的刚度和强度。

细观力学分析中存在几个基本假设 [1]：① 纤维是各向异性的、均匀的、线弹性的，呈线性规则排列；② 树脂基体是各向同性的、均匀的、线弹性的；③ 金属是各向同性的、均匀的、弹塑性的；④ 各组分及其界面均无缺陷，黏结完整牢固。

1.1.1　刚度的材料力学分析方法

在细观结构中假设纤维、树脂和金属的应变在拉伸方向是相等的，如图 1.1 所示，即加载前后整体截面保持为平面。

由图 1.1 可知沿着纤维方向 (平行纤维方向)，纤维、树脂和金属三者的应变假设均为 ε_1，可由式 (1.1) 得出。假设三种材料均处于弹性变形状态，因此各自应力可由式 (1.2)∼ 式 (1.4) 得出 [2]。

$$\varepsilon_1 = \frac{\Delta l}{l} \tag{1.1}$$

$$\sigma_{\mathrm{f}} = E_{\mathrm{f}}\varepsilon_1 \tag{1.2}$$

$$\sigma_p = E_p \varepsilon_1 \tag{1.3}$$

$$\sigma_m = E_m \varepsilon_1 \tag{1.4}$$

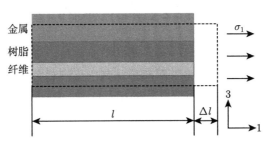

图 1.1　体积单元纵向 (1 方向) 拉伸受力变形图

平均应力 σ_1 作用在横截面积 A 上，对应各组分的横截面为 A_f、A_p、A_m，因此作用在纤维金属层板体积单元的合力为

$$P = A\sigma_1 = \sigma_f A_f + \sigma_p A_p + \sigma_m A_m \tag{1.5}$$

代入相应应力表达式，得出：

$$E_1 \varepsilon_1 = E_f \varepsilon_1 \frac{A_f}{A} + E_p \varepsilon_1 \frac{A_p}{A} + E_m \varepsilon_1 \frac{A_m}{A} \tag{1.6}$$

消去 ε_1 并引入各组分体积分数 $V_f = \dfrac{A_f}{A}$、$V_p = \dfrac{A_p}{A}$、$V_m = \dfrac{A_m}{A}$，对于纤维金属层板来说，纤维和树脂共同构成一个整体，简称纤维层，通常用纤维体积分数 (V_f) 表示，因此树脂的体积分数可表达为 $V_p = 1 - V_f$，而金属层和纤维层共同构成纤维金属层板的整体结构，宏观弹性模量可根据两者的体积比来计算，假设纤维层体积占比为 a $(0 < a < 1)$，则沿着纤维方向的整体弹性模量 $E_1^{[2]}$ 可表达为

$$E_1 = a\left[E_f V_f + E_p \left(1 - V_f\right)\right] + (1 - a) E_m V_m \tag{1.7}$$

假设纤维金属层板为 3/2 结构 (即三层金属层、两层纤维层)，金属层单层厚度 0.2 mm，弹性模量 70 GPa，纤维层中纤维弹性模量 230 GPa，纤维含量 65%，树脂弹性模量 5 GPa，单层厚度分别采用 0.125 mm、0.25 mm、0.375 mm、0.5 mm、0.625 mm、0.75 mm、0.875 mm、1.0 mm，则计算得出各自弹性模量如图 1.2 所示。

由图 1.2 可知，提高纤维层体积含量可提升整体结构刚度，但随着纤维层体积含量的增加，整体刚度的增强作用逐渐减弱。

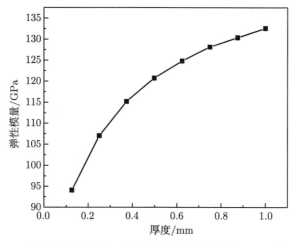

图 1.2 纤维层不同厚度下纤维金属层板的弹性模量 E_1 变化图

假设纤维金属层板中金属层单层厚度 0.2 mm,弹性模量 70 GPa,纤维层中纤维弹性模量 230 GPa,纤维含量 65%,树脂弹性模量 5 GPa,单层厚度 0.25 mm,则 2/1、3/2、4/3、5/4、6/5、7/6、8/7、9/8 结构的纵向拉伸弹性模量计算如图 1.3 所示。

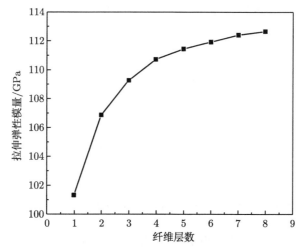

图 1.3 不同结构下纤维金属层板的拉伸弹性模量 E_1 变化图

从图 1.3 中可以看出,提高结构层数可显著提高整体结构刚度,但是存在刚度极值。相比于提高纤维层体积含量,单纯增加结构层数对整体刚度提升不大。

垂直于纤维方向进行横向拉伸时 (图 1.4 的 2 方向),纤维金属层板整体承受

σ_2 的应力作用，整体结构被拉伸，宽度方向发生应变 ε_2。

$$\varepsilon_2 = \frac{\Delta w}{w} \tag{1.8}$$

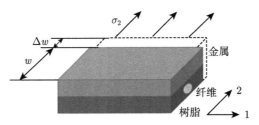

图 1.4　体积单元横向 (2 方向) 拉伸受力变形图

其中金属层变形与纤维层变形一致，横向应变均为 ε_2，但纤维层内部纤维和树脂基体的横向应变分别为 ε_f 和 ε_p，表达式为

$$\varepsilon_f = \frac{\sigma_{f+p}}{E_f} \tag{1.9}$$

$$\varepsilon_p = \frac{\sigma_{f+p}}{E_p} \tag{1.10}$$

纤维层各组分的横向应变仅作用在各组分自身，因此总体应变根据体积分数获得，见式 (1.11)：

$$\varepsilon_2 = V_f \varepsilon_f + V_p \varepsilon_p \tag{1.11}$$

代入树脂基体的横向应变表达式 (1.10) 得

$$\sigma_{f+p} = \varepsilon_2 \bigg/ \left(\frac{V_f}{E_f} + \frac{V_p}{E_p} \right) \tag{1.12}$$

$$E_{f+p} = \frac{1}{\dfrac{V_f}{E_f} + \dfrac{V_p}{E_p}} = \frac{E_f E_p}{V_f E_p + V_p E_f} \tag{1.13}$$

对于整体的纤维金属层板横向拉力，表达式为

$$P = A\sigma_2 = \sigma_m A_m + \sigma_{f+p} A_{f+p} \tag{1.14}$$

分别将金属层应力 $\sigma_m = E_m \varepsilon_2$，纤维层应力表达式 (1.12)，体积分数 $V_{f+p} = \dfrac{A_{f+p}}{A}$、$V_m = \dfrac{A_m}{A}$ 代入，整理得

$$E_2 \varepsilon_2 = E_m \varepsilon_2 \frac{A_m}{A} + E_{f+p} \varepsilon_2 \frac{A_{f+p}}{A} \tag{1.15}$$

即

$$E_2 = E_{\mathrm{m}} \frac{A_{\mathrm{m}}}{A} + E_{\mathrm{f+p}} \frac{A_{\mathrm{f+p}}}{A} \tag{1.16}$$

假设纤维金属整体单元结构中纤维层体积占比为 a $(0 < a < 1)$，则金属层占比为 $1-a$，因此，整体纤维金属层板横向拉伸模量的计算公式为[3]

$$E_2 = (1-a) E_{\mathrm{m}} + a \frac{E_{\mathrm{f}} E_{\mathrm{p}}}{V_{\mathrm{f}} E_{\mathrm{p}} + (1 - V_{\mathrm{f}}) E_{\mathrm{f}}} \tag{1.17}$$

假设纤维金属层板采用 3/2 结构，金属层单层厚度 0.2 mm，弹性模量 70 GPa，纤维层中纤维的含量 65%，树脂弹性模量 5 GPa，单层厚度 0.25 mm，则分别采用弹性模量为 50 GPa、100 GPa、150 GPa、200 GPa、250 GPa 的纤维进行计算，结果如图 1.5 所示。由图可知，增加纤维模量对横向拉伸刚度的提升极为有限。

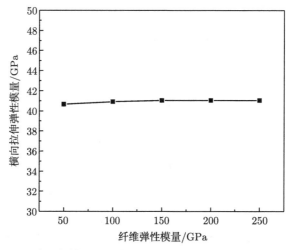

图 1.5   不同纤维弹性模量下纤维金属层板的横向拉伸弹性模量 E_2 变化图

假设纤维金属层板采用 3/2 结构，金属层单层厚度 0.2 mm，弹性模量 70 GPa，纤维层中纤维弹性模量 200 GPa，树脂的弹性模量 5 GPa，单层厚度 0.25 mm，分别采用纤维含量 40%、50%、60%、70%、80%、90% 进行计算，结果如图 1.6 所示。由图可知，纤维含量显著增加才能一定程度上提高整体的横向刚度，但整体提升幅度仍然有限。

对于轴向平面的泊松比 μ_{21}，其定义为仅有单向拉伸时，横向应变与纵向应变的负比值。

$$\mu_{21} = -\varepsilon_2 / \varepsilon_1 \tag{1.18}$$

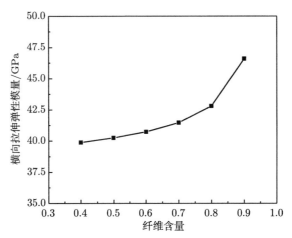

图 1.6　不同纤维含量下纤维金属层板的横向拉伸弹性模量 E_2 变化图

横向变形 (图 1.7) 表示为

$$\Delta B = -B\varepsilon_2 = B\mu_{21}\varepsilon_1 \tag{1.19}$$

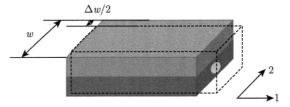

图 1.7　体积单元纵向 (1 方向) 拉伸受力三维变形图

又有 $\Delta B = \Delta B_{\mathrm{f+p}} + \Delta B_{\mathrm{m}}$，其中纤维层体积占比为 a，可得

$$\Delta B_{\mathrm{f+p}} = aB\varepsilon_2 = aB\mu_{\mathrm{f+p}}\left(V_{\mathrm{f}}\varepsilon_{\mathrm{f}} + V_{\mathrm{p}}\varepsilon_{\mathrm{p}}\right)\varepsilon_1 \tag{1.20}$$

$$\Delta B_{\mathrm{m}} = (1-a)B\varepsilon_2 = (1-a)B\mu_{\mathrm{m}}\varepsilon_1 \tag{1.21}$$

因此，泊松比 μ_{21} 整理得

$$\mu_{21} = a\mu_{\mathrm{f+p}}\left[V_{\mathrm{f}}\varepsilon_{\mathrm{f}} + (1-V_{\mathrm{f}})\varepsilon_{\mathrm{p}}\right] + (1-a)\mu_{\mathrm{m}} \tag{1.22}$$

由刚度矩阵对称性知

$$\mu_{12} = \frac{E_2}{E_1}\mu_{21} \tag{1.23}$$

1.1.2 强度的材料力学分析方法

对于纤维金属层板的强度预测,主要基于各组分的性能。由于材料性质不同,各组分的强度和刚度存在明显差异,并且强度分析时影响因素众多,如纤维的强度、体积含量、位置分布、制造工艺、界面强度等。在细观力学分析时很难全面考虑各种因素,往往需要简化模型利用数学分析得到近似结果。

模型分析可以定性地帮助进行材料结构设计,可评估纤维、树脂和金属的性能对整体结构强度的影响,从而为改善整体性能提供指导意见。这里简单介绍纤维方向的拉伸和压缩强度、横向拉伸和压缩强度以及剪切强度的分析流程。

以单向铺层的纤维金属层板为例,拉伸变形可分为四个阶段[4]:

(1) 纤维、树脂和金属均为弹性变形阶段;

(2) 树脂和金属发生塑性变形,纤维继续弹性变形;

(3) 纤维也处于塑性变形阶段;

(4) 纤维断裂或树脂破裂导致层板破坏。

因此,考虑各组分情况,以等强度来分析各组分变形。假设单向铺层的每根纤维强度相等,若纤维含量到达一定数值时,纤维拉伸应变达到其最大应变 $\varepsilon_{\mathrm{f,max}}$ 时,纤维金属层板达到拉伸强度极限[4],此时材料拉伸强度可表示为

$$X_{\mathrm{t}} = a\left[X_{\mathrm{f}}V_{\mathrm{f}} + \sigma\left(\varepsilon_{\mathrm{f,max}}\right)_{\mathrm{p}}\left(1 - V_{\mathrm{f}}\right)\right] + \left(1 - a\right)\sigma\left(\varepsilon_{\mathrm{f,max}}\right)_{\mathrm{m}} \tag{1.24}$$

式中,X_{f} 为纤维拉伸强度;$\sigma\left(\varepsilon_{\mathrm{f,max}}\right)_{\mathrm{p}}$ 和 $\sigma\left(\varepsilon_{\mathrm{f,max}}\right)_{\mathrm{m}}$ 分别为树脂和金属在纤维极限应变时的拉伸应力。

根据各组分强度 $X_{\mathrm{f}} > X_{\mathrm{m}} > X_{\mathrm{p}}$,显然存在临界组分,即纤维在纤维层的含量要达到一定比例,同时纤维层在整个纤维金属层板中也要达到一定比例。因此存在两个相对体积含量的临界值 $V_{\mathrm{cr,(F/FRP)}}$ 和 $V_{\mathrm{cr,(FRP/FML)}}$:

$$V_{\mathrm{cr,(F/FRP)}} = \frac{X_{\mathrm{p}} - \sigma\left(\varepsilon_{\mathrm{f,max}}\right)_{\mathrm{p}}}{X_{\mathrm{f}} - \sigma\left(\varepsilon_{\mathrm{f,max}}\right)_{\mathrm{p}}} \tag{1.25}$$

$$V_{\mathrm{cr,(FRP/FML)}} = \frac{X_{\mathrm{m}} - \sigma\left(\varepsilon_{\mathrm{f,max}}\right)_{\mathrm{m}}}{X_{\mathrm{FRP}} - \sigma\left(\varepsilon_{\mathrm{f,max}}\right)_{\mathrm{m}}} \tag{1.26}$$

式中,$X_{\mathrm{FRP}} = X_{\mathrm{f}}V_{\mathrm{f}} - \sigma\left(\varepsilon_{\mathrm{f,max}}\right)_{\mathrm{p}}\left(1 - V_{\mathrm{f}}\right)$。纤维起到增强作用需同时满足四个条件:$V_{\mathrm{f}} > V_{\mathrm{cr,(F/FRP)}}$,$a = V_{\mathrm{FRP}} > V_{\mathrm{cr,(FRP/FML)}}$,$X_{\mathrm{FRP}} > X_{\mathrm{p}}$,$X_{\mathrm{t}} > X_{\mathrm{m}}$。

如果纤维在纤维层中完全不起作用,则可推导出最少纤维含量表达式:

$$X_{\mathrm{f}}V_{\mathrm{f,min}} + \sigma\left(\varepsilon_{\mathrm{f,max}}\right)_{\mathrm{p}}\left(1 - V_{\mathrm{f,min}}\right) = X_{\mathrm{p}}\left(1 - V_{\mathrm{f,min}}\right) \tag{1.27}$$

$$V_{\mathrm{f,min}} = \frac{X_{\mathrm{p}} - \sigma \left(\varepsilon_{\mathrm{f,max}}\right)_{\mathrm{p}}}{X_{\mathrm{f}} + X_{\mathrm{p}} - \sigma \left(\varepsilon_{\mathrm{f,max}}\right)_{\mathrm{p}}} \tag{1.28}$$

若纤维层在纤维金属层板中完全不起增强作用, 则有最少纤维增强材料含量 (即纤维层体积分数) 表达式:

$$a_{\min} \left[X_{\mathrm{f}} V_{\mathrm{f}} + \sigma \left(\varepsilon_{\mathrm{f,max}}\right)_{\mathrm{p}} \left(1 - V_{\mathrm{f}}\right) \right] = \left(1 - a_{\min}\right) X_{\mathrm{m}} \tag{1.29}$$

$$a_{\min} = \frac{X_{\mathrm{m}}}{X_{\mathrm{f}} V_{\mathrm{f}} + \sigma \left(\varepsilon_{\mathrm{f,max}}\right)_{\mathrm{p}} \left(1 - V_{\mathrm{f}}\right) + X_{\mathrm{m}}} \tag{1.30}$$

同时满足, $X_{\mathrm{f}} V_{\mathrm{f}} + \sigma \left(\varepsilon_{\mathrm{f,max}}\right)_{\mathrm{p}} \left(1 - V_{\mathrm{f}}\right) > X_{\mathrm{m}}$。

因此, 可根据纤维的体积分数来确定最低的纤维层体积含量。假设金属抗拉强度为 400 MPa, 玻璃纤维抗拉强度为 2000 MPa, 延伸率为 2%, 树脂基体抗拉强度为 100 MPa, 延伸率为 5%, 则根据纤维体积变化, 纤维层的最低含量如图 1.8 所示。

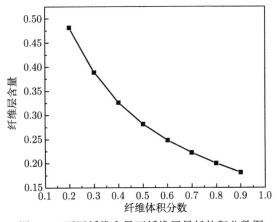

图 1.8   不同纤维含量下纤维层最低体积分数图

与纵向拉伸不同, 对于纤维金属层板的纵向压缩, 主要存在两种破坏形式, 即纤维的屈曲失稳破坏, 抑或是树脂基体的压溃或剪切断裂破坏, 取其中最小载荷来确定压缩强度。

纤维在基体发生屈曲, 细观层面采用柱状弹性模型 [5]。有两种可能的形式 (图 1.9): 一种是纤维彼此反向形成 "拉伸" 型, 树脂基体交替产生垂直于纤维的拉压变形。另一种是纤维同向屈曲形成 "剪切" 型, 基体承受剪切变形。

应用能量法求解纤维临界屈曲载荷, 变形到屈曲状态时纤维应变能改变量 ΔU_{f}、树脂基体应变能改变量 ΔU_{p} 以及金属应变能改变量 ΔU_{m} 应等于外力做

功 [6-8]，即屈曲方程为

$$\Delta U = \Delta U_f + \Delta U_p + \Delta U_m = \Delta W \tag{1.31}$$

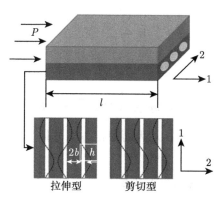

图 1.9　压缩屈曲示意图

单根纤维在 2 方向屈曲时位移为 v，用三角级数表示为

$$v = \sum_{n=1}^{\infty} a_n \sin \frac{n\pi\Delta l}{l} \tag{1.32}$$

1. 压缩时纤维层呈现拉伸型式计算 [9]

树脂基体应变为 $\varepsilon_p = \dfrac{v}{b}$，应力为 $\sigma_p = E_p \dfrac{v}{b}$，因而应变能变化量 ΔU_p 可计算得

$$\Delta U_p = \frac{1}{2} \int_V \sigma_p \varepsilon_p \mathrm{d}V = \frac{E_p l}{2b} \sum_{n=1}^{\infty} a_n^2 \tag{1.33}$$

同理，金属应变能变化量 ΔU_m 可计算得

$$\Delta U_m = \frac{1}{2} \int_V \sigma_m \varepsilon_m \mathrm{d}V = \frac{E_m l}{2b+h} \sum_{n=1}^{\infty} a_n^2 \tag{1.34}$$

纤维应变能变化量 ΔU_f 为

$$\Delta U_f = \frac{1}{2} \int_V \sigma_f \varepsilon_f \mathrm{d}V = \frac{\pi^4 E_f h}{48 l^3} \sum_{n=1}^{\infty} n^4 a_n^2 \tag{1.35}$$

外力做功为 $\Delta W = P\delta$，其中 δ 为压缩作用下层板两端缩短的距离，因此有

$$\Delta W = P \frac{\pi^2}{4l} \sum_{n=1}^{\infty} n^2 a_n^2 \tag{1.36}$$

整理得

$$P = \frac{\dfrac{E_{\mathrm{p}}l}{2b}\sum\limits_{n=1}^{\infty}a_n^2 + \dfrac{E_{\mathrm{m}}l}{2b+h}\sum\limits_{n=1}^{\infty}a_n^2 + \dfrac{\pi^4 E_{\mathrm{f}}h}{48l^3}\sum\limits_{n=1}^{\infty}n^4 a_n^2}{\dfrac{\pi^2}{4l}\sum\limits_{n=1}^{\infty}n^2 a_n^2} = \sigma_{\mathrm{f}}h \tag{1.37}$$

当第 i 个正弦波时，P 达到极小值，则有

$$\sigma_{\mathrm{f}} = \frac{P_i}{h} = \frac{\pi^2 E_{\mathrm{f}}h^2}{12l^2}\left[i^2 + \frac{24l^4 E_{\mathrm{p}}}{\pi^4 bh^3 E_{\mathrm{f}}}\left(\frac{1}{i^2}\right) + \frac{48l^4 E_{\mathrm{p}}}{\pi^4\left(2b+h\right)h^3 E_{\mathrm{f}}}\left(\frac{1}{i^2}\right)\right] \tag{1.38}$$

此时纤维压缩强度 $X_{\mathrm{f}} = \sigma_{\mathrm{f}}$，因而根据各组分体积分数，可求出整体压缩强度 X_{c}。

2. 压缩时纤维层呈现剪切型式计算 [9]

树脂基体和金属的剪切应变能为主要组成，忽略纤维的剪切变形，则剪切应变的表达式为

$$\gamma_{xy} = \left(\frac{\partial u}{\partial y} + \frac{\partial v}{\partial x}\right)_{\mathrm{p}} \tag{1.39}$$

位移 v 与 y 无关，剪切应变也与 y 无关，因而有

$$\gamma_{xy} = \left(1 + \frac{h}{2b}\right)\left(\frac{\partial v}{\partial x}\right)_{\mathrm{f}} \tag{1.40}$$

又因 $\tau_{xy} = G_{\mathrm{p}}\gamma_{xy}$，则树脂总应变能变化为

$$\Delta U_{\mathrm{p}} = \frac{1}{2}\int_V \tau_{\mathrm{p}}\gamma_{\mathrm{p}}\mathrm{d}V = \frac{G_{\mathrm{p}}\left(2b+h\right)}{2b}\frac{\pi^2}{2l}\sum_{n=1}^{\infty}n^2 a_n^2 \tag{1.41}$$

又由式 (1.34) 和式 (1.35)，基于能量平衡方程得到纤维临界应力为

$$\sigma_{\mathrm{f}} = \frac{P_i}{h} = \frac{G_{\mathrm{p}}2b}{h}\left(1 + \frac{h}{2b}\right)^2 + \frac{\pi^2 E_{\mathrm{f}}h^2}{12l^2}i^2 \tag{1.42}$$

对于 l/b 远大于 h 时，纤维项可以忽略，可得

$$\sigma_{\mathrm{f,cr}} = \frac{G_{\mathrm{p}}}{V_{\mathrm{f}}\left(1 - V_{\mathrm{f}}\right)} = X_{\mathrm{f}} \tag{1.43}$$

对于整体的压缩强度则有

$$X_{\mathrm{c}} = V_{\mathrm{f}}X_{\mathrm{f}} = \frac{G_{\mathrm{p}}}{1 - V_{\mathrm{f}}} \tag{1.44}$$

1.2　纤维金属层板宏观力学分析

将多层单层板黏合在一起组成整体的结构板称为层合板。纤维金属层板是层合板的一种，是纤维层与金属层交替铺贴堆叠构成的整体结构。其性能与铺贴的各组分材料性能有关，且与堆叠和铺层方式有关。结构上有以下几个特点[10]。

(1) 层板中的纤维层一般有不同的铺层角度，因而层板整体不一定有确定的材料主方向；

(2) 层板的刚度取决于各组分的材料性能、纤维层的铺层角度以及纤维层与金属层的堆叠方式，层板整体结构刚度可通过公式来估算；

(3) 层板具有耦合效应，在面内拉剪载荷下可引起弯扭变形，在弯扭载荷作用下可引起拉剪变形；

(4) 层板某一层破坏失效后，其余各层会分担载荷进而继续承载，因而整体结构不会立刻破坏失效，是渐进损伤失效过程；

(5) 层板各组分黏结在一起，在变形时各组分协调作用，因而存在层间应力。

采用宏观力学手段，将各组分单层板视作均匀的各向异性薄板，再组合为一个整体，进而分析刚度和强度[10]。

纤维金属层板的表示方式简单介绍如下。

纤维金属层板的金属层假设为各向同性材料，而纤维层根据纤维方向存在各向异性。选择结构的自然轴方向为坐标系，即全局坐标系，如图 1.10 所示。选定坐标系之后要对各组分进行标号，纤维单层板主方向 (1 方向) 与全局坐标系 x 轴的夹角 θ (以逆时针方向为正) 标记为该层的标号，金属板直接标出其材料代号，如 Al 或 Ti。对于各组分等厚的单层板组成的层板，可以用纤维角度和金属代号交替表示，若层板第一层为铝合金，第二层为 +45° 纤维，第三层为 0° 纤维，第四层为 −45° 纤维，第五层为钛合金，则标号为 [Al/+45/0/−45/Ti]。对于非等厚各组分则要标明各层厚度，例如上述铺层层板，若铝合金厚度为 0.2 mm，纤维层厚度为 0.125 mm，钛合金厚度为 0.25 mm，则应标记为 [Al (0.2 mm)/+45 (0.125 mm)/0 (0.125 mm)/−45 (0.125 mm)/Ti (0.25 mm)]。

在纤维金属层板弹性变形范围内进行刚度分析，可推导出一般的刚度分析计算公式。纤维金属层板是由纤维和金属的单层板组成，平面应力状态下，材料的应力–应变关系由式 (1.45) 表示。

$$
\begin{bmatrix} \sigma_1 \\ \sigma_2 \\ \sigma_3 \end{bmatrix} = \begin{bmatrix} Q_{11} & Q_{12} & 0 \\ Q_{21} & Q_{22} & 0 \\ 0 & 0 & Q_{66} \end{bmatrix} \begin{bmatrix} \varepsilon_1 \\ \varepsilon_2 \\ \gamma_{12} \end{bmatrix} \tag{1.45}
$$

式中，金属层坐标 1 和 2 方向与全局坐标 x 和 y 一致，而纤维层局部坐标主方向与全局 x 轴方向存在夹角 θ，因而全局坐标系下应力公式变为

$$\begin{bmatrix} \sigma_x \\ \sigma_y \\ \sigma_{xy} \end{bmatrix} = \begin{bmatrix} \cos^2\theta & \sin^2\theta & -2\sin\theta\cos\theta \\ \sin^2\theta & \cos^2\theta & 2\sin\theta\cos\theta \\ \sin\theta\cos\theta & -\sin\theta\cos\theta & \cos^2\theta - \sin^2\theta \end{bmatrix} \begin{bmatrix} Q_{11} & Q_{12} & 0 \\ Q_{21} & Q_{22} & 0 \\ 0 & 0 & Q_{66} \end{bmatrix} \begin{bmatrix} \varepsilon_1 \\ \varepsilon_2 \\ \gamma_{12} \end{bmatrix}$$

$$(1.46)$$

因此，第 k 层的应力公式可写为

$$\boldsymbol{\sigma}_k = \boldsymbol{TQ}_k\boldsymbol{\varepsilon}_k \qquad\qquad\qquad (1.47)$$

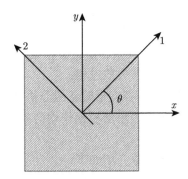

图 1.10　纤维层坐标系统示意图

　　假设层合板层间黏结性能优异，界面本身不发生变形，即各层之间均为连续变形。同时层板视作薄板结构，推导时先从对称结构入手，取结构对称面作为厚度方向原点，即 $z = 0$，其所在面为中面，层板沿 x、y、z 方向的位移分别为 u、v、w，中面上的点的位移分别为 u_0、v_0、w_0，其弯曲挠度为 w_0，中面坐标系及位移示意图如图 1.11 所示。

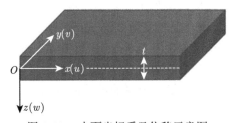

图 1.11　中面坐标系及位移示意图

　　层板承受弯曲载荷时变形如图 1.12 所示，C 点处 z 方向无位移，只存在弯曲，则有 $\varepsilon_z = \dfrac{\partial w}{\partial z} = 0$，$w = w_0$。在 C 点的层板垂直方向线段 AB，弯曲后变

为 $A'B'$ 位置。沿着 x 方向位移为 u_0，弯曲挠度为 $\dfrac{\partial w}{\partial x}$，因此 C 点在 x 方向的位移可以表示为

$$u_C = u_0 - C'C'' = u_0 - z\frac{\partial w}{\partial x} \tag{1.48}$$

同理，C 点在 y 方向的位移可以表示为

$$v_C = v_0 - z\frac{\partial w}{\partial y} \tag{1.49}$$

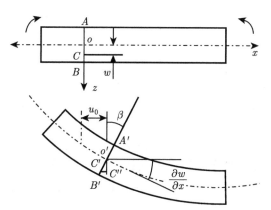

图 1.12 中面弯曲变形关系图

平面的应变，可推导得知

$$\varepsilon_x = \frac{\partial u}{\partial x} = \frac{\partial u_0}{\partial x} - z\frac{\partial^2 w}{\partial x^2} = \varepsilon_x^0 - z\frac{\partial^2 w}{\partial x^2} \tag{1.50}$$

$$\varepsilon_y = \frac{\partial v}{\partial y} = \frac{\partial v_0}{\partial y} - z\frac{\partial^2 w}{\partial y^2} = \varepsilon_y^0 - z\frac{\partial^2 w}{\partial y^2} \tag{1.51}$$

$$\gamma_{xy} = \frac{\partial u}{\partial y} + \frac{\partial v}{\partial x} = \frac{\partial u_0}{\partial y} + \frac{\partial v_0}{\partial x} - 2z\frac{\partial^2 w}{\partial x \partial y} = \gamma_{xy}^0 - 2z\frac{\partial^2 w}{\partial x \partial y} \tag{1.52}$$

$$\varepsilon_z = \gamma_{yz} = \gamma_{zx} = 0 \tag{1.53}$$

式中，ε_x^0、ε_y^0、γ_{xy}^0 为中面的位移；$-\dfrac{\partial w^2}{\partial x^2}$ 和 $-z\dfrac{\partial w^2}{\partial y^2}$ 为中面弯曲挠曲率，用符号 k_x 和 k_y 表示；$-2z\dfrac{\partial^2 w}{\partial x \partial y}$ 为中面扭曲率，用符号 k_{xy} 表示。

纤维金属层板第 k 层的单层板的应力–应变关系式整理得

$$
\begin{bmatrix} \sigma_x \\ \sigma_y \\ \tau_{xy} \end{bmatrix}_k = \begin{bmatrix} \bar{Q}_{11} & \bar{Q}_{12} & \bar{Q}_{16} \\ \bar{Q}_{21} & \bar{Q}_{22} & \bar{Q}_{26} \\ \bar{Q}_{61} & \bar{Q}_{62} & \bar{Q}_{66} \end{bmatrix}_k \left\{ \begin{bmatrix} \varepsilon_x^0 \\ \varepsilon_y^0 \\ \gamma_{xy}^0 \end{bmatrix} + z \begin{bmatrix} k_x \\ k_y \\ k_{xy} \end{bmatrix} \right\} \tag{1.54}
$$

以具有 4 层铺层结构的层板为例, 由图 1.13 可以看出层板的应变是由中面位移和弯曲应变组成, 应力与各层的刚性特征和应变相关, 层内是连续变化的, 但层间是非连续均匀分布的 [11]。

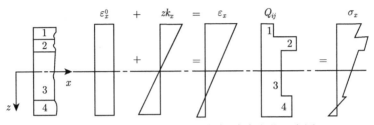

图 1.13　层板沿厚度方向的应力–应变变化示意图

在弹性变形范围内, 纤维金属层板的刚度可以通过受力平衡来计算 [11]。如图 1.14 所示, 层板在平面内单位宽度上受到内力 N_x、N_y、N_{xy} (拉、压、剪切力) 以及内力矩 M_x、M_y、M_{xy} (弯矩或扭矩) 作用, 设层板厚度为 t, 计算如下:

$$
\begin{bmatrix} N_x \\ N_y \\ N_{xy} \end{bmatrix} = \int_{\frac{-t}{2}}^{\frac{t}{2}} \begin{bmatrix} \sigma_x \\ \sigma_y \\ \tau_{xy} \end{bmatrix} \mathrm{d}z \tag{1.55}
$$

$$
\begin{bmatrix} M_x \\ M_y \\ M_{xy} \end{bmatrix} = \int_{\frac{-t}{2}}^{\frac{t}{2}} \begin{bmatrix} \sigma_x \\ \sigma_y \\ \tau_{xy} \end{bmatrix} z\mathrm{d}z \tag{1.56}
$$

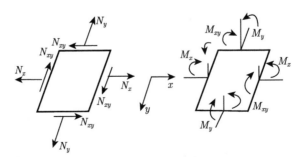

图 1.14　层板平面受力示意图

由于层间应力不连续，只能根据各层应力积分求和，取厚度 z 方向积分 (图 1.15)，层板积分表达式整理得

$$\begin{bmatrix} N_x \\ N_y \\ N_{xy} \end{bmatrix} = \sum_{k=1}^{n} \int_{z_{k-1}}^{z_k} \begin{bmatrix} \sigma_x \\ \sigma_y \\ \tau_{xy} \end{bmatrix}_k \mathrm{d}z = \sum_{k=1}^{n} \begin{bmatrix} \bar{Q}_{11} & \bar{Q}_{12} & \bar{Q}_{16} \\ \bar{Q}_{21} & \bar{Q}_{22} & \bar{Q}_{26} \\ \bar{Q}_{61} & \bar{Q}_{62} & \bar{Q}_{66} \end{bmatrix}_k$$
$$\times \left\{ \int_{z_{k-1}}^{z_k} \begin{bmatrix} \varepsilon_x^0 \\ \varepsilon_y^0 \\ \gamma_{xy}^0 \end{bmatrix} \mathrm{d}z + \int_{z_{k-1}}^{z_k} \begin{bmatrix} k_x \\ k_y \\ k_{xy} \end{bmatrix} z\mathrm{d}z \right\} \tag{1.57}$$

$$\begin{bmatrix} M_x \\ M_y \\ M_{xy} \end{bmatrix} = \sum_{k=1}^{n} \int_{z_{k-1}}^{z_k} \begin{bmatrix} \sigma_x \\ \sigma_y \\ \tau_{xy} \end{bmatrix}_k z\mathrm{d}z = \sum_{k=1}^{n} \begin{bmatrix} \bar{Q}_{11} & \bar{Q}_{12} & \bar{Q}_{16} \\ \bar{Q}_{21} & \bar{Q}_{22} & \bar{Q}_{26} \\ \bar{Q}_{61} & \bar{Q}_{62} & \bar{Q}_{66} \end{bmatrix}_k$$
$$\times \left\{ \int_{z_{k-1}}^{z_k} \begin{bmatrix} \varepsilon_x^0 \\ \varepsilon_y^0 \\ \gamma_{xy}^0 \end{bmatrix} z\mathrm{d}z + \int_{z_{k-1}}^{z_k} \begin{bmatrix} k_x \\ k_y \\ k_{xy} \end{bmatrix} z^2\mathrm{d}z \right\} \tag{1.58}$$

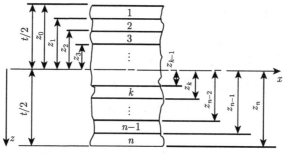

图 1.15　层板厚度方向各层展开示意图

由于中面应变和中面曲率与 z 无关，则上式积分得

$$\begin{bmatrix} N_x \\ N_y \\ N_{xy} \end{bmatrix} = \sum_{k=1}^{n} [\bar{Q}]_k \left\{ (z_k - z_{k-1}) \begin{bmatrix} \varepsilon_x^0 \\ \varepsilon_y^0 \\ \gamma_{xy}^0 \end{bmatrix} + \frac{1}{2} (z_k^2 - z_{k-1}^2) \begin{bmatrix} k_x \\ k_y \\ k_{xy} \end{bmatrix} \right\} \tag{1.59}$$

$$\begin{bmatrix} M_x \\ M_y \\ M_{xy} \end{bmatrix} = \sum_{k=1}^{n} [\bar{Q}]_k \left\{ \frac{1}{2} (z_k^2 - z_{k-1}^2) \begin{bmatrix} \varepsilon_x^0 \\ \varepsilon_y^0 \\ \gamma_{xy}^0 \end{bmatrix} + \frac{1}{3} (z_k^3 - z_{k-1}^3) \begin{bmatrix} k_x \\ k_y \\ k_{xy} \end{bmatrix} \right\}$$
$$\tag{1.60}$$

进一步整理得

$$
\begin{bmatrix} N_x \\ N_y \\ N_{xy} \end{bmatrix} = \begin{bmatrix} A_{11} & A_{12} & A_{16} \\ A_{21} & A_{22} & A_{26} \\ A_{61} & A_{62} & A_{66} \end{bmatrix} \begin{bmatrix} \varepsilon_x^0 \\ \varepsilon_y^0 \\ \gamma_{xy}^0 \end{bmatrix} + \begin{bmatrix} B_{11} & B_{12} & B_{16} \\ B_{21} & B_{22} & B_{26} \\ B_{61} & B_{62} & B_{66} \end{bmatrix} \begin{bmatrix} k_x \\ k_y \\ k_{xy} \end{bmatrix} \tag{1.61}
$$

$$
\begin{bmatrix} M_x \\ M_y \\ M_{xy} \end{bmatrix} = \begin{bmatrix} B_{11} & B_{12} & B_{16} \\ B_{21} & B_{22} & B_{26} \\ B_{61} & B_{62} & B_{66} \end{bmatrix} \begin{bmatrix} \varepsilon_x^0 \\ \varepsilon_y^0 \\ \gamma_{xy}^0 \end{bmatrix} + \begin{bmatrix} D_{11} & D_{12} & D_{16} \\ D_{21} & D_{22} & D_{26} \\ D_{61} & D_{62} & D_{66} \end{bmatrix} \begin{bmatrix} k_x \\ k_y \\ k_{xy} \end{bmatrix} \tag{1.62}
$$

式中，$A_{ij} = \sum_{k=1}^{n} \left[\bar{Q}\right]_k (z_k - z_{k-1})$，仅为与中面内力和中面应变有关的刚度系数，称为拉伸刚度；$D_{ij} = \dfrac{1}{3} \sum_{k=1}^{n} \left[\bar{Q}\right]_k \left(z_k^3 - z_{k-1}^3\right)$，仅为与内力矩、曲率和扭曲率有关的刚度系数，称为弯曲刚度；$B_{ij} = \dfrac{1}{2} \sum_{k=1}^{n} \left[\bar{Q}\right]_k \left(z_k^2 - z_{k-1}^2\right)$，为拉伸和弯曲之间的耦合刚度系数，称为耦合刚度。

需要指出，上述公式的刚度均是按照直线法假设推导得出，即使用的是经典层合板理论，仅能预测大致的材料性能。

对于纤维金属层板，其组分的金属单层板和纤维单层板，具体计算如下。

金属单层板认为是各向同性的材料，即 $E_1 = E_2 = E$，$\nu_{21} = \nu_{12} = \nu$，则有

$$
\boldsymbol{Q} = \begin{bmatrix} Q_{11} & Q_{12} & 0 \\ Q_{21} & Q_{22} & 0 \\ 0 & 0 & Q_{66} \end{bmatrix} = \begin{bmatrix} \dfrac{E}{1-\nu^2} & \dfrac{\nu E}{1-\nu^2} & 0 \\ \dfrac{\nu E}{1-\nu^2} & \dfrac{E}{1-\nu^2} & 0 \\ 0 & 0 & \dfrac{E}{2(1+\nu)} \end{bmatrix} \tag{1.63}
$$

可得 $A_{11} = A_{22} = \dfrac{E}{1-\nu^2}t = A$，$A_{12} = \nu A$，$A_{66} = \dfrac{E}{2(1+\nu)}t = \dfrac{1-\nu}{2}A$，$A_{16} = A_{26} = 0$，$D_{11} = D_{22} = \dfrac{E}{12(1-\nu^2)}t^3 = D$，$D_{12} = \nu D$，$D_{66} = \dfrac{E}{2(1+\nu)}t^3 = \dfrac{1-\nu}{2}D$，$D_{16} = D_{26} = 0$。

代入式 (1.61) 和式 (1.62) 可得

$$
\begin{bmatrix} N_x \\ N_y \\ N_{xy} \end{bmatrix} = \begin{bmatrix} A & \nu A & 0 \\ \nu A & A & 0 \\ 0 & 0 & \dfrac{1-\nu}{2}A \end{bmatrix} \begin{bmatrix} \varepsilon_x^0 \\ \varepsilon_y^0 \\ \gamma_{xy}^0 \end{bmatrix} \tag{1.64}
$$

$$
\begin{bmatrix} M_x \\ M_y \\ M_{xy} \end{bmatrix} = \begin{bmatrix} D & \nu D & 0 \\ \nu D & D & 0 \\ 0 & 0 & \dfrac{1-\nu}{2}D \end{bmatrix} \begin{bmatrix} k_x \\ k_y \\ k_{xy} \end{bmatrix} \tag{1.65}
$$

纤维单层板认为是各向异性的材料，则有

$$
\boldsymbol{Q} = \begin{bmatrix} Q_{11} & Q_{12} & 0 \\ Q_{21} & Q_{22} & 0 \\ 0 & 0 & Q_{66} \end{bmatrix} = \begin{bmatrix} \dfrac{E_1}{1-\nu_{12}\nu_{21}} & \dfrac{\nu_{21}E_2}{1-\nu_{12}\nu_{21}} & 0 \\ \dfrac{\nu_{12}E_1}{1-\nu_{12}\nu_{21}} & \dfrac{E_2}{1-\nu_{12}\nu_{21}} & 0 \\ 0 & 0 & G_{12} \end{bmatrix} \tag{1.66}
$$

在中面处有 $A_{11}=Q_{11}t, A_{22}=Q_{22}t, A_{12}=Q_{12}t, A_{66}=Q_{66}t, A_{16}=A_{26}=0$, $D_{11}=\dfrac{Q_{11}}{12}t^3$, $D_{22}=\dfrac{Q_{22}}{12}t^3$, $D_{12}=\dfrac{Q_{12}}{12}t^3$, $D_{66}=\dfrac{Q_{66}}{12}t^3$, $D_{16}=D_{26}=0$。

代入式 (1.61) 和式 (1.62) 可得

$$
\begin{bmatrix} N_x \\ N_y \\ N_{xy} \end{bmatrix} = \begin{bmatrix} A_{11} & A_{12} & 0 \\ A_{21} & A_{22} & 0 \\ 0 & 0 & A_{66} \end{bmatrix} \begin{bmatrix} \varepsilon_x^0 \\ \varepsilon_y^0 \\ \gamma_{xy}^0 \end{bmatrix} \tag{1.67}
$$

$$
\begin{bmatrix} M_x \\ M_y \\ M_{xy} \end{bmatrix} = \begin{bmatrix} D_{11} & D_{12} & 0 \\ D_{21} & D_{22} & 0 \\ 0 & 0 & D_{66} \end{bmatrix} \begin{bmatrix} k_x \\ k_y \\ k_{xy} \end{bmatrix} \tag{1.68}
$$

因此对于纤维金属层板的一般对称结构，总层数为奇数，中面一般为金属层，厚度为 t。计算时可将金属层假设为两个以中面为中心的对称金属层，其厚度则变为 $t/2$。

与刚度类似，层板的强度也是根据金属和纤维单层板的强度来预测的，其计算基础是每一单层板的应力状态。由于层板整体的不均匀性以及纤维层的各向异性，某一层/几层破坏一般不会导致整体结构的破坏，仅会带来整体刚度的降低，层板本身仍可能承受更高的载荷作用直至完全破坏。强度计算的目的就是确定材料所能承受的极限载荷。

图 1.16 所示为层板载荷与变形的特征曲线，随着加载进行，N_1 到 N_5 产生渐进破坏，破坏发生后直线斜率减小，即整体刚度降低，表示相同载荷增量情况下，变形量越来越大，整体结构载荷位移变化类似于纯金属的拉伸屈服现象。

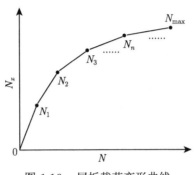

图 1.16　层板载荷变形曲线

层板强度计算步骤大体上分为 6 步。

(1) 先计算外载荷，按照载荷在各方向的分量进行比例加载；

(2) 根据金属层和纤维层的性能，计算层板整体的刚度矩阵系数 A_{ij}、B_{ij} 及 D_{ij}；

(3) 求解各层材料在主方向与外载荷之间的关系；

(4) 各层应力分别代入强度准则，判断哪一层率先破坏；

(5) 将破坏层排除，重新计算层板整体刚度；

(6) 再将剩余各层应力代入强度准则，极限判断破坏情况，循环往复，直至所有层均破坏，此时即为强度极限。

若载荷按照比例加载，即 $N_x = N$，$N_y = \alpha N$，$N_{xy} = \beta N$，$M_x = aN$，$M_y = bN$，$M_{xy} = cN$，代入式 (1.60) 式 (1.61) 可以推导出应变和弯矩的表达式[11]：

$$
\begin{bmatrix} \varepsilon_x^0 \\ \varepsilon_y^0 \\ \gamma_{xy}^0 \end{bmatrix} = \begin{bmatrix} A_{11}' & A_{12}' & A_{16}' \\ A_{21}' & A_{22}' & A_{26}' \\ A_{61}' & A_{62}' & A_{66}' \end{bmatrix} \begin{bmatrix} N \\ \alpha N \\ \beta N \end{bmatrix} + \begin{bmatrix} B_{11}' & B_{12}' & B_{16}' \\ B_{21}' & B_{22}' & B_{26}' \\ B_{61}' & B_{62}' & B_{66}' \end{bmatrix} \begin{bmatrix} aN \\ bN \\ cN \end{bmatrix}
$$

$$
= \begin{bmatrix} A_{N_x} \\ A_{N_y} \\ A_{N_{xy}} \end{bmatrix} N \tag{1.69}
$$

$$\begin{bmatrix} k_x \\ k_y \\ k_{xy} \end{bmatrix} = \begin{bmatrix} B'_{11} & B'_{12} & B'_{16} \\ B'_{21} & B'_{22} & B'_{26} \\ B'_{61} & B'_{62} & B'_{66} \end{bmatrix} \begin{bmatrix} N \\ \alpha N \\ \beta N \end{bmatrix} + \begin{bmatrix} D'_{11} & D'_{12} & D'_{16} \\ D'_{21} & D'_{22} & D'_{26} \\ D'_{61} & D'_{62} & D'_{66} \end{bmatrix} \begin{bmatrix} aN \\ bN \\ cN \end{bmatrix}$$

$$= \begin{bmatrix} A_{M_x} \\ A_{M_y} \\ A_{M_{xy}} \end{bmatrix} N \tag{1.70}$$

层板强度分析流程如下所示，假设层板如图 1.17 所示。三层结构纤维金属层板，承受 x 方向拉伸载荷 $N_x = N$，外层厚度为 $t_1 = t$，内层厚度为 $t_2 = 2t$。玻纤/环氧单层板的性能为：$E_1 = 54\ \mathrm{GPa}$，$E_2 = 18\ \mathrm{GPa}$，$\mu_{12} = 0.25$，$G_{12} = 8.8\ \mathrm{GPa}$，$X_t = 1050\ \mathrm{MPa}$，$Y_t = 28\ \mathrm{MPa}$。铝合金单层板假设为线性变化，其性能为：$E_1 = E_2 = 70\ \mathrm{GPa}$，$\mu_{12} = 0.3$，$X_\mathrm{t} = Y_\mathrm{t} = 500\ \mathrm{MPa}$。

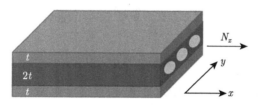

图 1.17　2/1 结构层板单向拉伸

先求发生破坏的屈服强度值 (N_x/t_l)，根据式 (1.63) 和式 (1.66)，分别求得纤维单层的刚度矩阵和金属单层的刚度矩阵：

$$\boldsymbol{Q}_\mathbf{f} = \begin{bmatrix} 55.15 & 4.6 & 0 \\ 4.6 & 18.38 & 0 \\ 0 & 0 & 8.8 \end{bmatrix} \mathrm{GPa} \tag{1.71}$$

$$\boldsymbol{Q}_\mathbf{m} = \begin{bmatrix} 76.92 & 23.08 & 0 \\ 23.08 & 76.92 & 0 \\ 0 & 0 & 26.92 \end{bmatrix} \mathrm{GPa} \tag{1.72}$$

层板整体刚度矩阵组装可得

$$\boldsymbol{A}_{ij} = 2Q_{\mathrm{m},ij}t + 2Q_{\mathrm{f},ij}t \tag{1.73}$$

总厚度为 $t_l = 5t$，因此整体刚度矩阵计算得

$$\boldsymbol{A} = \begin{bmatrix} A_{11} & A_{12} & 0 \\ A_{21} & A_{22} & 0 \\ 0 & 0 & A_{66} \end{bmatrix} = \begin{bmatrix} 66.04 & 13.84 & 0 \\ 13.84 & 47.65 & 0 \\ 0 & 0 & 17.86 \end{bmatrix} t_l \tag{1.74}$$

同时，由 $\boldsymbol{A}' = \boldsymbol{A}^{-1}$，$|\boldsymbol{A}| = 52777.68\,(t_l)^3$，得

$$A'_{11} = \frac{A_{22}A_{66}}{|\boldsymbol{A}|} = 0.0161\,(t_l)^{-1} \tag{1.75}$$

$$A'_{12} = \frac{-A_{12}A_{66}}{|\boldsymbol{A}|} = -0.0047\,(t_l)^{-1} \tag{1.76}$$

$$A'_{22} = \frac{A_{11}A_{66}}{|\boldsymbol{A}|} = 0.0223\,(t_l)^{-1} \tag{1.77}$$

$$A'_{66} = \frac{A_{11}A_{22} - A_{12}A_{21}}{|\boldsymbol{A}|} = 0.056\,(t_l)^{-1} \tag{1.78}$$

$$A'_{16} = A'_{26} = 0 \tag{1.79}$$

而后，计算层板面应变，由式 (1.69) 得

$$\begin{bmatrix} \varepsilon_x^0 \\ \varepsilon_y^0 \\ \gamma_{xy}^0 \end{bmatrix} = \begin{bmatrix} A'_{11} & A'_{12} & 0 \\ A'_{21} & A'_{22} & 0 \\ 0 & 0 & A'_{66} \end{bmatrix} \begin{bmatrix} N_x \\ 0 \\ 0 \end{bmatrix}$$

$$= \begin{bmatrix} 0.0161 & -0.0047 & 0 \\ -0.0047 & 0.0223 & 0 \\ 0 & 0 & 0.056 \end{bmatrix} \begin{bmatrix} N \\ 0 \\ 0 \end{bmatrix} (t_l)^{-1} = \begin{bmatrix} 0.0161N \\ -0.0047N \\ 0 \end{bmatrix} (t_l)^{-1} \tag{1.80}$$

进而，可以求出各层的应力值：

$$\begin{bmatrix} \sigma_x \\ \sigma_y \\ \tau_{xy} \end{bmatrix}_{\text{f}} = \begin{bmatrix} \sigma_1 \\ \sigma_2 \\ \tau_{12} \end{bmatrix}_{\text{f}} = \begin{bmatrix} 55.15 & 4.6 & 0 \\ 4.6 & 18.38 & 0 \\ 0 & 0 & 8.8 \end{bmatrix} \begin{bmatrix} 0.0161 \\ -0.0047 \\ 0 \end{bmatrix} \frac{N}{t_l}$$

$$= \begin{bmatrix} 0.87 \\ -0.01 \\ 0 \end{bmatrix} \frac{N}{t_l} \tag{1.81}$$

$$
\begin{bmatrix} \sigma_x \\ \sigma_y \\ \tau_{xy} \end{bmatrix}_m = \begin{bmatrix} \sigma_1 \\ \sigma_2 \\ \tau_{12} \end{bmatrix}_m = \begin{bmatrix} 76.92 & 23.08 & 0 \\ 23.08 & 76.92 & 0 \\ 0 & 0 & 26.92 \end{bmatrix} \begin{bmatrix} 0.0161 \\ -0.0047 \\ 0 \end{bmatrix} \frac{N}{t_l}
$$

$$
= \begin{bmatrix} 1.13 \\ 0.01 \\ 0 \end{bmatrix} \frac{N}{t_l} \tag{1.82}
$$

根据蔡-希尔强度理论，达到临界状态符合如下公式：

$$
\frac{\sigma_1^2}{X_t^2} - \frac{\sigma_1 \sigma_2}{X_t^2} + \frac{\sigma_2^2}{Y_t^2} = 1 \tag{1.83}
$$

代入应力数据得

$$
\left(\frac{N}{t_l} \right)_f = 1.07 \text{ GPa} \tag{1.84}
$$

$$
\left(\frac{N}{t_l} \right)_m = 0.44 \text{ GPa} \tag{1.85}
$$

显然金属先达到破坏极限，即 $\dfrac{N}{t_l} = 1.07 \text{ GPa}$，此时的层板应变计算为

$$
\begin{bmatrix} \varepsilon_x^0 \\ \varepsilon_y^0 \\ \gamma_{xy}^0 \end{bmatrix} = \begin{bmatrix} 0.01726 \\ -0.00501 \\ 0 \end{bmatrix} \tag{1.86}
$$

金属层和纤维层的应力分别为

$$
\begin{bmatrix} \sigma_x \\ \sigma_y \\ \tau_{xy} \end{bmatrix}_f = \begin{bmatrix} 0.9288 \\ -0.0127 \\ 0 \end{bmatrix} \text{GPa} = \begin{bmatrix} 928.8 \\ -12.7 \\ 0 \end{bmatrix} \text{MPa} \tag{1.87}
$$

$$
\begin{bmatrix} \sigma_x \\ \sigma_y \\ \tau_{xy} \end{bmatrix}_m = \begin{bmatrix} 0.5026 \\ 0.0053 \\ 0 \end{bmatrix} \text{GPa} = \begin{bmatrix} 502.6 \\ 5.3 \\ 0 \end{bmatrix} \text{MPa} \tag{1.88}
$$

可以看出金属层 $\sigma_x = 1211.9 \text{ MPa} > X_t = Y_t = 500 \text{ MPa}$，达到破坏程度。

继续加载时，层板的纤维层仍可继续承载，其刚度矩阵不变。而金属层 1 方向断裂后无法承载也不能抗剪切，其刚度皆变为 0，因此刚度矩阵变为

$$\boldsymbol{Q}_{\mathrm{m}} = \begin{bmatrix} 0 & 0 & 0 \\ 0 & 76.92 & 0 \\ 0 & 0 & 0 \end{bmatrix} \text{GPa} \tag{1.89}$$

继续计算层板整体的刚度矩阵，可得

$$\boldsymbol{A} = \begin{bmatrix} A_{11} & A_{12} & 0 \\ A_{21} & A_{22} & 0 \\ 0 & 0 & A_{66} \end{bmatrix} = \begin{bmatrix} 27.58 & 2.3 & 0 \\ 2.3 & 47.65 & 0 \\ 0 & 0 & 4.4 \end{bmatrix} t_l \tag{1.90}$$

同时，由 $\boldsymbol{A}' = \boldsymbol{A}^{-1}$，$|\boldsymbol{A}| = 5758.1 \, (t_l)^3$，得

$$A'_{11} = \frac{A_{22}A_{66}}{|\boldsymbol{A}|} = 0.0364 \, (t_l)^{-1} \tag{1.91}$$

$$A'_{12} = \frac{-A_{12}A_{66}}{|\boldsymbol{A}|} = -0.0018 \, (t_l)^{-1} \tag{1.92}$$

$$A'_{22} = \frac{A_{11}A_{66}}{|\boldsymbol{A}|} = 0.0211 \, (t_l)^{-1} \tag{1.93}$$

$$A'_{66} = \frac{A_{11}A_{22} - A_{12}A_{21}}{|\boldsymbol{A}|} = 0.2273 \, (t_l)^{-1} \tag{1.94}$$

$$A'_{16} = A'_{26} = 0 \tag{1.95}$$

而后，计算层板面应变，由式 (1.69) 得

$$\begin{bmatrix} \varepsilon_x^0 \\ \varepsilon_y^0 \\ \gamma_{xy}^0 \end{bmatrix} = \begin{bmatrix} A'_{11} & A'_{12} & 0 \\ A'_{21} & A'_{22} & 0 \\ 0 & 0 & A'_{66} \end{bmatrix} \begin{bmatrix} N_x \\ 0 \\ 0 \end{bmatrix}$$

$$= \begin{bmatrix} 0.0364 & -0.0018 & 0 \\ -0.0018 & 0.0211 & 0 \\ 0 & 0 & 0.2273 \end{bmatrix} \begin{bmatrix} N \\ 0 \\ 0 \end{bmatrix} (t_l)^{-1} = \begin{bmatrix} 0.0364N \\ -0.0018N \\ 0 \end{bmatrix} (t_l)^{-1}$$

$$\tag{1.96}$$

进而，可以求出各层的应力值：

$$\begin{bmatrix} \sigma_x \\ \sigma_y \\ \tau_{xy} \end{bmatrix}_{\mathrm{f}} = \begin{bmatrix} \sigma_1 \\ \sigma_2 \\ \tau_{12} \end{bmatrix}_{\mathrm{f}} = \begin{bmatrix} 55.15 & 4.6 & 0 \\ 4.6 & 18.38 & 0 \\ 0 & 0 & 8.8 \end{bmatrix} \begin{bmatrix} 0.0364 \\ -0.0018 \\ 0 \end{bmatrix} \frac{N}{t_l} = \begin{bmatrix} 2 \\ 0.135 \\ 0 \end{bmatrix} \frac{N}{t_l}$$

(1.97)

$$\begin{bmatrix} \sigma_x \\ \sigma_y \\ \tau_{xy} \end{bmatrix}_{\mathrm{m}} = \begin{bmatrix} \sigma_1 \\ \sigma_2 \\ \tau_{12} \end{bmatrix}_{\mathrm{m}} = \begin{bmatrix} 0 & 0 & 0 \\ 0 & 76.92 & 0 \\ 0 & 0 & 0 \end{bmatrix} \begin{bmatrix} 0.0364 \\ -0.0018 \\ 0 \end{bmatrix} \frac{N}{t_l} = \begin{bmatrix} 0 \\ -0.135 \\ 0 \end{bmatrix} \frac{N}{t_l}$$

(1.98)

根据蔡–希尔强度理论，达到临界状态符合如下公式：

$$\frac{\sigma_1^2}{X_t^2} - \frac{\sigma_1 \sigma_2}{X_t^2} + \frac{\sigma_2^2}{Y_t^2} = 1$$

(1.99)

代入应力数据得

$$\left(\frac{N}{t_l} \right)_{\mathrm{f}} = 0.1936 \ \mathrm{GPa}$$

(1.100)

$$\left(\frac{N}{t_l} \right)_{\mathrm{m}} = 3.6985 \ \mathrm{GPa}$$

(1.101)

显然纤维层达到了破坏极限，即 $\frac{N}{t_l} = 3.6985 \ \mathrm{GPa}$，此时的层板应变计算为

$$\begin{bmatrix} \varepsilon_x^0 \\ \varepsilon_y^0 \\ \gamma_{xy}^0 \end{bmatrix} = \begin{bmatrix} 0.1347 \\ 0.0065 \\ 0 \end{bmatrix}$$

(1.102)

金属层和纤维层的应力分别为

$$\begin{bmatrix} \sigma_x \\ \sigma_y \\ \tau_{xy} \end{bmatrix}_{\mathrm{f}} = \begin{bmatrix} 7.397 \\ 0.5 \\ 0 \end{bmatrix} \mathrm{GPa} = \begin{bmatrix} 7397 \\ 500 \\ 0 \end{bmatrix} \mathrm{MPa}$$

(1.103)

$$\begin{bmatrix} \sigma_x \\ \sigma_y \\ \tau_{xy} \end{bmatrix}_{\mathrm{m}} = \begin{bmatrix} 0 \\ -0.5 \\ 0 \end{bmatrix} \mathrm{GPa} = \begin{bmatrix} 0 \\ 500 \\ 0 \end{bmatrix} \mathrm{MPa}$$

(1.104)

可以看出层板完全达到破坏程度。

参 考 文 献

[1]　Robertson D D, Mall S. A non-linear micromechanics-based analysis of metal-matrix composite laminates[J]. Composites Science and Technology, 1994, 52(3): 319-331.

[2]　沈观林, 胡更开, 刘彬. 复合材料力学 [M]. 北京：清华大学出版社, 2013.

[3]　Cortés P, Cantwell W J. The prediction of tensile failure in titanium-based thermoplastic fibre-metal laminates[J]. Composites Science and Technology, 2006, 66(13): 2306-2316.

[4]　李顺林, 王兴业. 复合材料结构设计基础 [M]. 武汉：武汉理工大学出版社, 1993.

[5]　张弥, 关志东, 黎增山, 等. 考虑纤维初始位错的复合材料轴向压缩性能 [J]. 复合材料学报, 2017, 34(8): 1754-1763.

[6]　Hsu S, Vogler T, Kyriakides S. Compressive strength predictions for fiber composites[J]. Journal of Applied Mechanics, 1998, 65(1): 7-16.

[7]　Kyriakides S. Aspects of the failure and postfailure of fiber composites in compression[J]. Journal of Composite Materials, 1997, 31(16): 1633-1670.

[8]　Prabhakar P, Anthony M. Micromechanical modeling to determine the compressive strength and failure mode interaction of multidirectional laminates[J]. Composites Part A: Applied Science and Manufacturing, 2013, 50: 11-21.

[9]　Prabhakara M K. Buckling of laminated composite plates and shell panels with some free edges under compression and shear[J]. Aeronautical Journal, 1992, 96(951): 20-26.

[10]　Kassapoglou C. Design and Analysis of Composite Structures: With Applications to Aerospace Structures[M]. Hoboken: John Wiley & Sons, 2013.

[11]　Jones R M. Mechauics of Composite Materials[M]. Washington: Scripta Book Company, 1975.

第 2 章 残余应力对纤维金属层板力学性能与失效行为的影响

纤维金属层板因纤维层和金属层热膨胀系数的差异，在树脂固化过程中会形成不可忽略的残余应力，并在后续的成形、加工、装配及服役过程中，残余应力还会不断地发生变化。在掌握纤维金属层板残余应力评价方法的基础上，深入认识制备、成形等典型工艺过程中残余应力的演变规律，揭示其对纤维金属层板力学性能与失效行为的影响，具有重要的理论意义和应用价值[1]。

2.1 纤维金属层板残余应力的测试方法及分布特征

在传统树脂基复合材料中，针对固化残余应力对性能的影响已开展了广泛的研究。固化过程中形成的残余应力对树脂基复合材料的基本力学性能、疲劳性能以及尺寸稳定性都有不同程度的影响[2]。纤维金属层板因纤维层和金属层热膨胀系数的差异，固化后会产生较为显著的固化残余应力，且对后续材料的成形、加工及服役性能产生影响。同时，纤维金属层板在制备后的成形加工过程中，亦会引起残余应力的变化。尤其以通过控制应力实现变形的喷丸成形最为显著，而固化、成形、加工、装配以及服役过程中残余应力不断叠加和演变，难以对其进行准确分析。如何针对纤维金属层板开展残余应力测量技术的研究，探究其演变特征以及对材料性能的影响规律，是纤维金属层板应用过程中急需解决的问题。

2.1.1 残余应力测试方法

复合材料残余应力的理论计算和预测模型仍在不断发展，同时，残余应力的试验测试方法也在不断改进和完善。残余应力的常用测试方法主要分为破坏性方法和非破坏性方法[3]。早期发展的残余应力测试方法主要是破坏性方法，包括基于应力释放（如钻孔法、切割法和去层法）和基于表层失效的方法等，其共同点均为从试样中去除一部分以构建一个自由表面，从而使应力在表面释放，并采用相应的表征手段进行测量。尽管利用破坏性手段测量残余应力比较直观，但是测试后的构件已不能再作为结构应用，因此在一些情况下，非破坏性方法更加适用。对于复合材料来说，非破坏性的残余应力测试方法包括：① 监测复合材料光学或电学等固有特性随热残余应力的变化；② 在复合材料制备过程中内嵌应变传感器，通常为合金颗粒或者光纤应变传感器；③ 非对称层板结构的面内或面外变形监测。非破坏性手段受复合材料本身的特性和铺层结构制约较大，且整体的变形监测方法得到的应力并不能体现微观残余应力，因此在实际应用中涉及不多。对纤维金属层板来说，较为适合的残余应力测量方法主要有以下几种。

1. 去层腐蚀法

材料内应力的去层测试法是破坏性测量手段的一种，通常需要用精密切割或内嵌薄膜的方式将层板的表层去除，待应力释放后，不再平衡的内应力会使试样发生弯曲，并根据其曲率变化计算出表层的残余应力大小。此方法的难点在于，如何在不损伤其他层的前提下，完整地将表层材料去除或剥离。对于纤维金属层板来说，其表层的金属层很容易被酸性或碱性腐蚀液溶解。因此，Xu 等[4] 利用去层腐蚀的方法测量了 2/1 结构 TiGr 层板钛合金层的残余应力，与其他方法测得的数据相比，其显示出较好的准确度。在测量前，一般用保护胶将层板试样的侧面和底面涂覆，仅将表层金属露出并使其溶解。

层板试样的曲率半径 ρ 可以通过弧高值 h 的测量来计算。假设试验中弧高仪的跨度为 $2l$，则

$$\rho = \frac{l^2 + h^2}{2h} \tag{2.1}$$

如果在弯曲的层板试样两侧施加外力载荷 $\sigma_m t_m$ (图 2.1)，使层板返回到其初始状态，并且各表面或界面到层板的几何中心轴 (x 轴) 的距离坐标为 z_i，则

$$z_0 = -(t_f + t_m), z_1 = -t_m, z_2 = 0, z_3 = t_f, z_4 = t_f + t_m \tag{2.2}$$

式中，t_m、t_f 分别为金属层与纤维层的厚度。

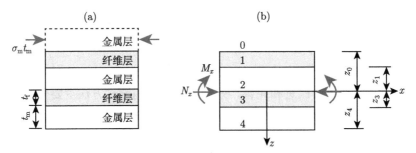

图 2.1　去层腐蚀法测量 GLARE 层板残余应力原理示意图

(a) 去层前应力状态；(b) 去层后应力状态

σ_m 为金属层的残余应力

此时，轴向应力 N_x 和弯矩 M_x 可以表示为

$$N_x = \sigma_m t_m \tag{2.3}$$

$$M_x = \sigma_m t_m \left(|z_0| + \frac{t_m}{2} \right) = \frac{1}{2}\sigma_m \left(3t_m + 2t_f \right) \tag{2.4}$$

根据经典层合板理论，

$$\begin{bmatrix} A_{11} & B_{11} \\ B_{11} & D_{11} \end{bmatrix} \begin{bmatrix} \varepsilon_x \\ k_x \end{bmatrix} = \begin{bmatrix} N_x \\ M_x \end{bmatrix} \tag{2.5}$$

其中，

$$A_{11} = 2\left(E_m t_m + E_f t_f \right) \tag{2.6}$$

$$B_{11} = t_m t_f \left(E_f - E_m \right) \tag{2.7}$$

$$D_{11} = \frac{1}{3}\left[E_m t_m \left(2t_m^2 + 3t_m t_f + 3t_f^2 \right) + E_f t_f \left(2t_f^2 + 3t_m t_f + 3t_m^2 \right) \right] \tag{2.8}$$

$$k_x = \frac{1}{\rho} \tag{2.9}$$

结合式 (2.3)∼ 式 (2.9)，金属层残余应力 σ_m 和纤维层残余应力 σ_f 可以表示为

$$\sigma_m = \frac{D_{11} - \frac{B_{11}^2}{A_{11}}}{t_m \left(t_f + \frac{3}{2}t_m \right) - \frac{B_{11}}{A_{11}} t_m} \cdot \frac{1}{\rho} \tag{2.10}$$

$$\sigma_f = -\frac{t_m}{t_f}\sigma_m \tag{2.11}$$

2. X 射线衍射法

X 射线衍射法是常用的一种残余应力无损检测方法 [5]，常用于金属类飞机蒙皮、起落架等结构件中应力的检测。该方法首先假定被测材料为晶粒细小的多晶体，即在 X 射线照射范围内会有足够多的晶粒，使所选定的 (hkl) 晶面法线视为在空间连续分布。由于金属内的应力会使不同晶粒的晶面间距发生规律变化，倘若根据衍射角计算出的晶面间距出现了规律变化，则根据弹性力学及晶体学理论就可以计算出相应的应力大小，且相应的应力性质也可根据晶面间距的变化规律确定。多年来，大量学者通过对 X 射线测试方法的研究，对宏观应力和晶体点阵变形之间的关系有了更深的认识，特别是对各向异性和晶体组织对应力的影响研究，使该测试技术的实用性大大提高。

目前常用的 X 射线衍射测量残余应力的技术主要基于 sin2φ 法，根据 GB/T 7704—2017，平面应力状态下测得的表面残余应力 σ 可以由下式计算得出：

$$\sigma = -\frac{E}{2(1+\mu)} \cdot \frac{\pi}{180} \cdot \cos\theta_0 \cdot \frac{\partial 2\theta_\varphi}{\partial \sin^2\varphi} \tag{2.12}$$

式中，E 为样品弹性模量；θ_0 为所选晶面在无应力状态下的衍射角；μ 为泊松比；φ 为试样表面法线与所选晶面法线的夹角；θ_φ 为样品表面法线与衍射晶面法线夹角为 φ 时的衍射角。

另外，X 射线衍射测量残余应力的方法还有 $\cos\alpha$ 法，α 指德拜环上的 0°∼360° 间的某一角度。当被测材料中存在残余应力时，德拜环的形状会发生改变，这种改变可以由面探测器监测到，从而快速计算出待测平面上的应变 ε_0，进而得到如式 (2.13) 所示的平面应力 σ 的计算公式。与 $\sin 2\varphi$ 法相比，$\cos\alpha$ 法摆脱了测角仪的束缚，可以在 X 射线某一入射角的全部衍射德拜环上采集多个数据点，检测速率大大提高的同时，也增加了数据的可靠性，更加适合工作现场的残余应力测定。

$$\sigma = -\frac{E}{1+\mu} \cdot \frac{1}{\sin 2\psi_0} \cdot \frac{1}{\sin 2\eta} \cdot \frac{\partial \alpha_1}{\partial \cos \alpha} \tag{2.13}$$

Jiménez 等 [6,7] 应用 $\sin 2\varphi$ 法成功获得了铝件单点渐进成形过程中的残余应力分布特征。对于纤维金属层板来说，其表层的金属层也满足测量的条件。X 射线衍射法能够准确地测试出材料浅表层的二维应力，并且可以在不造成损伤的前提下对同一点进行多次测量，但其对材料的穿透能力十分有限，对铝合金的穿透深度在 36.4 μm 以内，往往需要配合电解抛光方法以实现不同厚度处纤维金属层板应力数值的测量。与去层腐蚀法反映整个金属层的残余应力值相比，X 射线衍射法则更利于固定点应力值的测量。

3. 光纤光栅监测法

对于有一定厚度的复合材料构件来说，内嵌小尺寸的光纤传感器是测量其残余应力较为理想的手段，且可以实现应力的实时监测。光纤光栅传感器已经被广泛用于监测树脂基复合材料固化过程的温度和应力演变过程 [8,9]，在纤维金属层板的固化过程中也可发挥相似的作用。光纤布拉格光栅 (fiber Bragg grating, FBG) 的结构和传感原理如图 2.2 所示，当一定带宽的光由宽谱光源入射进光纤光栅中时，仅有一部分符合光栅波长选择条件的光被反射回来，解调仪即可测出反射波长变化。在复合材料热压固化过程中，内部嵌入的光纤光栅传感器受温度和压力载荷会产生一定程度的应变，此时光栅的栅距会发生变化，进一步表现为反射波波长的变化，通过解调仪检测到的波长变化就可推导出外界温度和载荷的大小。

Parlevliet 等 [10] 用传感器实现了聚氨酯固化收缩应变的监测，并研究了后固化处理对固化残余应力的影响，发现残余应力来源于化学收缩和玻璃态的降温产生的应变。王庆林 [11] 在碳纤维复合材料的热固化过程中应用了 FBG 温度和应变传感器，详细地监测到了复合材料内部温度和应力的演变过程，并将试验结果与有限元模拟得到的结果对比，进一步验证了有限元模型的准确度。常新龙等 [12]

利用一种双光栅的传感器，成功实现了玻璃纤维–环氧预浸料层板内部温度、应力和应变变化的监测，同时分析了固化残余应力对传感器信号传递的影响。但在树脂基复合材料体系中应用 FBG 尤其需要注意限制树脂在高温下的流动，液态的树脂流动会给光纤一个侧向的冲击力，往往会使传感器有较大的初始应力，且光纤会偏离设定的位置，使监测到的数据不能准确反映观测方向的应力状态。近年来，FBG 系统的发展日益完善，在建筑、桥梁及机翼的寿命监测领域有了广泛的应用 [13,14]，但其在纤维金属层板体系中能否成功预测层板内部的应力变化，仍然有待试验验证。

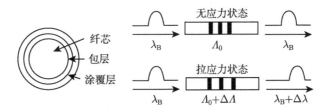

图 2.2   光纤光栅传感器结构示意图及拉应力作用下的波长偏移

2.1.2   固化过程的残余应力演变特征

本节结合有限元模拟和光栅光纤监测方法，以 GLARE 层板为例对纤维金属层板中固化残余应力的演变过程进行了详细的探讨，以获得该层板固化过程中的残余应力演变特征及分布规律。

1. 纤维金属层板固化过程应力演变有限元模型的建立

通过有限元模拟的方法研究纤维金属层板的固化过程，须包含热传导–固化有限元模型和应力演变有限元模型两部分 [15]。首先，使用传热分析步的热传导–固化模型计算固化过程中层板内温度和预浸料固化度的变化。随后，根据上述热传导–固化模拟得到的结果，在应力演变的分析步中完成在相应温度和固化度情况下材料性能的演变模拟，并得到最终的残余应力分布。顺序耦合的两个有限元模型的关系如图 2.3 所示，二者在固化过程中是同时发生的，仅在固化过程的有限元分析中分成两个模块以便于进行复杂场的耦合分析。在此过程中，认为层板在固化过程中不会发生树脂的流动以及厚度的变化，因此忽略固化过程中树脂的流动及层板的压实过程。事实上，任何材料体系的纤维金属层板的固化过程均可使用本章建立的有限元模型来预测残余应力。

热传导–固化模型应用了 USDFLD、HETVAL 子程序来描述树脂的固化动力学行为。子程序 USDFLD 中的 FIELD 和 STATEV 参数被用于定义材料积分点上的温度和固化度变量。其中，FIELD 主要定义固化度变量，并通过状态变量 STATEV 与用户子程序 HETVAL 传递数据。HETVAL 定义热传导分析中内部树脂反应产生的热量 Q，变量 STATEV 用于保存用户子程序 USDFLD 中传递过来的固化度，随后根据树脂的固化动力学方程定义树脂的固化速率 $d\alpha/dt$。固化度、温度、升温速率等因素共同决定了当前增量步中的 $d\alpha/dt$ 值。确定后的 $d\alpha/dt$ 值通过 STATEV(1) 传递给 USDFLD，为下一个增量步计算做准备。

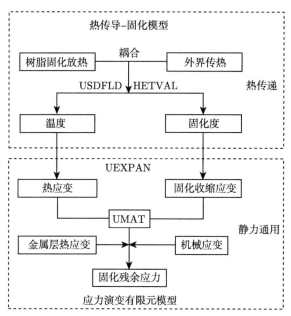

图 2.3　有限元模拟各模块间的逻辑关系

在应力演变模拟过程中，选用静力通用分析步来模拟应力的演变过程。首先，子程序 UMAT 作为主体程序定义复合材料的本构方程，主要定义积分点在当前增量步中的应力和材料雅可比矩阵 $\partial\Delta\sigma/\partial\Delta\varepsilon$。在应力位移分析中，UMAT 计算的是除温度和固化度引起的热应变和收缩应变外的机械应变，温度和固化度在每一增量步中引起的纤维层的非机械应变由子程序 UEXPAN 来计算，UEXPAN 还会向 UMAT 传递材料积分点温度场变量、固化度变量和非机械应变场变量等变量。增量步中需要的温度场变量来源于热传导–固化分析，而 UEXPAN 需要的复合材料的固化度变量则需要根据传递过来的温度场重新计算。因此，在应力演变分析中需要重新计算树脂的固化反应动力学方程。

在纤维金属层板的热压固化过程中，层板要经历长时间的升温、保温和降温过程，热量直接由平板硫化机的上下模板向层板传递 (如采用热压罐法则不同)，由于所用的模具为导热性较好的金属，因此在有限元模型中可以将金属层表面的热边界条件设置为第一类边界条件，即将与工艺温度曲线相同的温度直接加载在层板表面。

由于树脂在固化过程中经历了液态向固态的转变，树脂的弹性模量 E_r 和剪切模量 G_r 与固化度 c 密切相关：

$$\begin{cases} E_r = E_r^0, c < c_{gel} \\ E_r = (1 - c_{mod}) + c_{mod} E_r^\infty, c \geqslant c_{gel} \\ G_r = \dfrac{E_r}{2(1 + \nu_r)} \end{cases} \tag{2.14}$$

式中，$c_{mod} = \dfrac{c - c_{gel}}{1 - c_{gel}}$；$\nu_r$ 为树脂的泊松比；E_r^0 和 E_r^∞ 分别为树脂未固化和完全固化时的弹性模量；c_{gel} 为树脂的凝胶点。

外界热量和树脂固化产生的热量向其他金属层、纤维层传递过程中，存在一定的温度梯度，导致层板内温度和固化度的不均匀分布，形成残余应力场，并最终影响层板制备后的力学性能和尺寸稳定性。而纤维金属层板中预浸料的固化过程，是热传导和固化反应相互耦合的物理化学过程，可看作是一个以树脂固化反应热作为内热源的瞬态热传导。求解该瞬态热传导，就可以得到复合材料构件内部任意时刻的温度场和固化度场。倘若忽略树脂的流动以及热对流的影响，根据傅里叶热传导定律和能量守恒方程，可以得到该问题的控制方程[16]：

$$\rho C_p \frac{\partial T}{\partial t} = \frac{\partial}{\partial x}\left(k_x \frac{\partial T}{\partial x}\right) + \frac{\partial}{\partial y}\left(k_y \frac{\partial T}{\partial y}\right) + \frac{\partial}{\partial z}\left(k_z \frac{\partial T}{\partial z}\right) + \rho_r V_r H_r \frac{\partial \alpha}{\partial t} \tag{2.15}$$

式中，ρ、C_p、k_x、k_y、k_z 分别为复合材料等效的密度、比热和各向异性的热传导系数；ρ_r 为树脂的密度；V_r 为树脂在预浸料中的体积分数；H_r 为树脂完全固化放出的总热量；$\dfrac{\partial \alpha}{\partial t}$ 为树脂发生交联反应时的瞬时固化速率。

对于预浸料来说，其性能表现为明显的各向异性，为了便于在有限元软件中计算，通常采用细观力学模型来预测其性能。假设在固化过程中预浸料纤维分布均匀，且内部无空隙，纤维和基体界面结合牢固，利用细观力学方法就可以根据树脂和纤维的性能和结构参数来对复合材料的宏观性能进行计算[17,18]。根据纤维金属层板的材料结构分析，在固化过程中金属层的应力演变与其内部的温度场及与相邻纤维层的界面结合程度有关，在此过程中铝合金不会发生损伤破坏，因此在有限元模型中金属层的本构模型仅考虑线弹性行为，纤维层的本构关系由子程序 UMAT 来确定，而因为涉及树脂的固化过程引起的化学收缩等行为，又加入了 UEXPAN 子程序来辅助计算。

除了施加在层板表面的外界压力引起的材料弹性应变 ε^e 之外，复合材料在固化过程中的非机械应变由温度变化引起的热应变 ε^{th}、树脂基体固化收缩引起

的收缩应变 ε^{sh} 组成。在固化过程应力演变的预测中，非机械应变的预测是根据纤维和树脂的性能和体积分数，计算复合材料的热应变和固化收缩应变。因此采用细观力学预测复合材料的非机械应变时，还需测试纤维和树脂的热膨胀系数和树脂体积收缩率 V_{sh}。

在固化过程中，纯树脂的热膨胀系数 α_{r} 为仅与温度和固化度相关的函数，当温差为 ΔT 时，树脂的热应变增量为

$$\Delta\varepsilon_{\text{r}}^{\text{th}} = \alpha_{\text{r}}\Delta T \tag{2.16}$$

而对于纤维层来说，热应变同样可以根据其热膨胀系数来计算，而热膨胀系数可以根据树脂和玻璃纤维的热膨胀系数进行计算 [15]：

$$\alpha_1 = \frac{\alpha_{1\text{f}}E_{1\text{f}}V_{\text{f}} + \alpha_{\text{r}}E_{\text{r}}(1-V_{\text{f}})}{E_{1\text{f}}V_{\text{f}} + E_{\text{r}}(1-V_{\text{f}})} \tag{2.17}$$

$$\alpha_2 = \alpha_3 = (\alpha_{2\text{f}} + \nu_{12\text{f}}\alpha_{1f})V_{\text{f}} + (\alpha_{\text{r}} + \nu_{\text{r}}\alpha_{\text{r}})(1-V_{\text{f}}) - [\nu_{12\text{f}}V_{\text{f}} + \nu_{\text{r}}(1-V_{\text{f}})]\alpha_1 \tag{2.18}$$

因此，当单个增量步内温差为 ΔT 时复合材料 1 方向的热应变可以表示为

$$\Delta\varepsilon_1^{\text{th}} = \alpha_1\Delta T \tag{2.19}$$

然而，纤维层的固化应变还需要考虑树脂的固化收缩的影响。假设边长为 l 的各向同性树脂的立方体微元固化收缩后边长变化量为 Δl，则体积微元的体积变化率为

$$\frac{\Delta\nu}{V} = 3\varepsilon + 3\varepsilon^2 + \varepsilon^3 = \Delta c \cdot V_{\text{sh}} \tag{2.20}$$

式中，V_{sh} 为树脂完全固化时的体积收缩率。因此增量步内树脂的化学收缩应变可以表示为

$$\Delta\varepsilon_{\text{r}}^{\text{sh}} = \sqrt[3]{1 + \Delta cV_{\text{sh}}} - 1 \tag{2.21}$$

因此，单个增量步内复合材料的各主方向的化学收缩应变为

$$\Delta\varepsilon_1^{\text{sh}} = \frac{\Delta\varepsilon_{\text{r}}^{\text{sh}}E_{\text{r}}(1-V_{\text{f}})}{E_{1\text{f}}V_{\text{f}} + E_{\text{r}}(1-V_{\text{f}})} \tag{2.22}$$

$$\Delta\varepsilon_2^{\text{sh}} = \Delta\varepsilon_3^{\text{sh}} = \Delta\varepsilon_{\text{r}}^{\text{sh}}(1+\nu_{\text{r}})(1-V_{\text{f}}) - [\nu_{12\text{f}}V_{\text{f}} + \nu_{\text{r}}(1-V_{\text{f}})]\Delta\varepsilon_1^{\text{sh}} \tag{2.23}$$

综合以上公式，在使用 UMAT 子程序模拟复合材料固化过程时，每一增量步的应变表达为弹性应变、热应变和化学收缩应变的和：

$$\Delta\varepsilon_{ij} = \Delta\varepsilon_{ij}^{\text{e}} + \Delta\varepsilon_{ij}^{\text{th}} + \Delta\varepsilon_{ij}^{\text{sh}} \tag{2.24}$$

以 3/2 结构的 GLARE 层板为例，在 ABAQUS 中建立尺寸为 300 mm×300 mm 的层板三维实体模型，层板的基本结构及载荷设置如图 2.4 所示。为了简化计算量，仅构建 1/4 层板模型，即在层板相邻的两边分别添加 XSYMM 和 YSYMM 约束，固化过程中来自设备的压力以 0.65 MPa 均匀载荷的方式施加在层板模型的上、下表面。在固化过程中不考虑模具对 GLARE 层板的影响，即假设层板始终处于自由固化状态。

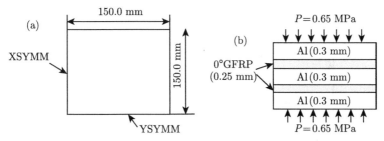

图 2.4　GLARE 层板有限元模型基本参数 (a) 及载荷设置 (b)

在 GLARE 层板的固化过程中，选用的玻璃纤维–环氧预浸料在高于其玻璃化转变温度的条件下固化，因此在固化过程中树脂的黏弹性行为可忽略不计。对于树脂化学反应与时间、温度和固化度的关系，本章采用唯象模型来描述，其模型参数则由差示扫描量热法来确定。本章选择的 FM-94 树脂的 E_r^0 和 E_r^∞ 均为 3.447 GPa，c_{gel} 为 0.57，其固化动力学符合式 (2.25) 所示的 Kamal 反应速率方程，其固化动力学参数如表 2.1 所示。

$$\frac{\mathrm{d}\alpha}{\mathrm{d}t} = k_0 \mathrm{e}^{-E_A/RT}\alpha^m(1-\alpha)^n \tag{2.25}$$

式中，R 为摩尔气体常数；T 为热力学温度；k_0、m、n 均为常数。

表 2.1　FM-94 环氧树脂的固化动力学参数[18]

k_0/s^{-1}	$E_A/(\mathrm{J/mol})$	m	n
3.52×10^6	6.75×10^4	0.558	2.508

2. 固化过程中纤维层应力演变规律

GLARE-2A 纤维层中间点的应力演变过程模拟结果如图 2.5 所示，其中 S_{11} 表示沿纤维方向的应力，S_{22} 表示垂直于纤维方向的应力。通过与温度曲线和固化度曲线对照，可以明显地看出两个方向的应力演变主要分为以下几个阶段。

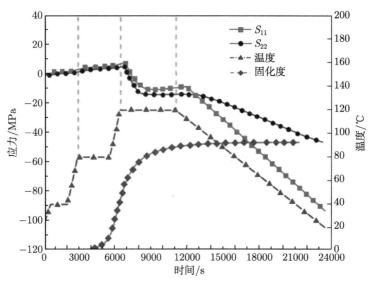

图 2.5   GLARE-2A 纤维层中心数值模拟应力演变曲线

在温度达到固化温度 120℃ 之前，树脂处于黏流态且模量低，纤维层内的应力变化很小。在温度达到 120℃ 之后，纤维层内的应力值快速升高，至 9000 s 时间点后趋于稳定。对比固化度曲线可知，在温度达到 120℃ 的时间段内，树脂的固化速率显著提升。此时，相对于温度引起的热应变，树脂的固化收缩应变占据了主导地位，导致纤维层内的应力逐渐转变为压应力。在 9000 s 时间点以后，树脂固化度达到最大且趋于稳定，树脂的固化过程基本完成，固化收缩行为也逐渐消失，加之此时层板整体处于保温阶段，没有热应变产生，纤维层内的应力趋于稳定。

在降温阶段，纤维层内应力的演变受温度及层板结构的影响。此时树脂已固化完成，铝合金层与纤维层之间实现良好的界面结合。由于铝合金的热膨胀系数远大于纤维层，因此在降温过程中，纤维层内的压应力进一步增大。在此阶段，纤维层被视为横观各向同性的整体，因此降温过程中应力的演变趋于线性。

在固化过程中，S_{11} 与 S_{22} 应力演变的主要区别在于 120℃ 的保温阶段以及后续的降温阶段。在 120℃ 的保温阶段，由于应力演变的主要来源以树脂固化收缩应力为主，而在垂直于纤维的方向树脂含量较高，树脂的固化收缩效应就更明显，垂直于纤维方向的应力表现出比沿纤维方向更大的应力数值。纤维层在垂直于纤维方向的模量远小于沿纤维方向，因此在降温阶段，尽管沿两个方向的残余应力均呈线性增长，但垂直于纤维方向的应力增速较慢，导致最终的残余应力值也较小。

固化结束后，单向 GLARE 层板中玻璃纤维–环氧纤维层的残余应力 S_{11} 为

$-92.5\,\mathrm{MPa}$，S_{22} 为 $-45.7\,\mathrm{MPa}$ (其中，负号表示其为压应力)，这是纤维层的热膨胀系数远比铝合金的低所导致的。图 2.6 呈现了最终固化残余应力在相邻两层纤维层内的分布状况。可以看出，残余应力在纤维层的大部分区域分布较均匀，但是在层板的边缘处应力值较低，呈现了明显的边缘效应。另外，相邻两层纤维层存在的温度梯度对最终残余应力值影响不大，仅约为 0.5 MPa。这是因为纤维层较薄，相邻两层内的温度梯度也较小，但需要注意的是在较厚的纤维金属层板结构中其残余应力的差异将更为显著。

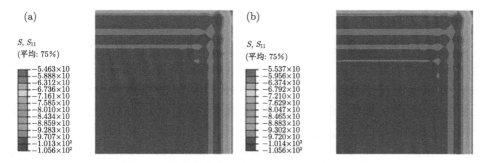

图 2.6　固化残余应力在 GLARE-2A 中的分布

(a) 第一层纤维层中的分布；(b) 第二层纤维层中的分布

同时，通过改变有限元模型中纤维的取向，就可以得到 GLARE-3 层板内纤维层的应力演变过程。由图 2.7 可以看出，纤维层内沿纤维方向应力演变的趋势受到铺层方式的影响较小，仅在降温阶段有略微的差别。最终，GLARE-3 层板中

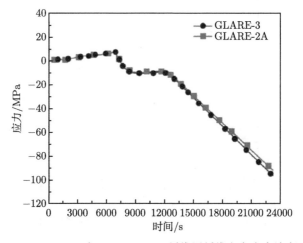

图 2.7　GLARE-3 与 GLARE-2A 纤维层纤维方向应力演变对比

纤维层沿纤维方向的固化残余应力值为 −96.7 MPa。对该现象的解释如下：降温阶段之前纤维层内的应力演变过程虽然主要为面内应力形成，但也是层间不断实现结合的过程，在此过程中，单层内热应力和树脂的固化收缩应力对相邻层影响较小。而在保温阶段结束后，各层之间通过完全固化的树脂作为界面连接成一个整体，因此在降温过程中正交铺层的层板中纤维层沿纤维方向的应力演变必然受到相邻纤维层垂直于纤维方向的热变形的影响。由于纤维层垂直纤维方向的热膨胀系数比沿纤维方向的大，在降温过程中其收缩量也比沿纤维方向大，这种差异通过界面传递到相邻的纤维层中，就使其在沿纤维方向的应力略微偏大。

3. 固化过程中铝合金层应力演变规律

在 GLARE 层板的固化过程中，铝合金层仅在热载荷下发生弹性变形，因此其内部的应力演变主要取决于与相邻纤维层的界面结合情况。由于纤维层内沿纤维方向的应力比其他方向高得多，本章在铝合金层的应力演变中也着重关注图 2.8 所示的 S_{11} 应力的演变。纤维层应力演变规律已阐明，在 9000 s 时间点之前，树脂仍处于固化度很低的状态，在此种情况下，铝合金层的主要行为近似于自由膨胀，产生的应力很小。之后，树脂逐渐固化，纤维层与铝合金层之间的结合力逐渐增强，剩余树脂的固化收缩行为使铝合金内部的应力值又略有下降。在降温阶段，由于较大的热膨胀系数，铝合金层内部逐渐产生拉应力且其不断增大，固化结束后残余应力值达到 46.3 MPa。铝合金层的 S_{22} 应力演变在保压阶段受纤维方向的影响较小，也间接说明在此阶段铝合金层与相邻纤维层的结合程度不高。降温阶段开始后，铝合金层垂直于纤维方向的应力演变开始明显地受到相邻纤维层应力

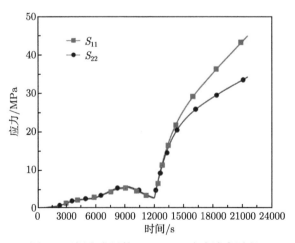

图 2.8　铝合金层的 S_{11}、S_{22} 应力演变过程

演变的影响，由于纤维层垂直于纤维方向的模量较低，与之满足变形协调关系的铝合金层的应力演变速度相对于纤维方向也较小，因此到固化过程结束后，铝合金层内的 S_{22} 应力值仅有 34.3 MPa。

由于层板在厚度方向上存在温度梯度，因此有必要对表层和中间层铝合金的固化残余应力进行比较。有限元模拟得到的表层与中间层铝合金的应力分布如图 2.9 所示。固化残余应力在铝合金层的大部分区域都呈均匀分布，但同样有显著的边缘效应。与纤维层不同，铝合金层的边缘效应表现为边缘应力值的突然增大，且在与纤维方向垂直的两边更加明显。此外，中间层铝合金的残余应力值要比表层大，这是因为中间层铝合金由于热量的累积在降温过程之前的温度值比表层的铝合金高，达到相同的温度后产生的热变形也就较大；且中间层铝合金两个表面在降温过程中均要受到相邻纤维层的约束，自由度的减少导致铝合金层的热变形较困难，最终导致其残余应力值偏大。这种不同层的残余应力差异，有可能在外界载荷的作用下使材料的失效模式发生变化，进而影响层板整体的力学性能。

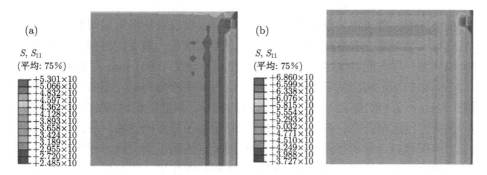

图 2.9　表层和中间层铝合金内的残余应力分布

不同的铺层结构对表面铝合金层中沿纤维方向的残余应力演变具有重要影响，残余应力的大小与纤维层在纤维方向的模量有关。图 2.10 展示了 GLARE-3 与 GLARE-2A 表层铝合金应力演变对比曲线，可以看出在降温阶段，正交铺层的 GLARE 层板表层铝合金的应力演变相对于单向层板来说较小，在固化结束后 GLARE-3 层板表面铝合金的固化残余应力为 37.3 MPa。要解释这一现象，可以把降温过程中的相邻两层纤维层看成一个固化后的纤维层板，此时正交铺层的纤维层板的模量比单向纤维层板的模量要小。根据层板不同层之间的变形协调关系可知，在层板纤维层模量较小的情况下，铝合金层内的应力也相应地变小。

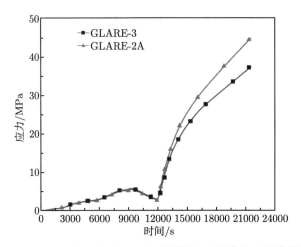

图 2.10   GLARE-3 与 GLARE-2A 表层铝合金纤维方向应力演变对比

4. 固化过程中层间应力演变规律

在层板受到机械载荷或热载荷后，其层间会出现层间应力。层间应力往往会在层板边缘的位置表现为复杂的分布模式，引起层板脱粘形成层间裂纹，导致整体强度和刚度下降。本章在研究 GLARE 层板层间应力演变的时候，将各层之间的区域视为一层树脂富集区，在有限元模型中设定为 0.001 mm 厚的树脂层。

在固化初期，树脂处于黏流态，此时认为层间应力为零，相邻的各层之间热膨胀行为互不影响。随后，随着固化速率的提升，树脂的模量和刚度也不断增加，层间的应力也逐渐升高，各层之间的行为开始有了初步的影响。经过在固化温度的长时间保温后，树脂已经完全固化，其模量也达到了最大值，相邻的两层被紧密地连接在一起。此时，层板仅受均匀机械载荷的作用，层与层之间不会发生剪切作用，因此 GLARE 层板的层间正应力约为 0.7 MPa。因界面层厚度极小，固化后形成的应力值也较小。

图 2.11 为黏结层残余应力的分布情况，其中 S_{13}、S_{23} 表示黏结层所受的剪切应力，S_{33} 表示黏结层厚度方向的正应力。各方向的残余应力依然表现为大部分区域均匀、边缘效应明显的分布规律。黏结层内的固化残余应力值都较小，剪切应力和正应力均接近于零。与之相比，在边缘部分，黏结层所受的剪切应力达到了 3 MPa 左右，正应力也上升到了 1 MPa 左右。在这种情况下，边缘效应力值的表现更能影响层板的层间性能，在外界载荷的作用下，黏结层应力较大的边缘部分会更容易成为层间裂纹的诱发点，并进一步导致层板失效。

总体而言，GLARE 层板固化应力的演变主要集中在降温阶段，除了热膨胀系数不匹配，树脂固化收缩的影响亦不能忽略，内部纤维层最终固化残余应力在 −90 MPa 左右，铝合金层的固化残余应力在 50 MPa 左右。

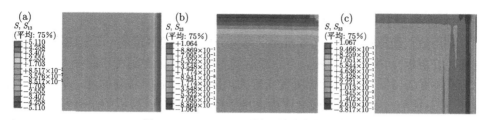

图 2.11 GLARE 层板层间应力的分布

(a) S_{13} 应力的分布；(b) S_{23} 应力的分布；(c) S_{33} 应力的分布

2.1.3 喷丸成形过程的残余应力特征

上节对纤维金属层板固化残余应力的形成特征进行了详细探讨；而在后续成形过程中，层板中的残余应力亦会发生演变，同样值得关注。作者近年的研究表明，喷丸成形是实现纤维金属层板大尺寸构件复杂形面成形的重要方法。该成形方法是利用高速喷射的弹丸流撞击金属薄板表面的过程中，使受喷表面发生塑性变形，形成喷丸应力，并逐步使构件达到其目标曲率要求；该方法也是在纤维金属层板成形过程中，使残余应力变化最显著的方法之一。

喷丸成形过程的残余应力形成机制复杂，可先探索单个弹丸的喷丸应力形成机制，并由此向多弹丸乃至整个层板扩展。

1. 单弹丸残余应力特征

本节以 GLARE 层板为例，采用数值模拟与试验相结合的方法重点研究单弹丸喷丸成形后层板内部的残余应力。为了便于读者的理解，本节定义弹丸撞击后铝合金表面自弹坑中心沿 $0°$ 纤维方向为 x 方向，沿 $90°$ 纤维方向为 y 方向，如图 2.12 所示。x 方向残余应力为 S_{11}，y 方向残余应力为 S_{22}。

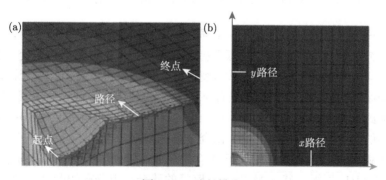

图 2.12 路径描述

(a) 路径的分布；(b) x 路径与 y 路径

1) 铺层结构对单弹丸压入残余应力的影响

利用数值模拟将直径为 0.5 mm 的弹丸分别压入等厚度的 GLARE 层板 (3/2 结构正交层板) 与纯铝合金板,下压深度均为 0.1 mm,得到特定路径上的残余应力分布 (图 2.13),负号表示该处受压应力。因为金属材料各向同性,单一铝合金板在 x 路径与 y 路径上的残余应力高度一致。GLARE 层板的表层残余应力沿两条路径的分布规律与单一铝合金相似,但应力值大于单一铝合金板,表明在相同的试验条件下 GLARE 层板表层的铝合金比纯铝合金更难成形。其主要原因是 GLARE 层板中拥有纤维层,纤维的抗拉强度远高于铝合金材料。弹丸压入的过程中,纤维层阻碍了金属变形,特别是沿路径箭头方向的变形。纤维层的阻碍作用导致金属变形时的流动受阻,纤维的变形抗力较大,因而较单一铝合金,GLARE 层板表层的金属变形难度更大,残余应力也更大。

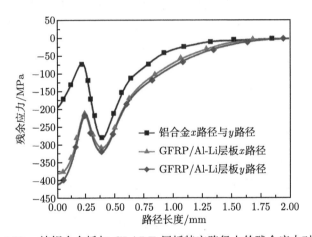

图 2.13　纯铝合金板与 GLARE 层板特定路径上的残余应力对比

为进一步说明 GLARE 层板中纤维层对于金属层变形的阻碍作用,本节进一步比较了纯铝合金与 GLARE 层板单弹丸压入后弹坑部位的等效应变情况,如图 2.14 所示。图中的圆圈区域为等效应变区域,从图中可以看出,单一铝合金板的等效应变区域明显大于相同试验条件下的 GLARE 层板等效应变区域,等效塑性应变峰值约为 GLARE 层板的 2.5 倍,进一步说明因纤维层的阻碍作用,GLARE 层板表层的铝合金变形相较于单一铝合金更为困难。

利用相同直径弹丸分别压入正交 (0° 纤维靠近表层金属) 与单向 (纤维方向为 0°) GLARE 层板,其 x 路径与 y 路径的残余应力分布如图 2.15 所示。从图 2.15(a) 中可以看出单向层板沿 x 路径的残余应力明显小于 y 路径,而图 2.15(b) 中的正交层板,沿 x 路径与 y 路径的残余应力分布大致相同。当弹丸压入单向 GLARE 层板时,沿 x 路径 (纤维方向) 的变形阻力大,纤维对金属在该方向的变形有"拖拽"作用,导致铝合金在该方向上的变形较小,进而导致该方向的残余应力较小;沿 y 路径 (垂直纤维方向),受纤维"拖拽"作用不明显,变形程度较大,在该方向上的残余应力也相应变大。

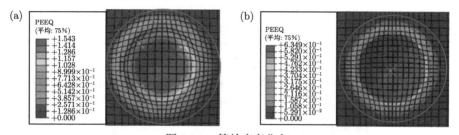

图 2.14　等效应变分布

(a) 纯铝合金板;(b) GLARE 层板

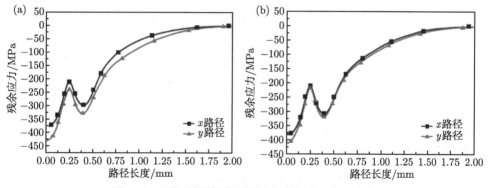

图 2.15　不同铺层结构层板路径上的残余应力分布

(a) 单向层板;(b) 正交层板

对正交层板进行进一步分析,从图 2.15(b) 可看出,尽管沿两条路径的残余应力分布几乎相同,但沿 y 路径的残余应力仍略大于沿 x 路径的残余应力。本节正交层板中,邻近外部金属的是 0° 纤维,因此沿 0° 方向 (x 方向) 的纤维阻碍作用更大,沿着 x 路径的金属更难以变形,进而导致该方向的残余应力较小。

综上可知,纤维铺层方向甚至铺贴顺序亦会影响金属的变形,并导致残余应力形成特征的差异。

2) 弹丸尺寸对单弹丸压入残余应力的影响

本节采用数值模拟与试验相结合的方法,改变弹丸尺寸进行单弹丸压入试验,探究弹丸尺寸对于 GLARE 层板单弹丸压入残余应力特征的影响。

对于单向 GLARE 层板而言,不同尺寸弹丸产生的弹坑形状如表 2.2 所示,从表中可以看出试验结果与模拟结果较为一致。当弹丸直径小于 2.0 mm 时,弹坑形状呈较为规则的圆形；当弹丸直径超过 2 mm 时，弹坑形状明显呈椭圆形 (短轴沿 0° 纤维方向)。弹坑形状的差异势必会导致弹坑附近各方向的残余应力差异。而随着弹坑尺寸的增加，弹坑由圆形变为椭圆形，表明了纤维方向影响了弹坑宏观塑性变形，并由此对于单弹丸压入的残余应力特征产生影响。

表 2.2　　单向 GLARE 层板弹坑的模拟与试验结果对照

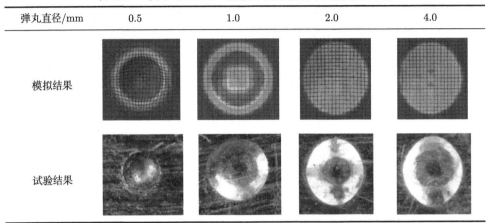

弹丸直径/mm	0.5	1.0	2.0	4.0
模拟结果				
试验结果				

当不同尺寸弹丸压入正交 GLARE 层板时，弹坑的形貌如表 2.3 所示。试验结果与模拟结果一致，在不同的弹丸尺寸下，因纤维层趋于各向同性，弹坑的形状始终呈现较为规则的圆形。

表 2.3　　正交 GLARE 层板弹坑的模拟与试验结果对照

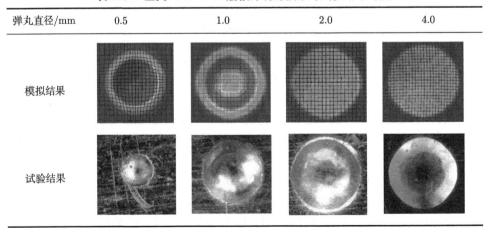

弹丸直径/mm	0.5	1.0	2.0	4.0
模拟结果				
试验结果				

上述研究结果表明，纤维铺层是影响单弹丸压入后弹坑形状的主要因素。就

单向层板而言，由于纤维在自身方向的变形抗力较大，因此铝合金沿垂直纤维方向的变形大于其自身方向的变形，其变形原理如图 2.16 所示。当然，纤维层的阻碍作用程度与弹丸尺寸有关。当弹丸尺寸较小 (弹丸直径小于 2 mm) 且压入深度有限时，纤维层对金属变形的阻碍作用不明显。因此，当弹丸直径小于 2 mm 时，单向 GLARE 层板上的弹坑均是圆形。当弹丸直径超过 2 mm 时，由于纤维方向的明显阻碍，两个方向的变形差异明显而容易形成椭圆形凹坑。

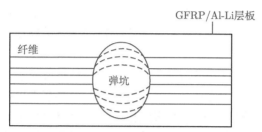

图 2.16　单向 GLARE 层板单弹丸压入变形原理

3) 单弹丸压入残余应力场中固化应力的作用

喷丸成形的本质是外界引入喷丸应力场与自身残余应力场再平衡的过程，因此本研究也讨论了 GLARE 层板固化残余应力对于其喷丸过程单弹丸应力场的影响。

以带有固化残余应力的正交 GLARE 层板作为初始状态，对其进行单弹丸压入试验模拟，将其弹坑特定路径下的残余应力分布与相同条件下未施加固化残余应力的分布相比，如图 2.17 所示。考虑固化残余应力后，x 路径上的残余应力值增大，且波峰、波谷的位置向外偏移，即弹坑有变大趋势。y 路径上的残余应力变化与 X 路径相似，不再赘述。该研究结果是后续继续开展多弹丸乃至整个 GLARE 构件残余应力特征分析的基础。

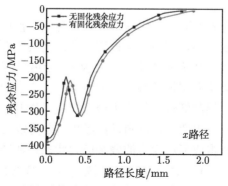

图 2.17　固化残余应力对 x 路径上的残余应力分布影响

2. 多弹丸残余应力特征

基于单个弹丸残余应力场的研究，可继续拓展至多个弹丸及整个 GLARE 构件。围绕单个弹丸的撞击建立球腔膨胀模型，并基于塑性区与弹性区的叠加开展多弹丸应力场理论计算，是目前分析多弹丸喷丸残余应力特征的主要方法。基于该理论可获得多弹丸的残余应力场，并通过计算等效刚度与等效弯矩，实现喷丸变形量的预测。然而，上述方法的预测精度有限，且较难获取 GLARE 层板在喷丸后整体以及各层间的残余应力分布特征。因此，本节采用直接模拟多弹丸动态冲击过程的方法，获取 GLARE 层板在不同覆盖率下的残余应力场，进一步分析层板整体残余应力特征。

多弹丸应力场模拟的思路如图 2.18 所示，包括对层板进行多弹丸冲击过程模拟及 GLARE 层板整体的弯曲变形模拟两部分，最终获得层板整体的残余应力分布特征。首先建立层板局部区域有限元模型并设定周期性边界条件，按照预期覆盖率以固定间隔时间完成局部区域的随机弹丸动态冲击过程模拟仿真，获取残余应力场特征及金属层、纤维层各层的残余应力数值。随后，建立层板全尺寸模型，并以动态冲击模拟得到的残余应力场为初始条件，建立静力学分析步，模拟层板在无约束条件下由喷丸应力引起的变形过程，最终记录各试样在喷丸前后的应力场分布特征。

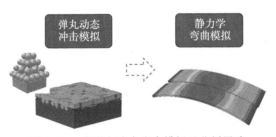

图 2.18　多弹丸残余应力模拟及分析思路

基于上述思路，作者团队以固化残余应力为基础，模拟了 10%～50%喷丸覆盖率下层板的应力演变行为，获得了层板弯曲变形前后沿厚度方向的残余应力分布曲线，如图 2.19 所示。喷丸覆盖率对于层板表面的残余应力具有较大影响，随着覆盖率的增大，喷丸引入层板的残余应力值递增。喷丸引入的残余压应力主要存在于表层金属层并对局部纤维层的应力分布产生了影响。应力的不平衡使得层板在无约束条件下可以发生弯曲，得到目标形状，亦使残余应力在 GLARE 层板内部实现平衡，最终获得成形后稳定的残余应力状态，如图 2.19 所示。

此研究不仅有助于 GLARE 层板喷丸后残余应力分布特征的认识，还可以通过残余应力演变过程的有限元分析实现喷丸变形的预测。图 2.20 为基于准静态压入和动态冲击模拟获得的 GLARE 层板在不同覆盖率下的变形预测结果。预测误差可保持在 20%以内。

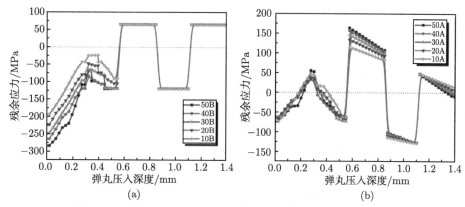

图 2.19 多覆盖率下喷丸弯曲前后层板厚度方向残余应力分布

(a) 喷丸弯曲变形前；(b) 喷丸弯曲变形后

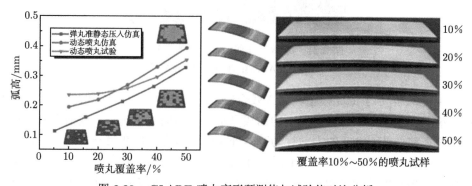

图 2.20 GLARE 喷丸变形预测值与试验值对比分析

本研究表明，喷丸成形作为"应力主导变形"为特征的成形工艺，在成形过程中应力变化显著，而其中固化残余应力的影响亦不能忽略。固化残余应力与喷丸应力的叠加，也将对 GLARE 层板的力学性能产生影响。

2.2 固化残余应力对纤维金属层板力学性能 与失效行为的影响

2.1 节已详细介绍了纤维金属层板的固化残余应力，但其对纤维金属层板性能的影响机制尚不清楚，因此，本节以 GLARE 层板为例，结合力学性能试验及相应的有限元模拟，探究固化残余应力对纤维金属层板力学性能及失效行为的影响。

2.2.1　层间性能

图 2.21 展示了 GLARE-3 与 GLARE-2A 两种铺层的层板在层间剪切试验后的失效破坏形式。观察可知，GLARE 层板层间剪切破坏的最终失效形式包括层间的滑移和张开，且失效的界面层均处于中间层铝合金附近。进一步通过扫描电子显微镜观察失效区域可以看出，GLARE-3 试样在铝合金层与 90° 纤维层间发生分层，且纤维层内出现基体裂纹。随着载荷增大，此裂纹贯穿了 90° 纤维层，相邻两块分层裂缝相互连接，并进一步引起了相邻界面的分层；而 GLARE-2A 仅出现了纤维层与金属层的分离，纤维层本身并没有出现损伤。

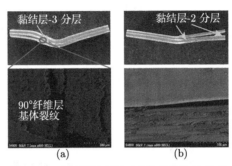

图 2.21　层板层间剪切试验后的失效形式

(a) GLARE-3；(b) GLARE-2A

图 2.22 展示了原始模型、引入残余应力的模型以及试验的载荷–位移曲线的对比情况。总体上，三种情况下的曲线显示出相同的变化趋势。载荷在到达第一个峰值之前，GLARE 的力学行为基本处于弹性状态，但在第一个峰值后，载荷值出现了急剧下降，此时铝合金层与纤维层开始分离。当载荷下降到一定程度后，载荷随位移开始了较平稳的发展阶段，在此过程中层间裂纹不断扩展，最终导致整个试样发生了层间失效。

根据有限元模拟中 GLARE-3 和 GLARE-2A 的最终破坏模式 (图 2.22 插图) 可以看出，GLARE-3 的层间失效发生在中间层铝合金下方的第三层黏结层，失效区域集中在压头附近的中间区域；GLARE-2A 中失效形式主要为中间层铝合金与上方纤维层之间发生的分层破坏，分层区域倾向于向边部发展并导致试样从边部"张开"完全失效。两种有限元模型展示的结果与试验观察到的结果吻合。

从不同有限元模型载荷–位移曲线的对比来看，考虑残余应力的有限元模型可以得到与试验结果更接近的曲线。固化残余应力的引入主要影响了峰值载荷值和裂纹扩展阶段的载荷值的大小。具体地，残余应力的引入使 GLARE-3 的最大载荷值从 650.7 N 下降到 610.6 N，相应的层间剪切强度由 55.83 MPa 下降到 53.64 MPa，而试验得到的层间剪切强度为 52.93 MPa。在 GLARE-2A 中也出现了类似的现象,其载荷峰值从 850.9 N 下降到 837.0 N。并且固化残余应力的引入也使得分层裂纹在稳定扩展过程中所需的载荷值显著降低,这意味着层间裂纹的扩展在固化残余应力的作用下变得容易。

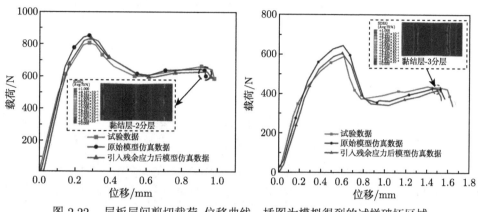

图 2.22 层板层间剪切载荷–位移曲线,插图为模拟得到的试样破坏区域

(a) GLARE-2A;(b) GLARE-3

为了研究固化残余应力对层间失效行为的影响机制,本节提取了层间剪切模型中的分层破坏起始阶段各黏结层的行为。图 2.23 和图 2.24 分别显示了 GLARE-3 和 GLARE-2A 在分层过程开始时的黏结层内聚力单元的失效情况,其中刚度退化变量 SDEG = 1 的单元为完全失效。首先,引入残余应力后模型黏结层的主要破坏区域与未引入时相近,仍然集中在压头附近区域与中间层铝合金相邻的黏结层内,说明残余应力的引入并没有改变黏结层的破坏模式。其次,对比同一层在考虑固化残余应力前后的失效区域可以看出,残余应力表现出来的边缘效应使分层行为也倾向于从层板边缘开始,然后向中间扩展。这种现象加速了黏结层的破坏,从而在载荷–位移曲线上呈现出较低的载荷值。初始破坏载荷和相应位移的减小可以证明这一结论:对于 GLARE-3 层板,残余应力的存在使初始破坏载荷减小了 22.8 N,位移减小了 0.11 mm;同时,GLARE-2A 的初始破坏载荷下降了 12.7 N,位移减少了 0.02 mm。另外,由于残余应力的边缘效应,分层裂纹在 GLARE-2A 内的分布更靠近边缘,更难连接在一起,其对载荷值的影响小于 GLARE-3。因此,固化残余应力对 GLARE-3 的层间剪切性能影响更为显著。

对于上面提到的有关残余应力引发边缘失效的结论,可以通过试验验证。首先,在 GLARE-3 的层间剪切性能试验中加载到 1.2 mm 位移 (试样处于裂纹扩展阶段) 时停止。取下试样切割后,试样边缘处均可观察到细小的分层裂纹,而压头与边缘的中部仍处于完好状态,如图 2.25 所示。可以推断,分层裂纹同时在边

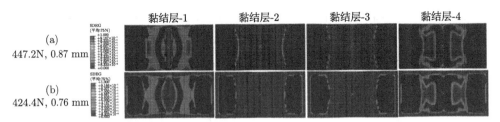

图 2.23　　GLARE-3 分层过程开始时黏结层的失效区域对比

(a) 原始有限元模型；(b) 引入残余应力的有限元模型

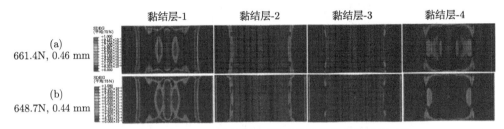

图 2.24　　GLARE-2A 分层过程开始时黏结层的失效区域对比

(a) 原始有限元模型；(b) 引入残余应力的有限元模型

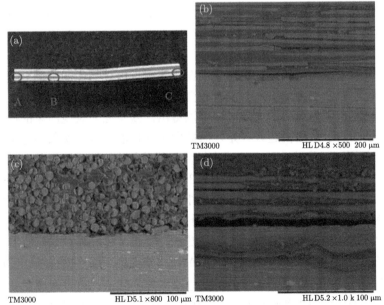

图 2.25　　(a) 层间剪切试验中位移为 1.2 mm 时 GLARE-3 试样的中心剖面图；(b)、(c)、(d)
分别为 A、B、C 层间区域的 SEM 图片

缘产生，并通过与其他裂纹连接，共同导致最终的层间失效。虽然这种边缘破坏机制对 GLARE 层板层间剪切强度影响不大，但在层间界面结合不良或叠加其他外部应力时，可能会导致层板边缘分层的发生。

2.2.2　基本力学性能

1. 拉伸性能

图 2.26 所示为在单向拉应力加载下，试验及两种有限元模拟过程得到的 GLARE-3 和 GLARE-2A 的工程应力–应变曲线。可以看出，三者在拉伸过程中均经历了弹性、塑性和破坏阶段。通过对比发现，对于两种铺层的 GLARE 层板，引入残余应力的有限元模型的工程应力–应变曲线在数值上与试验结果吻合更好。其中，原始有限元模型、引入残余应力的有限元模型和试验的 GLARE-3 抗拉强度分别为 551.6 MPa、547.7 MPa 和 554.0 MPa，应变值分别为 0.030、0.032 和 0.033；同时 GLARE-2A 在这三种条件下的抗拉强度分别为 884.6 MPa、870.7 MPa 和 880.3 MPa，说明固化残余应力的引入可以使有限元模型预测的准确度有所提高。

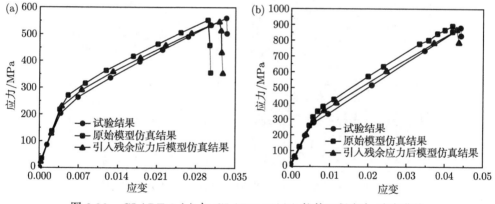

图 2.26　GLARE-3 (a) 与 GLARE-2A (b) 拉伸工程应力–应变曲线

图 2.27 展示了两种铺层的 GLARE 层板拉伸试验结束后和有限元模拟得到的层板失效形式。所有试样的金属层与纤维层均发生断裂，且金属层/纤维层界面出现分层。结合工程应力–应变曲线，可以看出 GLARE 层板的失效模式和失效顺序并没有因固化残余应力的引入而发生改变，残余应力的存在仅对层板的抗拉强度有影响。

然而，固化残余应力的引入对拉伸性能的影响还需要从各层失效破坏行为开始分析。如图 2.28(a) 和 (b) 所示，在 GLARE-3 中引入固化残余应力后，铝合金的初始损伤载荷由 237.6 MPa 降低到 228.6 MPa，同时纤维的损伤起始载荷下降了 4.0 MPa。而对于 GLARE-2A，在固化残余应力的影响下，铝合金和 GFRP 初始损伤载荷分别降低了 7.4 MPa 和 13.9 MPa。最终，固化残余应力对各层损伤载荷的影响经过耦合作用反映在层板整体上，使 GLARE-3 和 GLARE-2A 的抗拉强度分别降低了 3.9 MPa 和 17.3 MPa。究其原因，铝合金层内的拉伸残余应力会使铝合金的初始损伤载荷相应提前，进而导致层板整体的受载能力有所下降；而外加载荷施加在纤维层时，首先需克服其内部残余压应力，进而在达到纤维的失效应变时发生断裂，因此引入残余应力后整个拉伸过程层板的最终应变会有所增加。

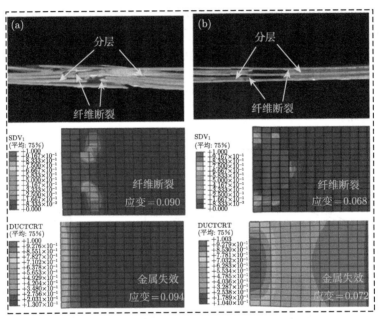

图 2.27　试样在拉伸试验及有限元模拟后的失效形式对比

(a) GLARE-3；(b) GLARE-2A

与抗拉强度相比，GLARE 层板屈服强度受固化残余应力的影响更为显著。在原始有限元模型、引入残余应力的模型和试验的对比中，GLARE-3 的屈服强度分别为 277.5 MPa、251.6 MPa 和 234.1 MPa，表明残余应力的引入使 GLARE-3 的屈服强度降低了 25.9 MPa。同样，固化残余应力导致 GLARE-2A 的屈服强度降低了 31.8 MPa。由于铝合金在 GLARE 层板中是唯一出现屈服现象的组分，工程应力–应变曲线的偏差必然由铝合金层的屈服行为决定。因此，固化残余应力带来的影响可以用金属体积分数 (MVF) 理论进行验证，层板屈服强度计算公式如下：

$$\mathrm{MVF} = \sum_{P_{\mathrm{metal}}}^{t} t_{\mathrm{metal}}/t_{\mathrm{lam}} \tag{2.26}$$

$$\sigma_{\mathrm{lam}} = \left[\mathrm{MVF} + (1 - \mathrm{MVF})\frac{E_{\mathrm{GFRP}}}{E_{\mathrm{metal}}}\right]\sigma_{\mathrm{metal}} \tag{2.27}$$

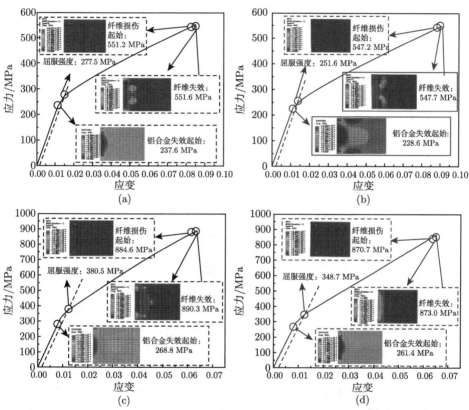

图 2.28 GLARE 层板拉伸过程应力–应变曲线及各组分失效载荷

(a) GLARE-3 未引入残余应力；(b) GLARE-3 引入残余应力；(c) GLARE-2A 未引入残余应力；

(d)GLARE-2A 引入残余应力

由式 (2.27) 可知，铝合金层的屈服是在固化保留的残余拉应力与外加拉伸载荷的共同作用下发生的，残余拉应力的存在使得铝合金达到屈服需要的外加载荷值下降，从而进一步导致整个层板的屈服强度降低。同理，由于玻璃纤维破坏载荷 (约 1600 MPa) 远大于固化后纤维层内产生的压缩残余应力 (GLARE-2A 中约 −90 MPa)，因此纤维层内的固化残余应力对纤维的失效载荷影响不大。

2. 弯曲性能

对比引入固化残余应力前后得到的载荷–挠度曲线 (图 2.29) 可知，固化残余应力对弯曲性能的影响较小。残余应力的引入略微增大了试样失效时的最大挠度，但其峰值载荷的变化也仅在 3 N 以内。尽管如此，本节继续讨论固化残余应力的引入对 GLARE 层板各金属层、纤维层及界面失效行为的影响。

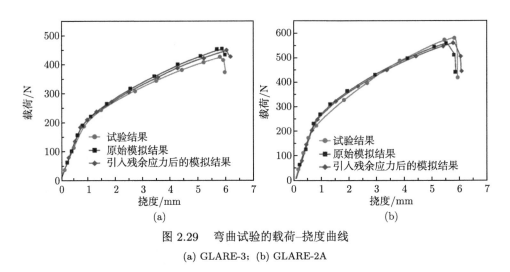

图 2.29　弯曲试验的载荷–挠度曲线

(a) GLARE-3；(b) GLARE-2A

三点弯曲的加载方式使试样在中性层上方受压，下方受拉，形成拉伸区和压缩区两个破坏区。由于拉伸区的变形远大于压缩区，且构件的压缩性能略高于拉伸性能，破坏首先发生在拉伸区。图 2.30 展示了引入固化残余应力前后 GLARE-2A 层板内部的失效情况。对于 GLARE-2A 层板来说，上下两层铝合金首先发生应力集中，进而伴随着 0° 纤维层的失效。不考虑残余应力的模型中，拉伸区内的两层 0° 纤维层在第 83 分析步同时发生失效 ($SDV_1 = 1$)，此时压缩区内的纤维层基本未发生损伤。随着挠度的增大，拉伸区的铝合金所受的拉应力逐渐超过了其承载极限，在第 106 分析步完全失效 (DUCTCRT = 1)。由于固化残余应力包括铝合金层内的拉应力和纤维层内的压应力，纤维层在引入固化应力后能承担更高的载荷。因此，引入残余应力后的 GLARE-2A 具有更大的失效挠度，即失效时间的延后。

而 GLARE-3 层板在三点弯曲载荷加载过程中，拉伸区的 0° 纤维层首先发生断裂 ($SDV_1 = 1$)，紧接着相邻的 90° 纤维层发生断裂 ($SDV_2 = 1$)，最终拉伸区的铝合金层也产生破坏。与 GLARE-2A 相同，GLARE-3 弯曲失效时的挠度也因纤维层内的残余压应力而有所增加。但在 GLARE-3 层板内部 90° 纤维层基体中产生的微小裂纹缓解了该层的应力集中，降低了其失效时的应力水平。图 2.31

为 90° 纤维层在引入残余应力前后基体损伤变量 (SDV$_2$) 与垂直于纤维方向应力 (S_{22}) 随时间的演变曲线。残余应力的引入延后了基体的损伤起始时刻,且失效时的应力峰值 (S_{22}) 也有所下降。由 2.1.2 节得到的正交铺层的层板固化应力特征可知,90° 纤维层内在垂直于纤维的方向也存在一定大小的压应力,当弯曲过程中试样达到相同挠度时,外加载荷还需克服残余压应力的影响,因此在宏观上也表现出稍高的承载能力。

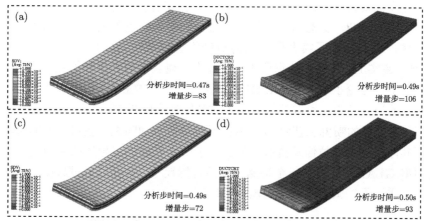

图 2.30 GLARE-2A 层板纤维层失效 (a、c) 及金属层失效 (b、d) 时刻,(a、b) 和 (c、d) 分别取自原始有限元模型和引入残余应力后的模型

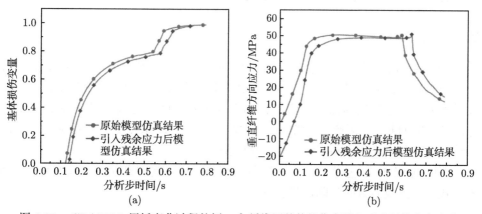

图 2.31 GLARE-3 层板弯曲过程外侧 90° 纤维层基体损伤变量和垂直纤维方向应力
(a) 基体损伤变量 SDV$_2$;(b) 垂直纤维方向应力

由此可知,固化残余应力对纤维金属层板的承载能力和失效行为均产生影响,并因不同受载特征,影响效果存在差异。考虑固化残余应力对该类层板力学性能

的影响，对于深入认识其失效机制和力学行为，实现其综合性能的准确预测具有积极的意义。

2.3　喷丸残余应力对纤维金属层板力学性能与失效行为的影响

对比固化残余应力，纤维金属层板经喷丸后其内部会产生的残余应力值更大，分布特征更为复杂，其对力学性能和失效行为的影响也更大。本节仍以 GLARE 层板为例，详细讨论了喷丸残余应力对纤维金属层板力学性能与失效行为的影响[19,20]。事实上，作者团队在所著的《纤维金属层板的力学性能及成形技术》一书 9.4 节中已讨论了喷丸对 GLARE 层板力学性能的影响[21]，结合本书对喷丸残余应力的研究结果，可较好揭示其力学性能的影响机制。

基于表 2.4 的喷丸工艺对 GLARE 层板进行双面喷丸，获得平整的层板试样并分析其浮辊剥离、拉伸及疲劳性能。为了防止铣切加工导致的应力变化，在喷丸前即将 GLARE 层板加工至待测试样的目标尺寸，并在喷丸过程中，粘贴或填充软性介质以保护试样边部及已预制的裂纹。

表 2.4　GLARE 喷丸成形工艺的初步试验方案

工艺	弹丸类型	喷丸强度/A	铺层	覆盖率/%	喷丸时间/s
A	AZB425	0.097	正交/0°	100	5
B	AZB425	0.155	正交/0°	100	5

2.3.1　层间性能

GLARE 层板的铝合金层厚仅为 0.3 mm，弹丸撞击其表面产生的凹坑，可视为一个明显的缺陷并可能在受力过程中作为诱发断裂的缺口。研究表明，弹丸尺寸过大或喷丸强度过高都会导致 GLARE 层板喷丸面附近金属层/纤维层界面的分层及纤维的断裂。因此，研究中首先关注喷丸对 GLARE 层板层间性能的影响，该结果也是分析静强度和疲劳性能变化的基础。

采用 A 及 B 工艺对 GLARE 层板双面喷丸后，其剥离性能与未喷丸试样基本一致，未出现显著的下降，见表 2.5。

表 2.5　喷丸对 GLARE 浮辊剥离强度的影响

喷丸过程	平均剥离强度/(N/mm)
未喷丸	4.51
A 工艺，双面	4.46
B 工艺，双面	4.62

结合喷丸后残余应力的演变，可对上述结果进行更深入的解释。喷丸后金属层/纤维层界面的层间应力分布结果如图 2.32 所示，喷丸后界面中大部分区域未出现显著的界面剪切应力；尽管由于边缘效应，在 GLARE 层板边缘处的剪切应力由 7.85 MPa 上升至 15.69 MPa，但这一应力值仍低于层板的层间剪切强度，界面不会发生分层失效。仅边缘处所形成的 15.69 MPa 剪切应力也无法对层板整体的浮辊剥离性能造成影响[22]。

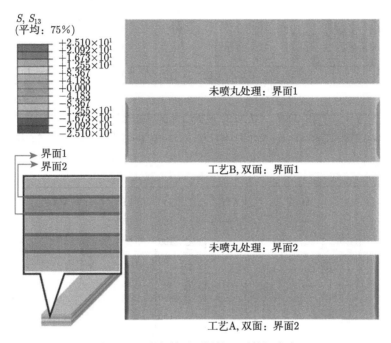

图 2.32　喷丸前后层板的界面剪切应力

2.3.2　基本力学性能

在前期研究中已发现 GLARE 层板在喷丸后，其拉伸载荷-位移曲线呈现双屈服阶段的特征，如图 2.33 所示，本节亦基于残余应力的演变规律加以解释。

喷丸后 GLARE 层板内部的残余应力分布特征是其产生两次屈服现象的主要原因，如图 2.34 所示。在喷丸前，GLARE 层板各金属层呈现相同数值的残余拉应力，在 265.72 MPa 处出现屈服。然而，喷丸会在外部金属层表面引入显著的压应力，使整个层板内部发生应力重新平衡。中间的金属层存在超过 200 MPa 的拉伸应力，而受喷的表面金属层则存在约 125 MPa 的压应力，内外金属层应力状态的明显差异导致层板最终存在 249.72 MPa 和 325.89 MPa 两个屈服点。

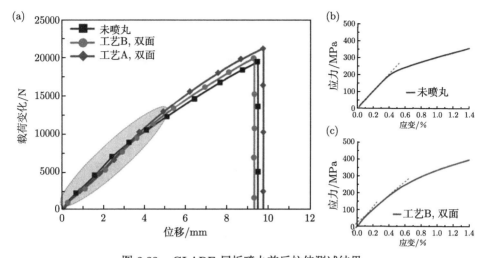

图 2.33 GLARE 层板喷丸前后拉伸测试结果

(a) 载荷–位移曲线；(b) 喷丸前试样应力–应变曲线；(c) 喷丸后试样应力–应变曲线

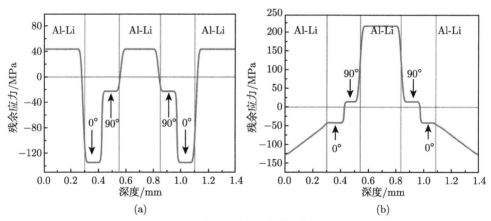

图 2.34 GLARE 层板喷丸前后的内部残余应力分布

(a) 喷丸前；(b) 喷丸后

图 2.33 也表明喷丸处理前后层板的破坏应变没有明显变化。通常纤维金属层板的失效主要由纤维的失效应变主导。相比于金属层发生的显著应力变化，纤维层中的应力变化幅度较小，远小于其极限强度，因此喷丸强化对纤维金属层板断裂伸长率的影响非常小。GLARE 层板喷丸后，其拉伸强度有一定提高 (图 2.35)，则是与铝合金表面的加工硬化有关。

表 2.6 所呈现的金属层表面喷丸前后的显微硬度表明，喷丸后金属层显著的加工硬化是导致 GLARE 层板拉伸强度升高的原因。

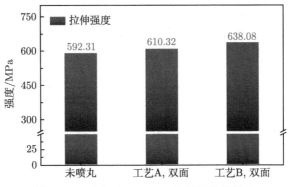

图 2.35 喷丸对 GLARE 拉伸性能的影响

表 2.6 喷丸对铝合金层表面显微硬度的影响

喷丸过程	显微硬度 (HV0.2)
未喷丸	114.70
A 工艺，双面	138.25
B 工艺，双面	149.73

2.3.3 疲劳性能

经过 A 工艺双面喷丸后，GLARE 抵抗疲劳裂纹扩展的能力已显著提升；当采用喷丸强度更高的 B 工艺后，层板完成相同长度的裂纹扩展时，所需的加载循环次数则增加一倍。喷丸过程引入的残余应力场在此过程中发挥了积极作用。尤其是表面金属层，喷丸后存在显著的残余压应力 (图 2.34)，有效降低了该层中裂纹尖端的应力幅值，提高了表面金属层抵抗疲劳裂纹扩展能力。

相比之下，层板内部的金属层则存在超过 200 MPa 的拉伸应力；从残余应力的角度出发，该层的疲劳裂纹扩展速率较表面金属层会显著加快，如图 2.36 所示。为此，作者团队通过在试验过程中终止测试，去除其他纤维层和金属层以观察内部金属层中的裂纹长度。如图 2.37 所示，当裂纹达到约 13.3 mm 和 26.6 mm 时，内、外金属层具有相似的裂纹扩展速率，与预期不符。事实上，两个因素共同决定了金属层的裂纹扩展速率。一为金属层自身的应力状态，二为纤维层的桥接效应。内层金属的优势在于受到纤维层双面桥接的作用；而纤维桥接效应可有效改善纤维金属层板的疲劳性能 [23]。上述结果亦证明，尽管金属层本身所受应力的差异高达 300 MPa，但在喷丸处理后，纤维桥接效应仍然主导纤维金属层板的疲劳裂纹扩展行为。

综上所述，残余应力是纤维金属层板中不可忽略的部分，亦对该类材料的力学性能和失效行为产生显著影响。本章主要讨论了纤维金属层板制备和成形过程中的残余应力变化，事实上，纤维金属层板应用于大型飞机或其他航天器中，服役过程中外界温度的交替变化也会导致该类材料因金属层和纤维层热膨胀系数的差异而产生残余应力的改变，并导致变形行为的发生。

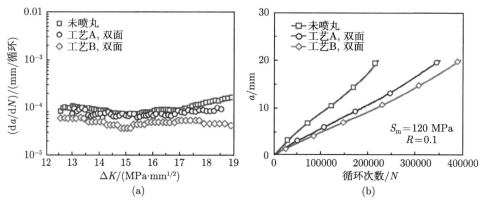

图 2.36　喷丸对 GLARE 层板疲劳裂纹扩展速率的影响

(a) da/dN-ΔK 曲线；(b) a-N 曲线

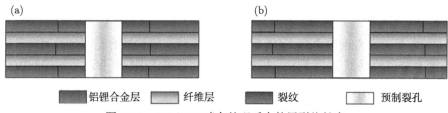

图 2.37　GLARE 喷丸处理后内外层裂纹长度

(a) 裂纹达到约 13.3 mm；(b) 裂纹达到约 26.6 mm

　　纤维金属层板或其他层状复合材料因热膨胀系数的差异，制备后其内部均会存在残余应力，且残余应力在成形、加工或服役过程不断演变，导致变形行为的发生并对材料力学性能和失效行为产生影响。因此，研究者从事这些材料研究时，均需关注其残余应力的形成和演变。

参 考 文 献

[1]　王昊. GLARE 层板固化残余应力分布及其对力学性能影响研究 [D]. 南京: 南京航空航天大学, 2021.

[2]　Parlevliet P P, Bersee H E N, Beukers A. Residual stresses in thermoplastic composites—A study of the literature-Part I: Formation of residual stresses[J]. Composites Part A: Applied Science and Manufacturing, 2006, 37(11): 1847-1857.

[3] 李晨, 楼瑞祥, 王志刚, 等. 残余应力测试方法的研究进展 [J]. 材料导报, 2014, 28(S2): 153-158.

[4] Xu Y, Li H, Yang Y, et al. Determination of residual stresses in Ti/CFRP laminates after preparation using multiple methods[J]. Composite Structures, 2019, 210: 715-723.

[5] 刘金艳. X 射线残余应力的测量技术与应用研究 [D]. 北京: 北京工业大学, 2009.

[6] Jiménez I, López C, Martinez-Romero O, et al. Investigation of residual stress distribution in single point incremental forming of aluminum parts by X-ray diffraction technique[J]. International Journal of Advanced Manufacturing Technology, 2017, 91(5-8): 2571-2580.

[7] 张雷达. 应变光纤 Bragg 光栅传感器的研制及工业应用 [D]. 济南: 山东大学, 2020.

[8] 田恒. 基于 FBG 传感器的碳纤维复合材料固化残余应力研究 [D]. 武汉: 武汉理工大学, 2012.

[9] Hsiao K T. Embedded single carbon fibre to sense the thermomechanical behavior of an epoxy during the cure process[J]. Composites Part A: Applied Science & Manufacturing, 2013, 46: 117-121.

[10] Parlevliet P P, Bersee H E N, Beukers A. Measurement of (post-)curing strain development with fibre Bragg gratings[J]. Polymer Testing, 2010, 29(3): 291-301.

[11] 王庆林. 碳纤维复合材料热固化过程的数值分析与光纤光栅监测 [D]. 济南: 山东大学, 2018.

[12] 常新龙, 何相勇, 周家单, 等. 基于 FBG 传感器的复合材料固化监测 [J]. 宇航材料工艺, 2010, 40(4): 80-83.

[13] 王彩荣. 光纤光栅传感器在隧道测量变形和温度中的应用研究 [J]. 铁道建筑技术, 2019(10): 102-105.

[14] 司亚文, 曾捷, 夏裕彬, 等. 机翼模型应变场分布式光纤监测与重构方法 [J]. 振动, 测试与诊断, 2020, 40(4): 800-806, 830.

[15] 丁安心. 热固性树脂基复合材料固化变形数值模拟和理论研究 [D]. 武汉: 武汉理工大学, 2016.

[16] Guo Z, Du S, Zhang B. Temperature field of thick thermoset composite laminates during cure process[J]. Composites Science and Technology, 2005, 65(3-4): 517-523.

[17] 黄争鸣. 复合材料细观力学引论 [M]. 北京: 科学出版社, 2004.

[18] Abouhamzeh M, Sinke J, Jansen K M B, et al. Closed form expression for residual stresses and warpage during cure of composite laminates[J]. Composite Structures, 2015, 133: 902-910.

[19] 陆一. GFRP/Al-Li 层板喷丸成形及其在交变热场下的残余应力研究 [D]. 南京: 南京航空航天大学, 2019.

[20] 李华冠. 玻璃纤维-铝锂合金超混杂复合层板的制备及性能研究 [D]. 南京: 南京航空航天大学, 2016.

[21] 陶杰, 李华冠, 胡玉冰. 纤维金属层板的力学性能及成形技术 [M]. 北京: 科学出版社, 2017: 260-265.

[22] Li H, Wang H, Alderliesten R C, et al. The residual stress characteristics and mechanical

behavior of shot peened fiber metal laminates based on the aluminium-lithium alloy[J].
Composite Structures, 2020, 254(15): 112858.

[23] Alderliesten R C. Fatigue crack propagation and delamination growth in Glare[D]. Delft:
Delft University of Technology, 2005.

第 3 章　纤维金属层板的 I 型断裂韧性研究与失效分析

3.1　纤维金属层板在双悬臂梁条件下的断裂韧性及失效行为

界面分层作为纤维金属层板的主要失效特征，是决定其综合性能的关键因素，I 型层间断裂韧性则是评价其层间性能的重要指标。传统的 I 型层间断裂韧性试验标准包括：HB 7402—1996、GB/T 28891—2012，均采用双悬臂梁试验方法，适用于树脂基复合材料。然而，与传统的树脂基复合材料相比，纤维金属层板各向异性显著、失效机制复杂，尤其沿厚度方向，多为非中心对称结构，采用树脂基复合材料的评价方法缺乏准确性和科学性，故在探索其 I 型层间断裂性能的同时，还需关注界面断裂时的分层失效行为，为合理评价纤维金属层板的界面性能提供理论支撑。

本节以 GLARE 层板为例，一方面通过双悬臂梁试验和有限元仿真对比分析 GLARE 层板裂纹扩展时载荷的变化、分层失效和界面断裂行为；另一方面，采用双悬臂梁试验和理论计算相结合，探索加载速率和纤维铺层方向对 GLARE 层板 I 型层间断裂韧性值的影响，建立其 I 型层间断裂韧性理论预测模型 [1]。

3.1.1　双悬臂梁法 I 型层间断裂韧性试验方法

本节选用正交 (Al/[0/90]/Al/[90/0]/Al) 与单向 (Al/[0/0]/Al/[0/0]/Al) 铺层的 3/2 结构 GLARE 层板，开展其双悬臂梁试验。根据标准试样 (ASTM D5528—2013) 尺寸进行加工 (图 3.1)，完成 I 型层间断裂韧性试验。图 3.2 为加工完成的 GLARE 层板双悬臂梁法 I 型层间断裂韧性试验试样。

参照标准 ASTM D5528—2013，采用位移控制加载方式进行双悬臂梁试验 (图 3.3)，加载速率分别为 1 mm/min、5 mm/min、10 mm/min。

I 型层间断裂韧性按式 (3.1) 计算：

$$G_{IC} = \frac{mP\delta}{2ba} \tag{3.1}$$

式中，G_{IC} 为 I 型层间断裂韧性，J/m²；m 为系数，见式 (3.2)；P 为裂纹扩展临界载荷，N；δ 为对应于 P 的加载点位移，mm；b 为试样宽度，mm；a 为裂纹长度，mm。

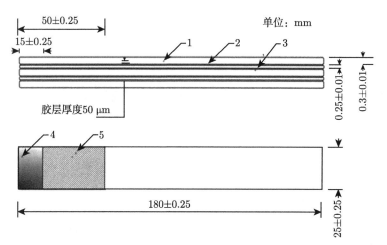

图 3.1 GLARE 层板双悬臂梁试样结构和尺寸图
1. 铝合金层；2. 胶层；3. 纤维层；4. 铰链合页；5. 预制裂纹

图 3.2 双悬臂梁法 I 型层间断裂韧性试验试样

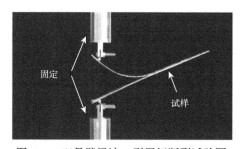

图 3.3 双悬臂梁法 I 型层间断裂试验图

单个试样的柔度曲线拟合系数 m 值计算公式如下：

$$m = \frac{\displaystyle\sum_{i=1}^{k} \lg a_i \lg Q_i - \frac{1}{k}\left(\sum_{i=1}^{k} \lg a_i\right)\left(\sum_{i=1}^{k} \lg Q_i\right)}{\displaystyle\sum_{i=1}^{k} (\lg Q_i)^2 - \frac{1}{k}\left(\sum_{i=1}^{k} \lg a_i\right)^2} \tag{3.2}$$

式中,k 为单个试样的测量点数;a_i 为第 i 次加载前的裂纹长度,mm;δ_i 为对应于 P_i 的加载点位移,mm;$Q_i = \delta_i/P_i$,mm/N。

3.1.2 双悬臂梁法 I 型层间断裂韧性及失效行为

1. 纤维铺层方式对 I 型层间断裂韧性的影响

GLARE 层板双悬臂梁法 I 型层间断裂韧性试验中,控制加载速率为 1 mm/min,计算机记录了试验过程中 GLARE 层板各裂纹扩展段关键数据点,如表 3.1 所示,裂纹扩展的临界载荷–试样张开位移曲线如图 3.4 所示。在裂纹扩展初始阶段表现为线性响应的过程,随后裂纹以大致稳定的方式沿着试样长度方向持续扩展;当载荷达到最大值时,试样仍发生残余位移。残余位移的出现是由 GLARE 层板铝合金/玻璃纤维复合材料界面 (简称金属层/纤维层界面) 发生失效时,层板内部残余应力的松弛造成的 [2]。进一步试验发现,此现象存在于后续所有的裂纹扩展段。

表 3.1　GLARE 单向和正交层板双悬臂梁试验关键数据点

关键点	单向铺层		正交铺层	
	裂纹长度/mm	载荷/N	裂纹长度/mm	载荷/N
1	45	8.47	48	11.76
2	56	6.50	53	10.46
3	61	6.05	56	10.29
4	68	5.88	67	9.06
5	76	5.59	78	8.84
6	86	5.32	86	7.58
7	95	5.66	95	7.08

如图 3.4 所示,GLARE 层板不同纤维铺层方向的临界裂纹扩展载荷和试样加载点位移不同,正交层板载荷-加载点位移曲线中临界载荷值高于单向层板载荷-加载点位移曲线中的临界载荷值,二者分别为 12.06 N、8.57 N,这表明正交层板需要更大的载荷来完成裂纹扩展。其原因主要包括以下方面:① 正交层板为 0° 和 90° 方向纤维垂直交替铺层,当裂纹扩展时,90° 纤维的阻碍作用更为显著,

试样所能承受的载荷增大；② 在单向层板中，裂纹扩展方向与纤维铺层方向相同，有利于裂纹扩展，从而降低了裂纹扩展所需载荷值。

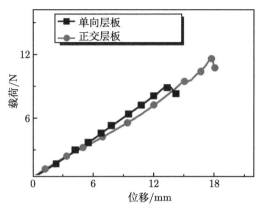

图 3.4　GLARE 层板双悬臂梁法不同纤维铺层临界载荷–位移曲线

根据式 (3.1) 计算各裂纹扩展段的层间断裂韧性值 G_{IC}，绘制得到双悬臂梁试样的 R 曲线，如图 3.5 所示。

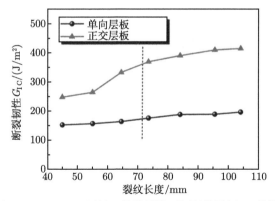

图 3.5　GLARE 层板双悬臂梁法不同纤维铺层 R 曲线

通过对比图 3.5 中 GLARE 层板不同纤维铺层方向的 R 曲线可以发现，采用双悬臂梁法测得的 R 曲线并非一条平行于 x 轴的曲线。在裂纹扩展初始阶段，界面断裂韧性 G_{IC} 呈现增长状态，随着裂纹持续扩展，断裂韧性值上升趋势逐渐减弱，并趋于水平。正交层板 R 曲线位于单向层板上方，且在裂纹扩展初始阶段正交层板界面断裂韧性增长更为迅速，R 曲线初始阶段斜率大。造成上述现象的原因主要为：一方面，正交层板中，与裂纹扩展方向垂直的纤维，可有效阻碍裂纹的扩展；另一方面，由于 GLARE 层板自身层状结构的特点、"上、下臂"材料组成及材料性能的差异性造成金属层/纤维层界面两侧结构不均衡,施加拉伸载荷后,"上臂"纤维层和"下臂"金属层不同的面内变形导致试样未扩展段向上偏移,造成严重的平面外位移现象,层板产生Ⅱ型界面断裂,发生Ⅰ型/Ⅱ型混合失效,且正交层板中Ⅱ型断裂所占比例大于单向层板。

同时,在双悬臂梁试验中采用摄像机记录试样角度的变化,随后通过图像分析软件处理,得到角度–裂纹长度之间的关系曲线,如图3.6所示。角度的变化规律反映层板平面外位移的程度,代表由面内剪切变形所带来的Ⅱ型断裂失效形式。从图3.6可以看到,单向层板和正交层板试样的角度整体呈现上升的趋势,在裂纹扩展初始阶段,角度增长斜率大,随着裂纹扩展,增长趋于平稳。正交层板的角度–裂纹长度曲线位于单向层板之上,且在裂纹扩展初期,正交层板角度增长斜率大,角度增长更为迅速。角度–裂纹长度关系曲线表明:随着试样偏移角度的增大,层板的失效模式由单一Ⅰ型层间断裂转变为Ⅰ型和Ⅱ型混合的失效模式,断裂韧性值偏大[3]。因此,正交层板的界面断裂韧性大于单向层板。

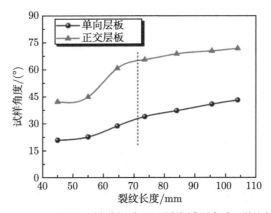

图 3.6　GLARE 层板双悬臂梁法不同纤维铺层角度–裂纹长度曲线

有限元仿真结果如图3.7和图3.8所示,显示了GLARE层板裂纹扩展极限载荷时刻的正应力云图和面内剪切应力云图分布。对于单向和正交层板,最大正应力均出现在金属层/纤维层界面一侧的纤维层处,单向和正交层板在极限载荷时的最大正应力分别为1780 MPa和1990 MPa,大于玻璃纤维复合材料的弯曲强度1620 MPa,试样将在正应力作用下产生Ⅰ型层间断裂失效。此外,单向和正交层板的纤维层最大面内剪切应力分别为64.14 MPa和72.10 MPa,大于玻璃纤维复合材料的面内剪切强度50 MPa,纤维层发生面内剪切破坏,即产生一定程度的Ⅱ型断裂失效。由此可见,GLARE层板在双悬臂梁结构下发生Ⅰ型/Ⅱ型界面断裂混合失效。

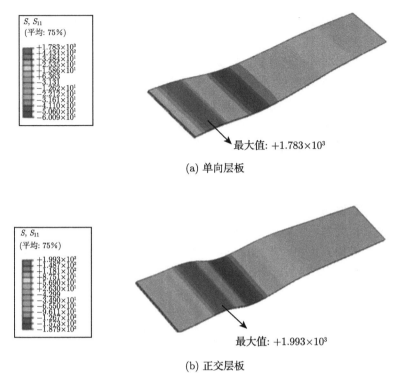

(a) 单向层板

最大值: +1.783×10³

(b) 正交层板

最大值: +1.993×10³

图 3.7   GLARE 层板双悬臂梁法正应力云图

GLARE 层板在裂纹扩展初期，临界载荷值最大，且试样倾斜角度的变化造成Ⅰ型/Ⅱ型混合界面断裂失效。对应于有限元结果中，最大正应力和最大面内剪切应力出现在裂纹扩展初始阶段，最大面内剪切应力大于玻璃纤维复合材料的面内剪切强度，造成层板发生面内剪切破坏。同时，正交层板的最大面内剪切应力大于单向层板，正交层板中Ⅱ型界面断裂失效所占比例大。由此可见，有限元仿真结果和双悬臂梁试验现象基本吻合。

GLARE 单向和正交层板各界面层渐进损伤后裂纹尖端附近的失效情况如图3.9 所示，裂纹尖端损伤云图中刚度退化变量为 SDEG = 1 的区域，表示该区域内聚力单元完全破坏；刚度退化变量为 SDEG = 0 的区域，表示该区域未发生分层；其他部分的刚度退化变量 0 < SDEG < 1，代表该区域开始发生损伤或者该区域内聚力单元部分损伤 [4]。

在加载过程中，当拉应力超过界面层的最大正应力时，内聚力单元的刚度下降，即发生分层。由图 3.9 可以看到，金属层/纤维层界面的内聚力单元脱粘面积明显大于其他界面层。在 x-y 平面内，金属层/纤维层界面所在内聚力单元的分层损伤起始于裂纹尖端，并且随着裂纹的扩展，分层损伤依据裂纹扩展方向逐渐产生。在 x-z 平面内，即厚度方向上，初始分层失效发生于金属层/纤维层界面，并且越靠近该界面层损伤区域越大，远离该界面层的内聚力单元损伤面积较小。

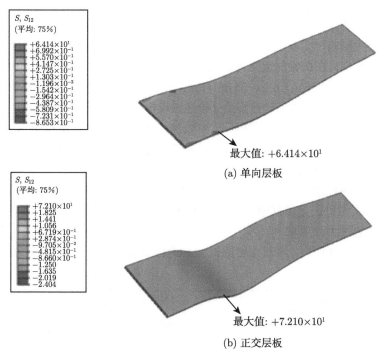

(a) 单向层板

(b) 正交层板

图 3.8　GLARE 层板双悬臂梁法面内剪应力云图

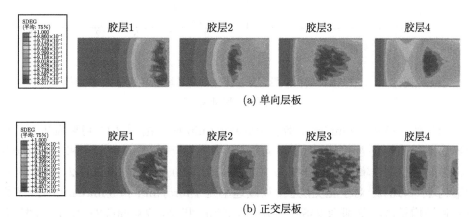

(a) 单向层板

(b) 正交层板

图 3.9　GLARE 层板双悬臂梁法各界面层损伤情况

2. 加载速率对 I 型层间断裂韧性的影响

将 GLARE 单向和正交试样分为三组，控制加载速率分别为 1 mm/min、5 mm/min、10 mm/min，同时借助有限元仿真对比加载速率对层板层间断裂性能的影响，进而确定合理的加载速率范围。事实上，对于材料 I 型层间断裂韧性试验，改变加载速率的影响存在临界值，超过临界值后对材料的 I 型层间断裂韧性会产生较大影响[5]。但是本节研究加载速率的目的主要是基于提高 I 型层间断裂韧性试验效率，在探索加载速率影响的同时，准确评价材料的 I 型层间断裂性能，因此加载速率选择 1 mm/min、5 mm/min、10 mm/min。在有限元仿真中，采用位移控制加载的方式，结合双悬臂梁试验通过设定合适的位移边界条件进行加载。

GLARE 单向和正交层板在不同加载速率下试验和模拟的临界载荷-张开位移曲线如图 3.10 所示。从图中可以看出：当加载速率为 1 mm/min 时，单向和正交试样临界载荷分别为 10.37 N 和 12.79 N；随着加载速率增加，临界载荷和加载点位移都相应增加；当加载速率增加到 10 mm/min 时，试样的临界载荷也增至最大，单向和正交试样临界载荷分别为 11.95 N 和 14.93 N。结果表明：随着加载速率的增大，单向和正交层板 I 型层间断裂的临界载荷也增大，在加载速率为 1~5 mm/min 区间内双悬臂梁试验和有限元仿真结果吻合度较高。

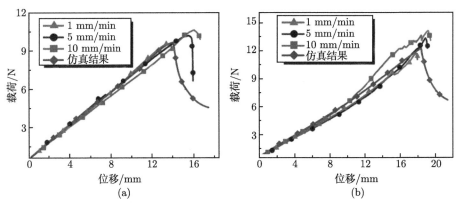

图 3.10　GLARE 层板双悬臂梁法不同加载速率临界载荷–位移曲线

(a) 单向层板；(b) 正交层板

当加载速率从 1 mm/min 增加到 5 mm/min 时，由图 3.11 可以看出，层板的界面断裂韧性变化不大。对于单向层板，加载速率为 1 mm/min 和 5 mm/min 时，界面断裂韧性增长区间分别为 152.71~197.52 J/m² 和 155.73~217.82 J/m²，增幅为 2%~10%；对于正交层板，加载速率为 1 mm/min 和 5 mm/min 时，界面断裂韧性增长区间分别为 248.61~426.47 J/m² 和 268.78~505.88 J/m²，增幅为 8%~19%。而当加载速率增大到 10 mm/min，单向和正交层板界面断裂韧性分别增加到 180.07~258.75 J/m² 和 386.03~632.35 J/m²，增长率分别为 18%~31% 和 48%~55%。

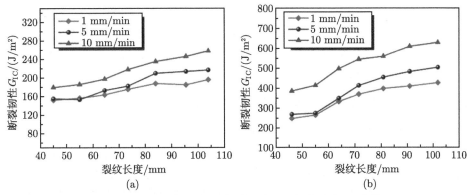

图 3.11 GLARE 层板双悬臂梁法不同加载速率 R 曲线

(a) 单向层板；(b) 正交层板

因此，在双悬臂梁试验中，加载速率为 1~5 mm/min 时，层板界面断裂韧性值处于误差允许范围内，测试结果基本可以准确表示层板界面断裂性能，加载速率增加到 10 mm/min 时，层板所获的名义界面断裂韧性值偏大，无法实现该性能的准确测量。

同时，在试验中也发现，加载速率对于试样的倾斜角度也有影响 (图 3.12)。其中，定义试样偏移后与水平面的张开角度为偏移角。加载速率为 1 mm/min 时，单向和正交层板的偏移角在裂纹扩展初期分别为 20°、40°，随后裂纹扩展分别增至 42°、69°。加载速率的改变带来试样偏移角变化，当加载速率增至 10 mm/min

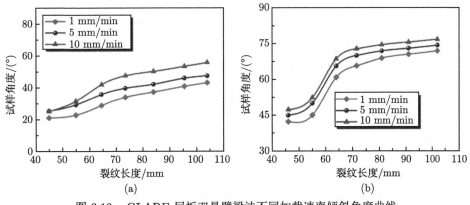

图 3.12 GLARE 层板双悬臂梁法不同加载速率倾斜角度曲线

(a) 单向层板；(b) 正交层板

时，单向和正交试样的偏移角在裂纹扩展初期分别为 23°、47°，随后裂纹的扩展分别增至 55°、75°。

此外，倾斜角度在裂纹扩展初期不断增加，最后趋于平稳。由此可见，双悬臂梁试样在裂纹扩展初始阶段发生纯 I 型界面断裂失效，随后裂纹扩展 II 型断裂产生，并且其所占比例逐渐增大。加载速率主要是通过影响试样倾斜角度，在面内切应力作用下产生 II 型界面断裂，加剧 I 型/II 型混合界面断裂失效，进而影响层板的界面断裂性能。

3.1.3　双悬臂梁法 I 型层间断裂韧性的理论预测

1. 改进梁理论

图 3.13 为 GLARE 层板非对称双悬臂梁变形示意图。"上臂"结构为一层铝合金和一层玻璃纤维复合材料，"下臂"结构为两层铝合金，中间包含一层玻璃纤维复合材料；裂纹长度为 a，"上臂"和"下臂"依次命名为 1 和 2，则"上、下臂"的载荷和位移分别为 P_1、P_2 和 δ_1、δ_2。试样"上臂"的弯曲刚度小于"下臂"，注意在远离裂纹的区域，试样不发生变形并且只存在刚性旋转；另外裂纹的张开位移定义为在未施加载荷时 $\delta = 0$。

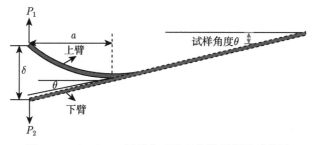

图 3.13　GLARE 层板非对称双悬臂梁变形示意图

假设忽略试样会发生剪切变形，GLARE 层板双悬臂梁试样在近裂纹尖端区域的裂纹扩展通过梁理论 (theory of beam) 进行分析。

根据梁理论[6]，"上臂"的加载点位移可以表示为

$$\delta_1 = \frac{P_1 a^3}{3E_1 I_1} \tag{3.3}$$

则"上臂"的载荷为

$$P_1 = \frac{3\delta_1 E_1 I_1}{a^3} \tag{3.4}$$

式中，P_1 为"上臂"加载点载荷；a 为裂纹长度；δ_1 为"上臂"加载点位移；$E_1 I_1$ 为 GLARE 层板"上臂"材料的弯曲刚度，其计算公式依据材料的组成以及各层

材料的中性轴 (图 3.14) 确定。对于 GLARE 单向层板，其"上臂"材料由一层铝合金板和单向铺层的玻璃纤维复合材料组成；正交层板"上臂"由一层铝合金板和正交铺层的玻璃纤维复合材料组成，因此其弯曲刚度依次可以推导为

$$E_1 I_1 = E_{\mathrm{GFRP}} I_{\mathrm{GFRP_{top}}} + E_{\mathrm{Al}} I_{\mathrm{Al_{top}}} \tag{3.5}$$

$$E_1 I_1 = E_{\mathrm{1GFRP}} I_{\mathrm{1GFRP_{top}}} + E_{\mathrm{2GFRP}} I_{\mathrm{2GFRP_{top}}} + E_{\mathrm{Al}} I_{\mathrm{Al_{top}}} \tag{3.6}$$

式 (3.5) 为单向层板"上臂"弯曲刚度的计算公式，$E_{\mathrm{GFRP}} I_{\mathrm{GFRP_{top}}}$ 是"上臂"中单向玻璃纤维复合材料的弯曲刚度，$E_{\mathrm{Al}} I_{\mathrm{Al_{top}}}$ 是"上臂"铝合金板的弯曲刚度；式 (3.6) 为正交层板"上臂"弯曲刚度的计算公式，$E_{\mathrm{1GFRP}} I_{\mathrm{1GFRP_{top}}}$ 是"上臂"正交铺层中横向玻璃纤维复合材料的弯曲刚度，$E_{\mathrm{2GFRP}} I_{\mathrm{2GFRP_{top}}}$ 是"上臂"正交铺层中纵向玻璃纤维复合材料的弯曲刚度，$E_{\mathrm{Al}} I_{\mathrm{Al_{top}}}$ 是"上臂"铝合金板的弯曲刚度。由此可以看出，GLARE 单向和正交层板"上臂"弯曲刚度的计算公式由于纤维铺层方式的不同而有所差别。

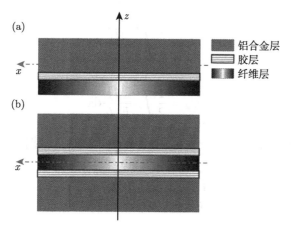

图 3.14　GLARE 层板各界面层材料示意图
(a) 单向层板；(b) 正交层板

同上，"下臂"的加载点位移和载荷表示为

$$\delta_2 = \frac{P_2 a^3}{3 E_2 I_2} \tag{3.7}$$

$$P_2 = \frac{3 \delta_2 E_2 I_2}{a^3} \tag{3.8}$$

式中，P_2 为"下臂"加载点载荷；a 为裂纹长度；δ_2 为"下臂"加载点位移；$E_2 I_2$ 为 GLARE 层板"下臂"材料的弯曲刚度，和"上臂"材料相同，其计算依据材

料的组成以及各层材料中性轴而定 (图 3.14)。对于单向层板,其“下臂”材料由两层铝合金板和单向玻璃纤维复合材料组成;正交层板“下臂”材料由两层铝合金板和正交玻璃纤维复合材料组成,因此其弯曲刚度依次可以推导为

$$E_2 I_2 = E_{\mathrm{GFRP}} I_{\mathrm{GFRP_{bottom}}} + E_{\mathrm{Al}} I_{\mathrm{Al_{bottom}}} \tag{3.9}$$

$$E_2 I_2 = E_{\mathrm{1GFRP}} I_{\mathrm{1GFRP_{bottom}}} + E_{\mathrm{2GFRP}} I_{\mathrm{2GFRP_{bottom}}} + E_{\mathrm{Al}} I_{\mathrm{Al_{bottom}}} \tag{3.10}$$

式 (3.9) 为单向层板“下臂”弯曲刚度的计算公式,$E_{\mathrm{GFRP}} I_{\mathrm{GFRP_{bottom}}}$ 是“下臂”中单向玻璃纤维复合材料的弯曲刚度,$E_{\mathrm{Al}} I_{\mathrm{Al_{bottom}}}$ 是“下臂”铝板的弯曲刚度;式 (3.10) 为正交层板“下臂”弯曲刚度的计算公式,$E_{\mathrm{1GFRP}} I_{\mathrm{1GFRP_{bottom}}}$ 是“下臂”正交铺层中横向玻璃纤维复合材料的弯曲刚度,$E_{\mathrm{2GFRP}} I_{\mathrm{2GFRP_{bottom}}}$ 是“下臂”正交铺层中纵向玻璃纤维复合材料的弯曲刚度,$E_{\mathrm{Al}} I_{\mathrm{Al_{bottom}}}$ 是“下臂”铝合金板的弯曲刚度。

在加载期间,“上、下臂”的应变能可以表示为

$$U_1 = \frac{1}{2} \int_0^2 \frac{M_1^2}{E_1 I_1} \mathrm{d}x \tag{3.11}$$

$$U_2 = \frac{1}{2} \int_0^2 \frac{M_2^2}{E_2 I_2} \mathrm{d}x \tag{3.12}$$

式中,M_1 和 M_2 为由于载荷 P_1 和 P_2 所产生的弯矩。根据上两式,界面断裂韧性可以表示为

$$G = \frac{1}{B} \frac{\partial U}{\partial a} = \frac{1}{B} \left(\frac{\partial U_1}{\partial a} + \frac{\partial U_2}{\partial a} \right) \tag{3.13}$$

因此,GLARE 单向和正交层板界面断裂韧性计算公式分别为

$$\begin{aligned} G = \frac{1}{B} \frac{9}{2a^4} \Big[&\delta_1^2 \left(E_{\mathrm{GFRP}} I_{\mathrm{GFRP_{top}}} + E_{\mathrm{Al}} I_{\mathrm{Al_{top}}} \right) \\ &+ \delta_2^2 \left(E_{\mathrm{GFRP}} I_{\mathrm{GFRP_{bottom}}} + E_{\mathrm{Al}} I_{\mathrm{Al_{bottom}}} \right) \Big] \end{aligned} \tag{3.14}$$

$$\begin{aligned} G = \frac{1}{B} \frac{9}{2a^4} \Big[&\delta_1^2 \left(E_{\mathrm{1GFRP}} I_{\mathrm{1GFRP_{top}}} + E_{\mathrm{2GFRP}} I_{\mathrm{2GFRP_{top}}} + E_{\mathrm{Al}} I_{\mathrm{Al_{top}}} \right) \\ &+ \delta_2^2 \left(E_{\mathrm{1GFRP}} I_{\mathrm{1GFRP_{bottom}}} + E_{\mathrm{2GFRP}} I_{\mathrm{2GFRP_{bottom}}} + E_{\mathrm{Al}} I_{\mathrm{Al_{bottom}}} \right) \Big] \end{aligned} \tag{3.15}$$

式中,B 为试样宽度。

2. Wailiams 理论

GLARE 层板为层合结构，其裂纹附近结构具有几何不对称性，双悬臂梁结构会发生 I 型/II 型混合界面断裂失效，Wailiams[7] 提出一种可以计算混合失效形式下 I 型和 II 型界面断裂韧性的理论。Wailiams 理论将材料从裂纹尖端分为上下两部分厚度不同的结构，如图 3.15 所示，在裂纹未扩展区域受到弯矩 $M_1 + M_2$、载荷 $P_1 + P_2$ 和剪切力 $Q_1 + Q_2$；在裂纹扩展区域，上、下部分承载情况分别包括 M_1、P_1、Q_1 和 M_2、P_2、Q_2。假设在裂纹扩展区域 $ABCD$，裂纹尖端从 O 扩展到 O_1，裂纹扩展长度为 $\mathrm{d}a$，则裂纹扩展长度为 $\mathrm{d}a$ 时所产生的能量变化可以表示为 [7]

$$\mathrm{d}U_s = \left[\frac{M_1^2}{2E_{11}I_1} + \frac{M_2^2}{2E_{11}I_2} - \frac{(M_1 + M_2)^2}{2E_{11}I_0} \right] \mathrm{d}a \tag{3.16}$$

则

$$G = \frac{1}{B} \frac{\mathrm{d}U_s}{\mathrm{d}a} = \frac{a_{11}}{16BI} \left[\frac{M_1^2}{\xi^3} + \frac{M_2^2}{(1-\xi)^3} - (M_1 + M_2)^2 \right] \tag{3.17}$$

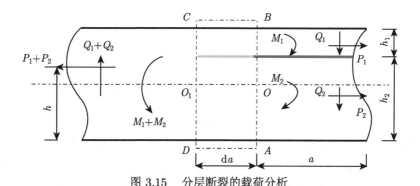

图 3.15 分层断裂的载荷分析

界面断裂韧性是判断层间裂纹失稳扩展的基本准则，由于加载方式造成不同的断裂形式，包括 I 型和 II 型层间断裂，需要在计算中区分二者的断裂韧性值。

在同一方向，"上臂"和"下臂"有相同的曲率半径，会发生纯 II 型界面断裂，若"上臂"弯矩为 M_{II}，则其曲率半径 ρ 为 [7]

$$\rho = \frac{E_{11}I_1}{M_{\mathrm{II}}} = \frac{E_{11}I_2}{\psi M_{\mathrm{II}}} \tag{3.18}$$

式中，ψM_{II} 为相同时刻下"下臂"的弯矩，$\psi = \dfrac{I_2}{I_1} = \left(\dfrac{1-\xi}{\xi} \right)^3$。

I 型断裂是由相同时刻下"上臂"和"下臂"相反方向的受力载荷所造成的，则可得到[7]

$$M_1 = M_{II} - M_I \quad M_2 = \psi M_{II} + M_I \tag{3.19}$$

$$M_I = \frac{M_2 - \psi M_1}{1 + \psi} \quad M_{II} = \frac{M_2 + M_1}{1 + \psi} \tag{3.20}$$

根据上述对于弯矩的分析，可以得到基于弯矩下的断裂韧性公式为[7]

$$G = \frac{a_{11}}{16BI} \left[\frac{(M_{II} - M_I)^2}{\xi^3} + \frac{(\psi M_{II} + M_I)^2}{(1-\xi)^3} - (1+\psi)M_{II}^2 \right] \tag{3.21}$$

则可得非对称各向异性层合板在发生混合失效模式的情况下 I 型和 II 型断裂韧性的计算公式分别为[7]

$$G_I = \frac{a_{11} M_I^2}{BI} \frac{1+\psi}{16(1-\xi)^3} = \frac{a_{11}}{BI} \frac{(M_2 - \psi M_1)^2}{16(1-\xi)^3(1+\psi)} \tag{3.22}$$

$$G_{II} = \frac{a_{11} M_{II}^2}{BI} \frac{3}{16} \frac{1-\xi}{\xi^3}(1+\psi) = \frac{a_{11}}{BI} \frac{3(1-\xi)(M_2+M_1)^2}{16\xi^3(1+\psi)} \tag{3.23}$$

式中，I 为截面惯性矩；ψ、ξ 为弯矩系数；a_{11} 为裂纹方向弹性模量 E_{11} 的倒数，即 $E_{11} = a_{11}^{-1}$。

3. GLARE 层板层间断裂韧性的理论计算与试验对比研究

采用双悬臂梁法研究 GLARE 层板层间断裂产生 I 型/II 型混合界面断裂失效时对试验结果准确性影响。然而，通过试验无法获得具体的 I 型和 II 型层间断裂韧性及其所占比例[8-10]，因此，本节采用理论计算的方法研究该材料在双悬臂梁试验中 I 型和 II 型层间断裂所占比例，建立 GLARE 层板 I 型层间断裂韧性理论预测模型。

在研究过程中，根据改进后的梁理论和 Wailiams 理论对 GLARE 正交和单向层板 I 型和 II 型界面断裂韧性进行计算。在初始裂纹扩展段 ($a = 50$ mm)，理论计算所得到的单向和正交层板界面断裂韧性值如表 3.2 所示。

表 3.2　GLARE 层板在初始裂纹扩展段理论计算界面断裂韧性值

铺层	$G_{C\text{-BT}}/(kJ/m^2)$	$G_{C\text{-FM}}$		
		$G_{II\,C}/(kJ/m^2)$	$G_{I\,C}/(kJ/m^2)$	$G_{II\,C}/G_{I\,C}$
单向	0.16	0.12	0.04	3.0
正交	0.26	0.21	0.05	4.2

注：$G_{C\text{-BT}}$ 为依据改进梁理论计算的断裂韧性；$G_{C\text{-FM}}$ 为依据 Wailiams 理论计算的断裂韧性。

图 3.16 为 GLARE 单向和正交层板在初始裂纹扩展段 (裂纹长度 $a = 50$ mm) 时, 双悬臂梁试验结果、Wailiams 理论计算结果和改进的梁理论计算结果对比。结果表明, 在裂纹扩展初始阶段, 三种方法所得到的正交层板界面断裂韧性值基本吻合, 理论值相较于试验所得结果较大, 但误差均在 4.5% 内。

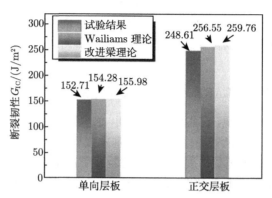

图 3.16 GLARE 层板在初始裂纹扩展段双悬臂梁法和理论计算得到的界面断裂韧性

进一步研究发现, 随着裂纹长度扩展, 通过改进的梁理论计算得到的 GLARE 层板 I 型层间断裂韧性值和双悬臂梁法试验所得到的界面断裂韧性值误差逐渐变大 (图 3.17)。通常研究材料 I 型层间断裂韧性, 在保证试样制备完好、界面结合情况良好的状态下, 裂纹得到稳定扩展, 界面断裂韧性值波动不大, 基本处于一个平稳的过程。通过改进的梁理论计算得到的 GLARE 层板 I 型层间断裂韧性大致符合上述变化规律, 但是双悬臂梁法所得层间断裂韧性值随着裂纹扩展不断升高。对于单向层板, 理论计算结果和双悬臂梁法试验测试结果误差在裂纹扩展结束段为 19.2%, 正交层板误差达到了 38.3%。

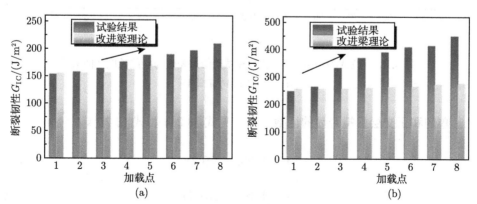

图 3.17 GLARE 层板双悬臂梁试验和理论计算界面断裂韧性对比

(a) 单向层板；(b) 正交层板

纤维铺层方式对 I 型层间断裂韧性的影响可以解释这一现象。在裂纹扩展初始阶段，试样的平面外位移较小，试样发生纯 I 型层间断裂失效，理论计算和试验结果基本吻合。然而，随着裂纹扩展，由于层板自身结构特点和双悬臂梁法夹具夹持的限制，采用双悬臂梁法评价 GLARE 层板 I 型层间断裂韧性，产生了 I 型和 II 型混合界面断裂失效，II 型界面断裂失效模式的介入使得界面断裂韧性逐渐升高，且随着 II 型界面断裂所占比例增高，界面断裂韧性值也逐渐增大。理论计算结果符合界面断裂韧性曲线的基本变化规律，可以近似准确评价 GLARE 层板 I 型层间断裂韧性。

4. 理论计算预测 GLARE 层板 I 型层间断裂韧性

通过进一步研究发现，在裂纹扩展初期，II 型界面断裂所占比例小，试样发生纯 I 型界面断裂，试验所得界面断裂韧性基本接近纯 I 型界面断裂韧性，因此理论值大于试验值。随着裂纹扩展，II 型界面断裂所占比例逐渐增大，试验所得结果为混合失效模式下界面断裂韧性，因此，理论与试验差值逐渐增大。对于 GLARE 单向和正交层板，改进的梁理论计算和试验结果的差值与裂纹长度之间符合线性函数的关系，如图 3.18 所示。

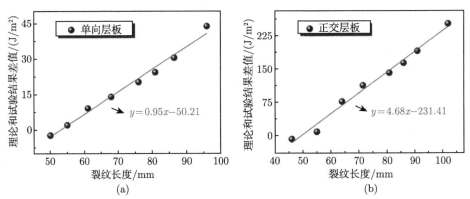

图 3.18　GLARE 层板理论计算和试验结果差值与裂纹长度之间关系

(a) 单向层板；(b) 正交层板

单向和正交层板拟合后的函数关系式见式 (3.24) 和式 (3.25)。

$$y = 0.95x - 50.21 \tag{3.24}$$

$$y = 4.68x - 231.41 \tag{3.25}$$

通过二者之间的函数关系式，可以预测 GLARE 层板 I 型层间断裂韧性。

另外，理论计算结果表明，采用双悬臂梁试样研究 GLARE 单向和正交层板均产生 I 型/II 型混合界面断裂失效。GLARE 单向和正交层板在初始裂纹扩展段 (裂纹长度 $a = 50$ mm) 时，其混合失效模式比 (G_{IC}/G_{IIC}) 分别为 3.07 和 4.41 (图 3.19)。

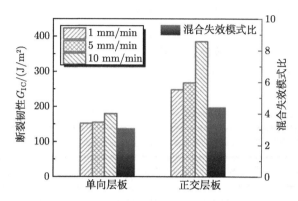

图 3.19   GLARE 层板 I 型层间断裂韧性值和混合失效模式比

正是由于双悬臂梁法评价 GLARE 层板 I 型层间断裂韧性时，"上臂"和"下臂"材料组成及材料性能的差异性造成金属层/纤维层界面两侧结构不均衡，施加拉伸载荷后，"上臂"纤维层和"下臂"金属层不同的面内变形导致试样未扩展段向上偏移，造成严重的平面外位移，产生 II 型界面断裂，层板由单一的 I 型层间断裂形式变为 I 型/II 型混合失效，影响测试结果的准确性。

因此，通过双悬臂梁法所获得的界面断裂韧性仅能大致描述 GLARE 层板界面断裂韧性，无法对其界面断裂性能进行准确评价。此外，基于对 GLARE 层板 I 型层间断裂韧性理论计算研究，依据所建立的理论预测模型可以对其 I 型层间断裂韧性进行初步预估，并预测 GLARE 层板双悬臂梁试样 I 型/II 型界面断裂混合失效模式比。

3.2   纤维金属层板在单悬臂梁条件下的断裂韧性及失效行为

英国利物浦大学的研究人员采用单悬臂梁法评价树脂基复合材料的 I 型层间断裂性能[11-13]，与传统的双悬臂梁法相比可有效避免平面外位移，具有一定的优势。本节发展了 GLARE 层板单悬臂梁法 I 型层间断裂韧性试验方法，并借助 Al/Epoxy/Al 对称层状结构验证单悬臂梁法 I 型层间断裂韧性试验的合理性及有效性[1]。同时基于自行设计加工的试验夹具和工装，研究单悬臂梁加载条件下，GLARE 层板纯 I 型层间断裂失效模式和力学行为。

3.2.1　单悬臂梁法 I 型层间断裂韧性试验方法

1. 单悬臂梁法 I 型层间断裂的力学原理

图 3.20 是 GLARE 层板单悬臂梁法 I 型层间断裂试验裂纹尖端附近的边界条件。单悬臂梁法的力学原理依据试样边界条件的设定，在裂纹未扩展区域、裂纹扩展区域非加载部分和试样下端进行刚性固定，边界条件表示为 $u_1 = u_2 = u_3 = 0$，$v_{11} = v_{12} = v_{23} = 0$，保证双悬臂梁试样在拉伸载荷作用力下维持裂纹的稳定扩展和有效的 I 型层间断裂失效模式，避免试样在面内切应力作用下发生滑开型裂纹扩展，即层板 II 型层间断裂失效模式。

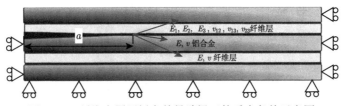

图 3.20　纤维金属层板在单悬臂梁下的受力条件示意图

图 3.21 是 GLARE 层板在单悬臂梁试验条件下产生纯 I 型层间断裂失效模式。根据单悬臂梁法 I 型层间断裂韧性试验原理，试样在拉伸载荷作用下发生中性层即预制裂纹所在金属层/纤维层界面的分层脱粘失效形式，裂纹在拉伸载荷作用下稳定扩展，试样不会偏移，避免明显的平面外位移。有效的 I 型层间断裂失效形式表现为金属层/纤维层界面附近的脱粘分层失效，具体的失效形式表现为单悬臂梁试样的"上臂"玻璃纤维复合材料层与"下臂"铝合金层界面发生层间断裂脱粘，如图 3.21 所示。

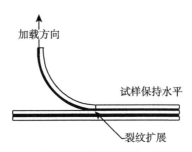

图 3.21　GLARE 层板单悬臂梁法测试 I 型层间断裂失效模式

2. 单悬臂梁法 I 型层间断裂韧性试验设计与计算方法

1) 试样结构与尺寸

单悬臂梁法试样的结构和尺寸选取与双悬臂梁相同，并在层板制备过程中于试样一端放置铝箔或聚四氟乙烯膜等作为初始裂纹。与双悬臂梁不同的是，试验中为了增强"下臂"的刚度，需在层板上额外增加蜂窝板等加强结构，如图 3.22 所示。

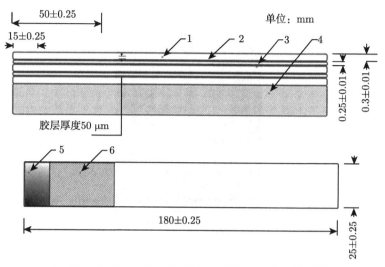

图 3.22 GLARE 层板单悬臂梁法试样设计和尺寸图
1. 铝合金层；2. 胶层；3. 纤维层；4. 蜂窝板；5. 铰链合页；6. 预制裂纹

2) 工装及试验设计

目前单悬臂梁法尚未形成标准试验方法，亦无标准化的工装夹具。因此，作者团队自行设计并加工了 I 型层间断裂韧性试验测试夹具。如图 3.23 所示，自行设计的单悬臂梁法 I 型层间断裂韧性试验夹具采用导轨式设计，以降低摩擦，易于试样滑动。夹具中导轨选择内置双轴心滚轮直线导轨，该导轨具有摩擦力小且可调节、易于安装、精度高等特点。

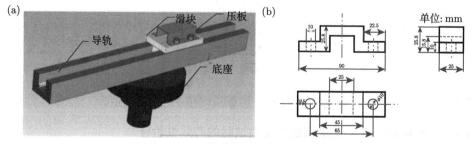

图 3.23 单悬臂梁法试验夹具设计
(a) 效果图；(b) 尺寸参数

单悬臂梁法 I 型层间断裂韧性测试的实际试验过程如图 3.24 所示。单悬臂梁试验加载速率选择 1 mm/min、3 mm/min、5 mm/min，设置传感器的入口力为 1 N。

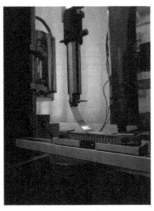

图 3.24　单悬臂梁法 I 型层间断裂韧性试验 [14]

3) 断裂韧性计算方法

单悬臂梁法 I 型层间断裂韧性试验中采用式 (3.26) 计算层板的 I 型层间断裂韧性值。

$$G_{\mathrm{IC}} = \frac{3P^2ea^2}{2b} \tag{3.26}$$

式中，P 为整个加载循环过程中每一裂纹扩展段的峰值力；a 为每一加载段的裂纹长度；b 为试样宽度；e 为裂纹长度三次方与柔度二者线性关系的斜率，其计算公式如下：

$$e = \frac{\sum\limits_{i=1}^{n} (a_i^3 - \bar{a}^3)(c_i - \bar{c})}{\sum\limits_{i=1}^{n} (a_i^3 - \bar{a}^3)^2} \tag{3.27}$$

其中，柔度 c 为加载点位移 δ 和每一加载段峰值力 P 的比值。

3.2.2　单悬臂梁法 I 型层间断裂韧性试验的有效性验证

为了验证单悬臂梁法评价 I 型层间断裂韧性的有效性，本节制备了沿厚度方向中心对称的 Al/Epoxy/Al 层状材料 (图 3.25)，以避免平面外位移问题，分别采用双悬臂梁法和单悬臂梁法，测试其沿厚度方向中轴线的界面层间断裂韧性。

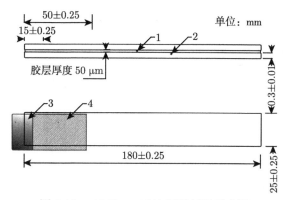

图 3.25 Al/Epoxy/Al 层状材料示意图

1. 铝合金层；2. 胶层；3. 铰链合页；4. 预制裂纹

基于双悬臂梁 (DCB) 法和单悬臂梁 (SCB) 法进行 I 型层间断裂韧性试验所获临界载荷–加载点位移曲线，如图 3.26 所示。两种试验方法由于加载方式及载荷条件不同，获得的临界载荷值相差较大，双悬臂梁法的载荷值水平低于单悬臂梁法，在裂纹扩展初始阶段，单悬臂梁法临界载荷为 18.35 N，双悬臂梁法则为 8.61 N。

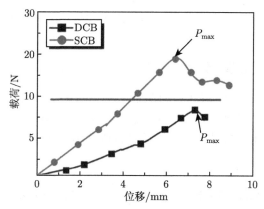

图 3.26 Al/Epoxy/Al 层状材料双悬臂梁法和单悬臂梁法临界载荷–位移曲线对比

然而，尽管两种方法在临界载荷的测试中存在差别，但是通过计算获得的 I 型层间断裂韧性值差异不大。根据双悬臂梁法和单悬臂梁法试验结果计算出 Al/Epoxy/Al 层状材料五个关键点的 I 型层间断裂韧性值 G_{IC}，绘制出试样的 R 曲线并求其平均值，如图 3.27 和表 3.3 所示。对于 Al/Epoxy/Al 层状材料，双悬臂梁法测得 I 型层间断裂韧性平均值为 100.12 J/m^2，单悬臂梁法测得 I 型层间断裂韧性平均值为 103.08 J/m^2，二者相差仅 2.9%。

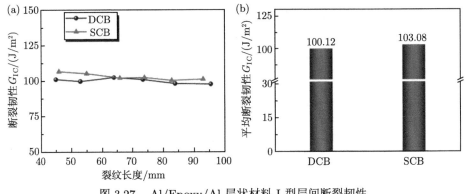

图 3.27　Al/Epoxy/Al 层状材料 I 型层间断裂韧性

(a) R 曲线；(b) 平均断裂韧性

表 3.3　Al/Epoxy/Al 层状材料双悬臂梁法和单悬臂梁法 I 型层间断裂韧性值

试验方法	$G_{\mathrm{IC,max}}/(\mathrm{J/m}^2)$	$G_{\mathrm{IC,min}}/(\mathrm{J/m}^2)$	$G_{\mathrm{IC,average}}/(\mathrm{J/m}^2)$
DCB	102.56	97.76	100.12
SCB	106.74	100.49	103.08

因此，对于 Al/Epoxy/Al 层状材料，双悬臂梁法和单悬臂梁法所计算得到的界面断裂韧性的一致性证明了单悬臂梁法用于评价层合板材料 I 型层间断裂韧性的可行性。

3.2.3　GLARE 层板单悬臂梁法 I 型层间断裂韧性及失效行为研究

在利用 Al/Epoxy/Al 层状材料验证了单悬臂梁法评价 I 型层间断裂韧性的可行性后，作者团队开展了 GLARE 层板的单悬臂梁法 I 型层间断裂韧性研究，并与双悬臂梁法对比，拟进一步评判单悬臂梁法的有效性。

1. 力学与失效行为对比

图 3.28 是 GLARE 单向和正交层板在加载速率为 1 mm/min 时，双悬臂梁法和单悬臂梁法 I 型断裂韧性试验临界载荷–加载点位移曲线。在初始加载阶段，两种试验方法的载荷和加载点位移呈现近似的线性关系；当载荷达到最大值时，裂纹开始扩展；随后，双悬臂梁法的载荷迅速下降，裂纹从尖端启动部位迅速扩展。相比之下，在裂纹稳定扩展的模式下，单悬臂梁法载荷呈渐进式下降，裂纹缓慢扩展，失效时位移显著增大。

双悬臂梁法 I 型层间断裂韧性试验加载方式以拉伸力为主，在裂纹扩展后期伴随试样倾斜角度增大，承受一定的剪切力，然而拉伸力仍为主要载荷，使得试样整体载荷水平较低。单悬臂梁法测试过程中试样始终承受拉伸力，另外，为了保持试样在加载过程中不发生平面外位移，试样夹持中刚性较大，这就使得单悬臂梁法试样的载荷值水平较高。

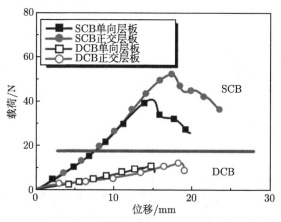

图 3.28 GLARE 层板双悬臂梁法和单悬臂梁法临界载荷–位移曲线对比

此外，单悬臂梁试样因在底部引入蜂窝等结构作为加强材料，其试样刚度大于双悬臂梁法所用试样，导致两种试验方法所获载荷–位移曲线的斜率不同。然而，双悬臂梁法和单悬臂梁法临界载荷–加载点位移曲线所表现的力学行为基本保持一致，均在载荷达到最大时裂纹开始失效扩展，扩展方式略有不同。

GLARE 层板发生纯 I 型层间断裂时，失效形式分为内聚力失效、黏着失效和混合失效三种。对 GLARE 层板"上臂"金属层/纤维层界面断口形貌进行扫描电子显微镜观察，发现单向层板 (图 3.29) 的铝合金板上残留少量玻璃纤维复合材料碎片，大部分铝合金板暴露，这表明单向层板裂纹扩展主要是沿铝合金与玻璃纤维复合材料界面进行扩展的，同时在玻璃纤维复合材料内部也出现一些裂纹。正交层板 (图 3.30) 断口上有大量的玻璃纤维复合材料残留在铝合金板上，说明正交层板裂纹主要沿着玻璃纤维复合材料内部扩展，即玻璃纤维与环氧树脂之间的界面，有一小部分裂纹出现在铝合金与玻璃纤维复合材料结合界面。而断口形貌分析结果表明，GLARE 单向和正交层板均为黏着失效和内聚力失效混合失效方式，充分证明了试样在单悬臂梁试验过程中发生了纯 I 型断裂失效。

尽管均为混合失效模式，正交层板以内聚力失效模式为主，单向层板以黏着失效为主。正交层板中，90° 纤维层对裂纹扩展起到了一定的阻碍作用，当层板在外力作用下产生界面分层扩展时，其在阻碍裂纹扩展的同时，起到了进一步缓解裂纹尖端在金属层/纤维层界面区域应力集中的作用，使得裂纹在 90° 纤维层扩展需要消耗更多的能量。因此，正交层板的界面断口形貌为大面积内聚力破坏，进一步解释正交层板在界面断裂失效具有更高的应变能量释放率。

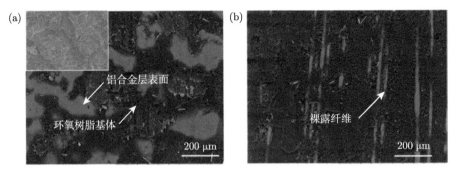

图 3.29　GLARE 单向层板单悬臂梁法界面微观形貌

(a) 上臂材料；(b) 下臂材料

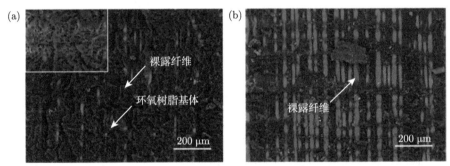

图 3.30　GLARE 正交层板单悬臂梁法界面微观形貌

(a) 上臂材料；(b) 下臂材料

GLARE 层板在单悬臂梁下的有限元分析结果呈现出相同的层间断裂行为。GLARE 层板裂纹扩展极限载荷时刻的正应力云图和面内剪应力云图分布如图 3.31 和图 3.32 所示。有限元仿真结果表明，对于 GLARE 单向和正交层板，最大正应力均出现在金属层/纤维层界面一侧的纤维层处，其中单向和正交层板在极限载荷时的最大拉应力分别为 1851 MPa 和 2027 MPa，超过纤维层的弯曲强度 1620 MPa，试样将在拉应力作用下发生 I 型层间断裂失效。另外，单向和正交层板的纤维层最大面内切应力分别为 9.828 MPa 和 15.77 MPa，面内切应力远小于纤维层的面内剪切强度 50 MPa。因此，单悬臂梁法 I 型层间断裂韧性有限元模型中纤维层不会发生面内剪切破坏，产生纯 I 型层间断裂。

单悬臂梁条件下，GLARE 层板的损伤失效情况如图 3.33 所示。在 x-y 平面内，每个界面的分层起始于加载点，并逐渐沿裂纹扩展方向延伸。厚度方向上，最先发生分层破坏的部位出现在金属层/纤维层界面。同时，通过对比可以发现，靠近金属层/纤维层界面的脱粘面积明显大于其余胶层。这是由于预制裂纹导致分层从其尖端扩展。在加载过程中，当拉应力超过界面胶层的最大拉应力时，内聚力单元的刚度下降，即发生分层。

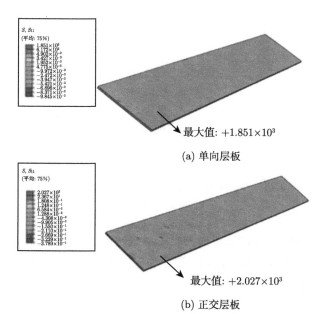

最大值: $+1.851 \times 10^3$

(a) 单向层板

最大值: $+2.027 \times 10^3$

(b) 正交层板

图 3.31　GLARE 层板单悬臂梁法正应力云图

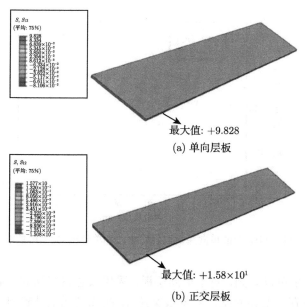

最大值: $+9.828$

(a) 单向层板

最大值: $+1.58 \times 10^1$

(b) 正交层板

图 3.32　GLARE 层板单悬臂梁法面内剪应力云图

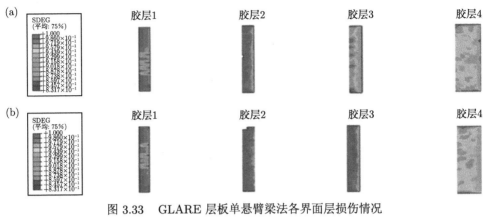

图 3.33　GLARE 层板单悬臂梁法各界面层损伤情况

(a) 单向层板；(b) 正交层板

　　上述试验与有限元分析结果均表明，单悬臂梁条件下，GLARE 层板在加载时试样无偏移、无明显平面外位移，裂纹稳定扩展，发生了有效的 I 型层间断裂。

2. 断裂韧性值对比

　　对于 GLARE 层板 I 型层间断裂韧性试验，采用双悬臂梁法和单悬臂梁法在裂纹扩展载荷值水平和失效行为上存在一定差异，最终也影响了计算得到的 I 型层间断裂韧性值，其对应的 R 曲线如图 3.34 和图 3.35 所示。

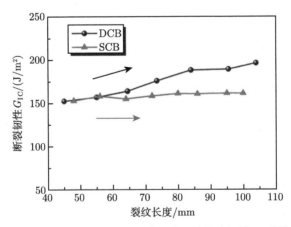

图 3.34　GLARE 单向层板双悬臂梁法和单悬臂梁法 R 曲线对比

　　从图 3.34 中可以看到，对于单向层板，采用双悬臂梁法和单悬臂梁法所得到的 R 曲线特征存在明显差别，双悬臂梁法 R 曲线呈现上升趋势，随着裂纹长度的扩展，界面断裂韧性值持续保持上升趋势，在裂纹扩展后期，界面断裂韧性的上升趋势较小，基本保持平稳状态。原因主要在于：① 双悬臂梁法夹具夹持方式的局限性；② 采用双悬臂梁法评价 GLARE 层板 I 型层间断裂韧性时，"上臂"和"下臂"材料组成及材料性能的差异性造成金属层/纤维层界面两侧结构不均衡，施加拉伸载荷后，"上臂"和"下臂"不同的面内变形导致试样整体向上偏移，造成严重的平面外位移，产生 II 型层间断裂，层板由单一的 I 型层间断裂形式变为 I 型/II 型混合失效。

单悬臂梁法避免了试样发生平面外位移，使其产生纯 I 型层间断裂失效。因此，单悬臂梁法 R 曲线基本保持水平状态。在裂纹扩展初期，界面断裂韧性有轻微的增长趋势，裂纹扩展到一定长度时，界面断裂韧性基本维持在稳定值。单悬臂梁试验中裂纹平稳扩展，试样无明显平面外位移现象。

对于正交层板，90° 纤维层显著阻碍裂纹扩展，其在双悬臂梁试验中发生更为严重的平面外位移，因此双悬臂梁试验所得 R 曲线增长也更为迅速 (图 3.35)，II 型界面断裂失效模式所占比例大。采用单悬臂梁法可以避免其发生平面外位移，R 曲线亦基本保持水平状态。

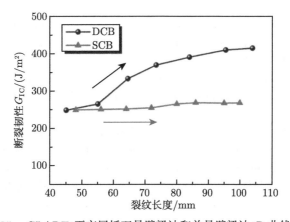

图 3.35 GLARE 正交层板双悬臂梁法和单悬臂梁法 R 曲线对比

图 3.36 分别计算了单悬臂梁法和双悬臂梁法各加载段断裂韧性值的误差情况。在裂纹扩展初期阶段，两种方法所获界面断裂韧性值相差不大。随着裂纹扩展，双悬臂梁法则因平面外位移的出现，误差不断增大，而单悬臂梁法所获数值无显著差异。

结合上述结果，采用单悬臂梁法测试 GLARE 层板 I 型层间断裂韧性，具有较好的数值稳定性，为纤维金属层板及其他层状复合材料非轴对称界面的层间 I 型断裂韧性评价提供有效参考。

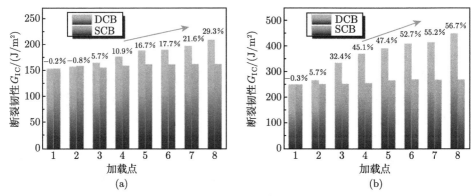

图 3.36　GLARE 层板双悬臂梁和单悬臂梁法各加载段断裂韧性对比

(a) 单向层板；(b) 正交层板

参 考 文 献

[1] 华小歌. GLARE 层板 I 型层间断裂韧性的试验方法研究 [D]. 南京: 南京航空航天大学, 2019.

[2] Fedele R, Raka B, Hild F, et al. Identification of adhesive properties in GLARE assemblies using digital image correlation[J]. Journal of the Mechanics and Physics of Solids, 2009, 57(7): 1003-1016.

[3] Soltani P, Keikhosravy M, Oskouei R H, et al. Studying the tensile behaviour of GLARE laminates: a finite element modelling approach[J]. Applied Composite Material, 2010, 18(4): 271-282.

[4] Castrodeza E M, Perez Ipina J E, Bastian F L. Fracture toughness evaluation of unidirectional fiber metal laminates using traditional CTOD (δ) and Schwalbe (δ_5) methodologies[J]. Engineering Fracture Mechanics, 2004, 71(7-8): 1107-1118.

[5] 徐翌伟. GLARE 层板弯曲性能及失效机制的研究 [D]. 南京: 南京航空航天大学, 2017.

[6] Botelho E C, Silva R A, Pardini L C, et al. A review on the development and properties of continuous fiber/epoxy/aluminum hybrid composites for aircraft structures[J]. Materials Research, 2006, 9(3): 247-256.

[7] Williams J G. Fracture Mechanics of Anisotropic Materials[J]. Composite Materials Series, 1989, 6: 3-38.

[8] Bennati S, Colleluori M, Corigliano D, et al. An enhanced beam-theory model of the asymmetric double cantilever beam (ADCB) test for composite laminates[J]. Composites Science and Technology, 2009, 69(11-12): 1735-1745.

[9] Arai M, Noro Y, Sugimoto K, et al. Mode I and mode II interlaminar fracture toughness of CFRP laminates toughened by carbon nanofiber interlayer[J]. Composites Science and Technology, 2008, 68: 516-525.

[10] Chang P Y, Yeh P C, Yang J M. Fatigue crack initiation in hybrid boron/glass/aluminum fiber metal laminates[J]. Materials Science and Engineering: A, 2008, 496: 273-280.

[11] Cho D H, Lee D G J. Manufacturing of co-cured composite aluminum shafts with compression during co-curing operation to reduce residual thermal stress[J]. Journal of Composite Materials, 1998, 32: 1221-1241.

[12] Cortes P, Cantwell W J. The fracture properties of a fiber-metal laminate based on magnesium alloy[J]. Composites Part B, 2006, 37: 163-170.

[13] Cortes P, Cantwell W J. The tensile and fatigue properties of carbon fiber reinforced PEEK titanium fiber metal laminates[J]. Journal of Reinforced Plastics and Composites, 2004, 23: 1615-1623.

[14] 杨慧. GLARE 层板 I 型断裂韧性的评价及测试方法研究 [D]. 南京: 南京航空航天大学, 2018.

第 4 章　纤维金属层板的界面增强方法与失效机制

纤维金属层板作为层状超混杂复合材料，存在多个金属层/纤维层界面和大量纤维/树脂界面。其中，金属层/纤维层界面决定了金属层与纤维层的结合及应力传递，主导了纤维金属层板的综合性能及失效行为。本章提出金属层/纤维层界面的有效增强方法并揭示界面特征对该类材料失效行为的影响机制始终是纤维金属层板研究的核心内容。

4.1　胶黏剂含量对纤维金属层板界面特性和力学性能的影响

在金属层/纤维层界面引入胶黏剂是提高纤维金属层板界面性能的重要方法。然而，尽管胶层在纤维金属层板中的作用被众多研究者提及，但胶黏剂含量对材料性能的影响规律及增强机制鲜见报道[1]。胶黏剂的添加，会提高金属层/纤维层界面的结合强度，有利于材料综合性能的改善；但胶黏剂的过量使用也会导致材料增厚，使纤维层及金属层的体积比降低，对层板的性能产生不利影响。因此，开展胶黏剂含量对层板性能的影响研究，探讨界面在材料中的作用机制具有重要的意义。本节以 GLARE 层板为例，开展了胶黏剂含量对纤维金属层板界面性能和力学性能影响的研究，并揭示其失效机制。

4.1.1　试验方法

1. 胶黏剂喷涂工艺

为了实现胶黏剂与玻璃纤维增强环氧树脂预浸料的共固化，提高其与预浸料层的黏结强度，本节选用黑龙江省科学院石油化学研究院的 J-116 高温固化环氧树脂胶黏剂。该胶黏剂相较作为预浸料基体的 E302-2 高温环氧树脂具有更好的韧性。

将 J-116 胶块完全溶于 10%氯仿溶液中，超声混合；采用 W-101-S 型吸上式喷枪 (口径 1.8 mm) 进行胶黏剂喷涂，其喷涂路径如图 4.1 所示。

2. 试验设计及思路

改变铝合金基板表面喷涂的胶黏剂含量，分别为 0 g/m^2、20 g/m^2、40 g/m^2 和 60 g/m^2，制备 3/2 结构 GLARE 正交层板，探讨胶黏剂含量对材料性能的影响。通过层间剪切试验及浮辊剥离试验评价材料的层间性能；采用拉伸、弯曲及面内剪切试验测试其不同受载条件下的强度。

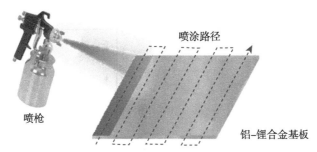

图 4.1 铝合金基板的胶黏剂喷涂

4.1.2 层间性能及失效行为

1. 浮辊剥离

胶黏剂含量的改变对浮辊剥离试样的失效方式有显著影响, 如图 4.2(a) 所示。当未添加胶黏剂时，铝合金层剥离后，纤维层平整光滑，未出现任何分层或纤维断裂现象，此时金属层/纤维层的结合强度显著低于纤维层内的层间结合强度；当胶黏剂含量增大时，纤维束开始出现被拔出现象，纤维层本身分层的比例也随之增大。

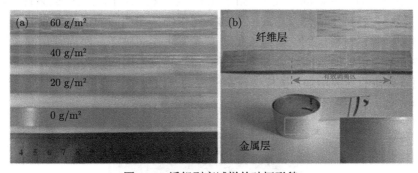

图 4.2 浮辊剥离试样的破坏形貌
(a) 不同胶黏剂含量的试样; (b) 胶黏剂含量为 40 g/m^2 的试样

以胶黏剂含量为 40 g/m^2 的试样为例 [图 4.2(b)]，剥离的铝合金层上黏附大量被拔出的纤维束，铝合金层出现被撕出的大量纤维，而纤维层则完全分层。剥离试验的裂纹在被视为弱界面的金属层/纤维层界面预制，但剥离时导致纤维层本身的显著破坏，说明金属层/纤维层界面结合强度已接近或达到纤维层本身。

GLARE 层板剥离强度计算结果 [图 4.3(b)] 与失效破坏形貌特征一致。在未添加胶黏剂时，其剥离强度仅为 0.28 kN/m；当胶黏剂使用量为 40 g/m^2 时，其剥离强度提高至 4.34 kN/m，已满足纤维金属层板对层间性能的要求，继续增大胶黏剂用量对其层间性能改善已经不明显。

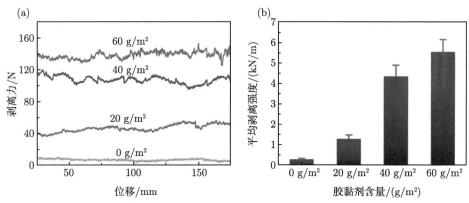

图 4.3　胶黏剂含量对 GLARE 层板剥离性能的影响

(a) 载荷–位移曲线；(b) 剥离强度计算结果

2. 层间剪切

在跨距–厚度之比 (L/h) 为 $7^{[2]}$ 的条件下进行层间剪切试验。研究发现，当胶黏剂含量为 20 g/m^2 时，层板发生纯剪切失效；而当胶黏剂含量达到 60 g/m^2 时，层板产生挤压–剪切混合失效，如图 4.4 所示。在三点简支梁受载条件下，一般受到剪切应力、挤压应力及弯曲应力的共同作用；在相同的试验参数下，当胶黏剂含量较少时，材料层间结合强度低，首先发生层间破坏；而当胶黏剂含量增大后，GLARE 层板的层间结合强度显著提高，其发生层间破坏的阻力也进一步增加，随着载荷的继续增加，试样会在挤压应力下发生塑性变形，最终导致挤压–剪切混合失效。

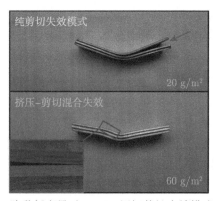

图 4.4　胶黏剂含量对 FMLs 层间剪切失效模式的影响

理论上,仅在发生纯剪切失效的前提下,计算所得的层间剪切强度才具有工程参考价值。故本试验调整不同胶黏剂含量试样的 L/h 致其均发生纯剪切失效后,所获载荷-位移曲线如图 4.5 所示。胶黏剂含量增大不仅使试样在第一个峰处具有更大的载荷值,且在层间破坏的扩展阶段 (第一个峰后) 承受了更大的应变。该现象说明 GLARE 层板界面结合强度高,不仅对层间裂纹的产生具有更高的抗力,对层间破坏的扩展过程也具有更好的阻碍作用。根据图 4.5 的曲线所获得的层间剪切强度值与以上分析结果一致,胶黏剂含量的增加同样提高了材料的抗层间剪切能力;当胶黏剂含量为 40 g/m² 时,材料层间剪切强度已超过 50 MPa,层间性能已较为理想 [2,3]。

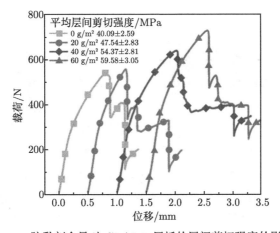

图 4.5　胶黏剂含量对 GLARE 层板的层间剪切强度的影响

对比浮辊剥离和层间剪切试验可以发现,胶黏剂含量的增加使浮辊剥离强度显著增长;相比之下,对层间剪切强度的改善则不是十分显著。尽管二者都用于表征层板的层间性能,但浮辊剥离强度仅受界面黏结力的影响,与其他因素无关;而层间剪切强度还受到材料自身刚度等因素的影响,故与层间结合强度仅存在定性关系。

4.1.3　力学性能及失效行为

1. 拉伸性能和弯曲性能

随着胶黏剂含量的增大,GLARE 层板的拉伸强度呈先升高后降低趋势,见图 4.6(a)。在起始阶段,虽然胶黏剂含量的增大导致纤维体积分数降低,但因层间性能的改善,拉伸强度提高;当胶黏剂含量超过 40 g/m² 时,层板的增厚因素开始逐渐占据主导地位,拉伸强度开始下降。上述现象有力地说明了层间性能改善在材料拉伸强度中所发挥的积极作用。而随着胶黏剂含量的增大,材料的屈服强度则降低。在层板中，屈服行为主要体现为铝合金的屈服，在屈服行为发生前，铝合金依然处于弹性变形阶段，此时的金属层与纤维层的变形量都相对较小；且该行为发生在较低的应力水平，仅为 250~290 MPa。在此状态下，界面的积极作用很难体现，而材料增厚的影响依然显著，最终导致材料的屈服强度持续降低。

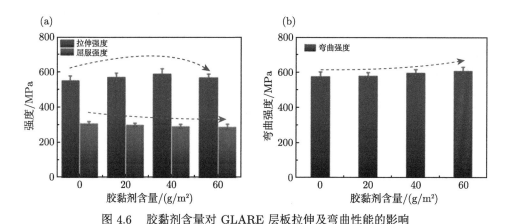

图 4.6　胶黏剂含量对 GLARE 层板拉伸及弯曲性能的影响

(a) 拉伸性能；(b) 弯曲性能

较拉伸强度而言，界面作用对弯曲强度的影响更为显著，如图 4.6(b) 所示。在所研究的胶黏剂含量范围内，随着胶黏剂含量的增大，层板的弯曲强度持续增大，并未在 40 g/m² 或其他位置出现拐点。在三点弯曲条件下，因剪切应力的存在，界面在弯曲强度中贡献了更多的作用；与拉伸试验相比，界面作用较材料增厚对弯曲强度的影响更为显著，从而导致了该现象的产生。

胶黏剂含量的变化也同样影响层板的拉伸及弯曲失效行为。以弯曲试验为例，当未添加胶黏剂时，层板首先发生层间失效；在层间失效后，金属层与纤维层的载荷无法通过界面进行传递，纤维因其有限的破坏应变发生断裂，如图 4.7(a) 所示。而胶黏剂含量为 60 g/m² 时，界面结合强度显著提高，不仅有效避免了剪切应力导致的分层失效，且实现了应力由金属层向纤维层的有效传递，最终导致纤维层受正应力而断裂，层板失效。对拉伸、弯曲等力学试验而言，理想的界面作用主要体现为防止 GLARE 层板的分层失效，实现层间载荷的有效传递，使材料最终因单纯的纤维断裂而发生破坏。而胶黏剂含量为 60 g/m² 时，已达到该种理想状态，说明继续增大胶黏剂含量已无实际意义。

2. 面内剪切性能

除了拉伸及弯曲性能外，作为多界面的超混杂复合材料，GLARE 层板的面内剪切性能也需重点关注。层板的面内剪切性能受胶黏剂含量影响的规律与拉伸性能一致, 随着胶黏剂含量的增大, 面内剪切强度提高, 见表 4.1。当胶黏剂含量达到 40 g/m^2 时, 面内剪切强度达到最高值; 随后, 胶黏剂含量的增加导致材料面内剪切性能显著下降。

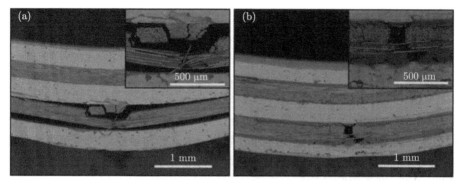

图 4.7　胶黏剂含量对 GLARE 层板弯曲失效行为的影响

(a) 0 g/m^2; (b) 60 g/m^2

表 4.1　胶黏剂含量对 GLARE 层板面内剪切性能的影响

胶含量	0 g/m^2	20 g/m^2	40 g/m^2	60 g/m^2
面内剪切强度/MPa	235.19	243.01	253.16	237.27

金属体积分数 (MVF) 理论认为, 在 $0.45 <$ MVF < 0.85 的数据可较好地预测层板的基本力学性能, 尤其是拉伸性能; 而 GLARE 层板的 MVF 值处在此范围内。该理论强调, 复合材料的整体性能主要取决于其各自组分的性能及所占的体积比 [4]。

然而, 根据本节的研究, MVF 理论成立的必要条件是忽略层间失效, 即仅当材料具有理想的界面结合性能时, 该理论才具有预测性。当然, MVF 理论仅能对材料的力学性能进行大概的预测, 在理论分析的基础上, 考虑界面作用的有限元仿真 [5,6] 是准确预测 FMLs 类材料力学性能的更好选择。

4.2　多壁碳纳米管对纤维金属层板界面特性和力学性能的影响

对于金属层/纤维层界面性能较差的纤维金属层板, 仅通过引入合理含量的胶黏剂及对金属表面进行表面处理, 仍无法获得理想的界面强度, 制约其综合性能的发挥。多壁碳纳米管 (MWCNTs) 因其高强度、高模量、高比表面积、高长径比等特点, 对传统纤维复合材料的界面性能及力学性能具有较好的增强作用。本节在碳纤维增强 PMR 型聚酰亚胺树脂为纤维层、钛合金为金属层的 TiGr 层板中，引入 MWCNTs，探索其对该类层板界面特性和力学性能的影响 [7]。

4.2.1　试验方法

本试验中采用的 MWCNTs 由南京先丰纳米材料科技有限公司提供，直径 30~40 nm，纯度 99%。在胶黏剂中分别加入质量分数 2.5%、5%、7.5%的 MWCNTs，探索 MWCNTs 对聚酰亚胺/钛界面性能的影响特征，并获得最优的添加比例；将最优比例的 MWCNTs 分别添加至胶黏剂和碳纤维增强聚酰亚胺预浸料中，揭示 MWCNTs 对 TiGr 层板的增强作用。

采用 MWCNTs+ 无水乙醇 + 醇分散剂 + 超声发生器的方法对 MWCNTs 进行分散。先将 MWCNTs 溶于醇分散剂的无水乙醇溶液中，利用超声波分散仪得到均匀分散液。随后称取聚酰亚胺树脂，利用物理共混法将其与分散液混合得到 MWCNTs-聚酰亚胺的均匀分散液。

利用场发射透射电镜对 MWCNTs 在树脂中的分散情况进行表征，结果如图 4.8 所示。添加量为 2.5%和 5%时，MWCNTs 均匀分散在树脂中，并倾向于在聚酰亚胺中形成自由取向的网络状形貌。MWCNTs 呈管状物，具有大纵横比和高比表面积，由于范德瓦耳斯力的存在，易于缠绕、包裹在一起，形成团聚物 [8,9]。当含量提高至 7.5%时，MWCNTs 在树脂中出现部分团聚，见图 4.8(c) 中白色圆圈所示区域。

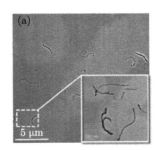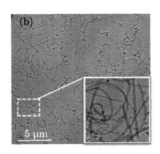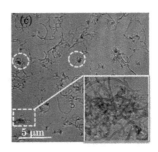

图 4.8　碳纳米管在树脂中的分散透射电镜图

(a) 质量分数 2.5%；(b) 质量分数 5%；(c) 质量分数 7.5%

4.2.2　MWCNTs 对聚酰亚胺/钛界面的增强作用

1. 拉伸剪切性能

MWCNTs 的引入显著提高了聚酰亚胺/钛界面结合强度，如图 4.9 所示。同时，因为 MWCNTs 含量为 7.5%时已发生团聚现象，所以其含量为 5%时，界面拉伸剪切性能最优。

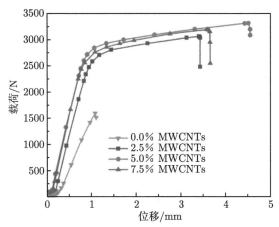

图 4.9 添加不同含量 MWCNTs 拉伸剪切试验载荷–位移曲线示意图

一般情况下, 金属与树脂的胶结接头失效模式包括黏着失效、内聚失效以及它们的混合失效。内聚失效是指破坏沿着胶黏剂胶层内部发生, 胶黏剂自身发生破坏。当破坏形式为内聚失效时, 说明此时金属与胶黏剂间的结合强度已大于胶黏剂本身, 是胶接的最佳失效模式。黏着失效则是在金属未与树脂之间形成较好的机械啮合条件下, 破坏沿着胶黏剂与金属接触面处发生的情况。当然, 接头处也经常出现内聚失效和黏着失效的混合失效。

图 4.10(a) 为没有添加 MWCNTs 的试样失效面, 从图中可以看出大部分失效为黏着失效, 其面积超过 50%, 聚酰亚胺/钛界面之间的结合较为薄弱。添加 2.5%MWCNTs 后, 失效形式为 70% 的内聚失效和 30% 的黏着失效, 如图 4.10(b)

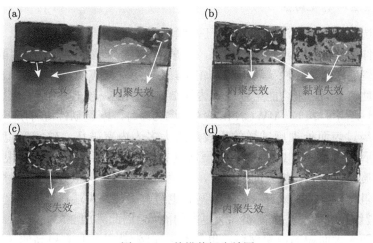

图 4.10 单搭剪切失效图

(a) 0% MWCNTs; (b) 2.5% MWCNTs; (c) 5% MWCNTs; (d)7.5% MWCNTs

所示。相比未添加的试样破坏形式有所改变，内聚破坏的面积逐渐增多，界面结合强度有所提高。当添加量达到 5% 时，内聚破坏的面积达到 90%，聚酰亚胺/钛界面的黏结强度得到大幅度提升，裂纹沿着胶层树脂内部扩展，产生大面积内聚失效。添加量为 7.5% 时，内聚破坏的面积也占到 90%，但破坏形貌不均匀。该失效分析表明，MWCNTs 的添加能提升聚酰亚胺/钛界面间的剪切强度，并导致其失效形式由黏着失效向内聚失效转变。

利用扫描电镜对单搭剪切失效面进行观察，如图 4.11 所示。部分 MWCNTs 从树脂中拔出或桥接在树脂中 (如箭头 1 和 3 所示)。当承受载荷时，树脂中的 MWCNTs 以拔出或桥接的方式吸收断裂能量，进而增强基体的剪切强度 [10,11]。同时，树脂中还存在大量断裂的 MWCNTs(如箭头 2 所示)，MWCNTs 断裂吸收能量，也是提高聚酰亚胺/钛界面拉伸剪切强度的重要途径。

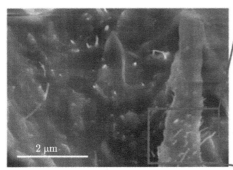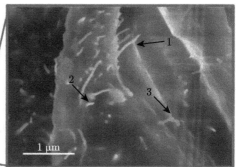

图 4.11　剪切失效 SEM 图

2.I 型层间断裂韧性

本节选用双悬臂梁法测试聚酰亚胺/钛界面的 I 型层间断裂韧性。

与拉伸剪切性能的测试结果相似，随着 MWCNTs 含量的增加，聚酰亚胺/钛界面的 I 型层间断裂韧性显著提高。如图 4.12 所示，MWCNTs 含量为 5% 时，层间断裂韧性值最高，平均能量释放率达到 79.66 J/m^2，较未添加 MWCNTs 时的 45.7 J/m^2 提高了 74%。MWCNTs 含量为 7.5% 时，断裂韧性值有所下降。

钛板经过表面处理后试样的失效形式大多为内聚破坏，破坏形貌均匀，如图 4.13 所示。MWCNTs 对裂纹扩展起到有效阻碍作用，其犹如一根根纳米纤维嵌入到喷砂处理的钛板表面凹坑中，当遭受外力作用产生分层扩展时，这些纳米纤维在阻碍裂纹扩展或自身破坏的同时也缓解了裂纹尖端在界面层区的应力集中，致使裂纹在界面层扩展需要耗散更多的能量。因此添加 2.5% 和 5%MWCNTs 后失效表面为大面积的内聚破坏，也使聚酰亚胺/钛界面具有更高的 I 型层间断裂韧性。MWCNTs 含量为 7.5% 时破坏的形貌转变为黏着破坏和内聚破坏的混合破坏，黏着破坏的面积增大，I 型断裂韧性有所下降。

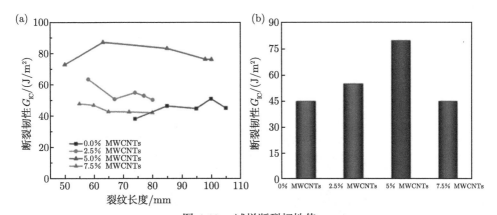

图 4.12 试样断裂韧性值

(a) 断裂韧性 R 曲线；(b) 平均断裂韧性值

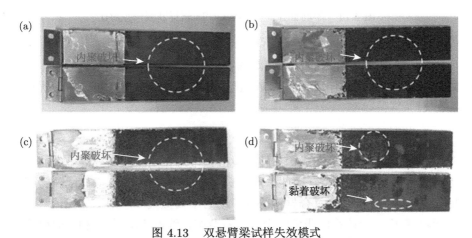

图 4.13 双悬臂梁试样失效模式

(a) 0% MWCNTs；(b) 2.5% MWCNTs；(c) 5% MWCNTs；(d) 7.5% MWCNTs

本研究还对试样断裂失效表面进行了 SEM 分析。未添加 MWCNTs 的试样断裂失效面可观察到尺寸较大的长条状孔洞，如图 4.14(a) 所示。随着 MWCNTs 含量的增加，形貌逐渐变为细小而密集的酒窝状孔洞，树脂断裂过程中 MWCNTs 有效传递载荷，增加了裂纹扩展的路径，致使断裂更加细化。将试样断裂面局部放大后可发现，未添加 MWCNTs 的树脂表面较光滑；随着 2.5% 及 5% 含量 MWCNTs 的添加，树脂表面变得粗糙，可看到许多白色点状或长条状物质即在树脂中拉断或拔出的 MWCNTs 均匀分布，说明超声分散法能将 MWCNTs 均匀分散于树脂基体中。当试样承受载荷时，MWCNTs 利用自身从树脂中拔出或断裂吸收断裂能量，从而提高界面断裂韧性。添加 7.5％MWCNTs 后的团聚现象在断裂面中也可被观察到，如图 4.14(d) 所示。

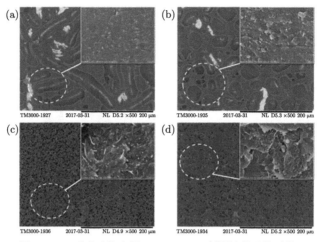

图 4.14　不同百分含量 MWCNTs 试样断裂形貌对比

(a) 0% MWCNTs；(b) 2.5% MWCNTs；(c) 5% MWCNTs；(d) 7.5% MWCNTs

总体而言，MWCNTs 的引入可显著提高聚酰亚胺/钛界面结合强度，对层间裂纹扩展起到有效阻碍作用。在 MWCNTs 添加量为 5％时，可获得最优的界面增强效果。

3. 界面影响机制

由于原子级别测试的高成本和技术挑战，很难在纳米级研究纤维金属层压板和 Ti/PI 界面的分子细节。因此，利用分子动力学 (MD) 模拟与试验验证相结合来揭示界面强化机制。复合材料的分子动力学模拟大多应用于二元体系，而对金属-无机-有机三元体系的研究较少。在本节中，通过 MD 分析和试验研究添加 MWCNTs 对 FMLs 界面性能的影响机制。

在 MD 模拟中，若不添加 MWCNTs，则只有很少的 PI 分子吸附在 Ti 表面上，如图 4.15(a) 所示。相反，如果添加 MWCNTs，大多数 PI 分子被吸附在金属层/纤维层界面，如图 4.15(b) 所示。从图 4.15(c) 可以看出，添加 MWCNTs 时范德瓦耳斯力显著降低，这意味着结合强度明显提高。从图 4.15(d) 可以看出，PI 链缠绕在 MWCNTs 的表面。分析 PI 链中的六个环与五元质心到 MWCNTs 最外壁的六个环中心之间的距离，并将其确定为 3.733 Å 和 3.785 Å，这应该属于 π-π 键的距离。因此，可认为吸附的主要驱动力是范德瓦耳斯力。另外，在 π-π 键的作用下，该链也被驱动成螺旋状分布在 MWCNTs 的最外层上。

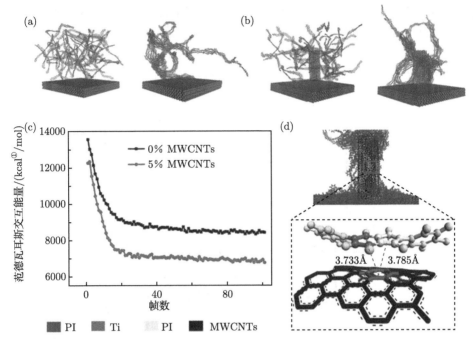

图 4.15　(a) 0% MWCNTs 的分子动态吸附过程；(b) 5% MWCNTs 的分子动态吸附过程；
(c) 系统的范德瓦耳斯交互能量随帧数的变化；(d) MWCNTs 中螺旋的形成构型

　　图 4.16 中的插图表明，这两个系统在与 PI 分子链的五个环上的 N 原子连接的 H 原子与另一个 PI 分子链的五个环上的 O 原子之间存在氢键。径向分布函数 (RDF) $g(r)$ 可以描述系统中一定距离内存在成对原子的概率。此处利用 RDF 监测 PI 分子链五环上与 N 原子相连的 O 原子和 H 原子在吸附过程中的局部结构演化。对于较小距离，两个系统的 RDF 在大约 1.0 Å 处共享相同的峰位置，对应于 PI 分子链五个环上 O 和 H 原子之间的化学键长度。第二个峰的长度约为 2.341 Å，主要归因于每个分子之间由 O 和 H 原子形成的氢键分布。在 2.5 Å $< r < 12$ Å 的范围内，也观察到峰区的演变，这主要由分子的相互堆积引起。

　　PI 分子在 MWCNTs 和 Ti 表面上的主要吸引力是范德瓦耳斯力。PI 分子应在范德瓦耳斯力的驱动下吸附在 Ti 层和 MWCNTs 表面。范德瓦耳斯力和氢键相互堆叠。在 Ti-PI-MWCNTs 系统中，PI 分子被吸附在 MWCNTs 表面，并在 π-π 键的作用下分布在 MWCNTs 表面。

　　在 0% 和 5% 的 MWCNTs 系统中 (图 4.17)，Ti 表面质心与 PI 分子在 y 轴之间的移动距离表明 PI 与 Ti 之间的剪切分离过程。势能随着 PI 运动距离的增加而增加。在 0% MWCNTs 系统中，最大势能为 40850 kcal/mol，最小势能为 40490

_____
① 1cal=4.184J。

kcal/mol。在 5% MWCNTs 系统中，最大势能为 58100 kcal/mol，最小势能为 56500 kcal/mol。计算得 0% 和 5% MWCNTs 体系的断裂能分别为 230.4 kJ/m^2 和 1024 kJ/m^2。另外，剪切试验中的峰值载荷 (P_{max}) 在 0% MWCNTs 系统中为 3250 N，在 5% MWCNTs 系统中为 1200N。计算得断裂能分别为 352.8 kJ/m^2 (0% MWCNTs) 和 1504 kJ/m^2(5% MWCNTs)。

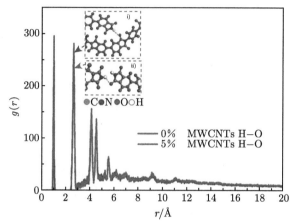

图 4.16　吸附过程中两个反应基团间的 RDF 旋转

插图 i) 和 ii) 显示了质量分数 5%和 0% MWCNTs 系统中的 H 键

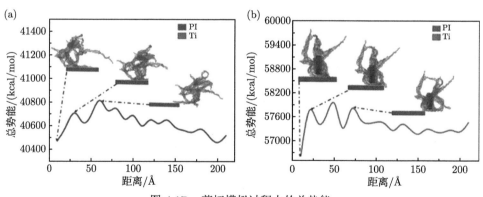

图 4.17　剪切模拟过程中的总势能

(a) 0% MWCNTs；(b) 5% MWCNTs

与未添加 MWCNTs 相比，在 PI 树脂中添加 5% MWCNTs 可以提高单搭接界面剪切性能，并且剪切强度提高了 87%。破坏的位置如图 4.18 所示，未添加 MWCNTs 的试样 [图 4.18(a)] 在承受剪切载荷后明显分层，并留有较大的间隙。相反，如果在 PI 中添加 MWCNTs，则分层间隙不是很大 [图 4.18(b)]。进一步观察表明，未添加 MWCNTs 的样品在 Ti 和 PI 之间的界面上发生分层。Ti 表面呈锯齿状，无树脂黏附。相反，作为桥梁 MWCNTs 连接 Ti 和 PI 树脂，无论是拉出还是断裂 (箭头 1 代表拉出，箭头 2 代表断裂)，树脂都包裹在 MWCNTs 周围。MWCNTs 表面包裹的 PI 在应力条件下可以分散缓冲载荷，随后自身断裂，并且拉拔失效会消耗能量。同时，大量断裂的树脂层附着在 Ti 的表面上，并沿着树脂内部发生破坏，表明界面产生较高的黏结力。在树脂底漆层中添加 MWCNTs 后，剪切破坏模式从界面破坏变为内聚破坏，故添加的 MWCNTs 有效地改善了抗剪强度。

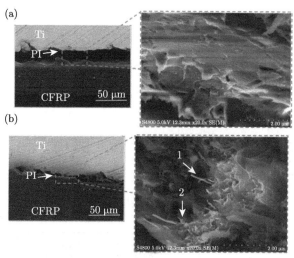

图 4.18 界面的失效形态

(a) 0% MWCNTs；(b) 5% MWCNTs

MD 模拟和剪切试验的断裂能比较如图 4.19 所示。由于钛板表面粗糙，因此存在机械互锁效果。然而，在 MD 模拟中 Ti 表面是光滑的，因此，试验值高于模拟结果，但趋势一致。添加 MWCNTs 制备的样品的断裂能比不添加 MWCNTs 的样品提高了 4 倍。模拟的有效性得到了很好的验证。

4.2.3 MWCNTs 对 TiGr 层板力学性能及失效行为的影响

为了进一步探求 MWCNTs 对 TiGr 层板力学性能的增强效果，本节将向碳纤维增强聚酰亚胺预浸料及胶黏剂层中分别添加 5% 的 MWCNTs，深入探究 MWCNTs 对纤维金属层板静态力学性能和冲击性能的增强作用，基于该层板失效模式的分析揭示 MWCNTs 的增强机制。

1. 层间剪切性能

MWCNTs 添加于胶黏剂层可有效提高 TiGr 层板的层间剪切强度；而在纤维层和胶黏剂层共同引入 MWCNTs 后，层间剪切强度又显著改善至 65 MPa，相比未添加时提升了 39.6%，如图 4.20 所示。

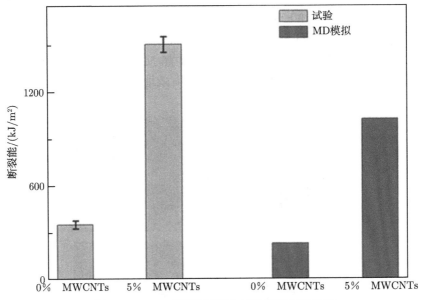

图 4.19   MD 模拟断裂能与试验断裂能的比较

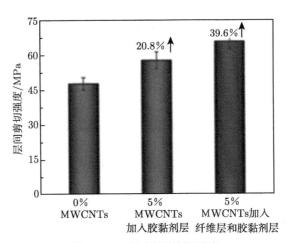

图 4.20   层间剪切性能测试

　　未添加 MWCNTs 的试样在层间剪切受载后呈现大角度的"张开式"分层，而添加 MWCNTs 后分层失效不明显，如图 4.21 所示。未添加 MWCNTs 的试样，其层间裂纹沿着 Ti 和聚酰亚胺/Ti 界面扩展，Ti 的表面呈现锯齿状且未有树脂附着，表现为黏着失效；在胶黏剂层添加 MWCNTs 后，Ti 表面附着大量断裂的树脂，裂纹沿着树脂内部扩展，呈现内聚失效模式。同时在纤维层和胶黏剂层添加 MWCNTs 后，失效路径出现于纤维层间，聚酰亚胺/Ti 界面未出现大面积破坏。

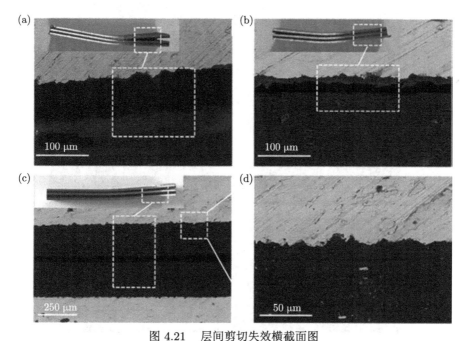

图 4.21　层间剪切失效横截面图

(a) 0% MWCNTs；(b) 胶黏剂层添加 5% MWCNTs；(c) 胶黏剂层与纤维层中添加 5%MWCNTs；

(d) 图 (c) 局部放大图

图 4.22(a) 和 (b) 为 MWCNTs 添加于胶黏剂层的失效形貌，部分树脂中可观察到断裂和拔出失效的 MWCNTs(如箭头 1 所示)。当 MWCNTs 同时添加于纤维层和胶黏剂层时，钛板表面有部分胶黏剂层树脂断裂 [如图 4.22 (c) 箭头 3 所示]或存在碳纤维剥离 [如图 4.22 (c) 箭头 4 所示]。对箭头 3 和 4 进行放大后发现，箭头 3 处存在大量断裂、拔出失效的 MWCNTs[图 4.22 (e)]，箭头 4 所指区域有部分断裂的树脂附着于碳纤维表面，树脂中亦含有断裂和拔出失效的 MWCNTs [图 4.22 (f)]。

由此可知，MWCNTs 增强了金属层/纤维层界面，并使界面更好地传递载荷进而提升了层间剪切强度。同时，MWCNTs 处于纤维层中，能够更有效地承受载荷。

2. 弯曲性能

添加 MWCNTs 于纤维层和胶黏剂层后，TiGr 层板弯曲失效所需的最大载荷显著提升，弯曲强度达到 1377.84 MPa，相比未添加提高 42%，如图 4.23 所示。

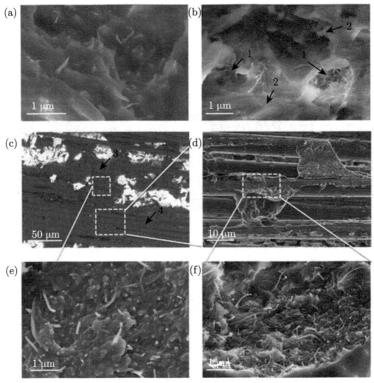

图 4.22　层间剪切失效断口形貌

(a) MWCNTs 在聚酰亚胺树脂中分布情况；(b) 纤维断裂及拔出；(c) 钛板表面残余纤维形貌；(d) 纤维脱粘表面形貌；(e) 残余纤维局部放大；(f) 纤维脱粘表面局部放大

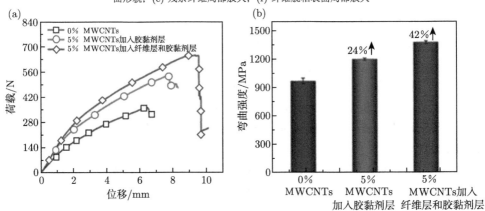

图 4.23　TiGr 层板弯曲性能试验结果

(a) 载荷–位移曲线；(b) 弯曲强度对比

　　未添加 MWCNTs 的 TiGr 层板试样失效后，Ti 表面较干净，并未附着树脂，金属层/纤维层界面发生分层，如图 4.24(a) 所示；而添加 MWCNTs 的试样失效后 Ti 表面附着大量树脂,失效沿着树脂内部进行,金属层/纤维层界面并未遭到破坏,如图 4.24(b) 所示。添加 MWCNTs 于纤维层和胶黏剂层中的层板弯曲失效模式包括纤维断裂和层间分层破坏,如图 4.24(e) 和 (f) 所示,层板失效后 Ti 表面附着大量树脂以及部分剥离纤维,失效沿着树脂内部发生,界面并未遭到破坏。

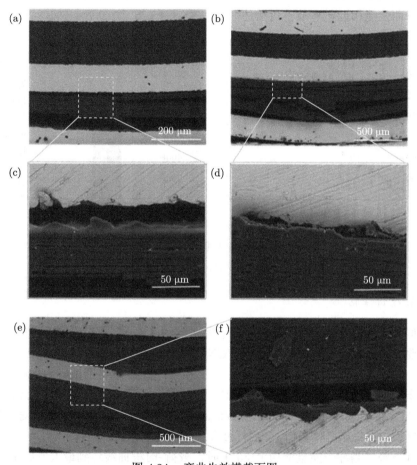

图 4.24 弯曲失效横截面图

(a) 0% MWCNTs;(b) 胶黏剂中含 5% MWCNTs;(c) 0% MWCNTs 局部放大图;(d) 胶黏剂中含 5% MWCNTs 局部放大图;(e) 胶黏剂与预浸料中含 5% MWCNTs;(f) 胶黏剂与预浸料中含 5% MWCNTs 局部放大图

对于弯曲受载而言,层合板中性层以上受压应力,以下受拉应力。在中性层以下的层板结构中,处于该界面区、胶黏剂层以及纤维层中的 MWCNTs 可有效承受拉应力,并在超出弹性变形后,通过断裂、拔出等方式消耗能量。中性层以上区域,处于界面区、胶黏剂层以及纤维层中的 MWCNTs,通过自身承受挤压变形、阻止裂纹扩展等消耗能量,以提高层板的弯曲强度。

3. 拉伸性能

与弯曲性能试验所获结论相似，MWCNTs 添加于纤维层和胶黏剂层均有利于提高 TiGr 层板的抗拉强度。同时添加 MWCNTs 于胶黏剂层及纤维层后该层板的拉伸强度为 1287.4 MPa，相比未添加提高 45.7%，如图 4.25 所示。增强机制与弯曲性能相近，本节不再赘述。

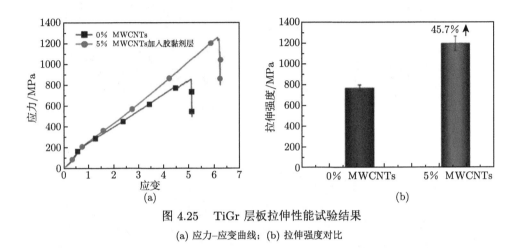

图 4.25　TiGr 层板拉伸性能试验结果

(a) 应力–应变曲线；(b) 拉伸强度对比

4. 冲击性能

同时添加 MWCNTs 于纤维层和胶黏剂层的 TiGr 层板在不同冲击能量下，所能承受的最高载荷值均高于添加 MWCNTs 于胶黏剂层或未添加的层板，如图 4.26 所示。当能量为 15 J 时，纤维金属层板先发生弹塑性变形，曲线较为平滑。随着冲头与层板的进一步接触，载荷不断升高，达到峰值后开始降低。当冲击能量为 25 J 时，TiGr 层板载荷–时程曲线到达最高点时出现较明显的波动，此阶段对应层板的金属断裂以及纤维基体损伤，随后纤维金属层板的承载能力急剧下降，对应载荷–时程曲线下降。当冲击能量增加至 35 J 时，载荷–时程曲线达到最大值后迅速下降。6~8 ms 处曲线出现波动，表现为金属层/纤维层界面的分层失效。

TiGr 层板冲击后的失效如图 4.27 所示。当冲击能量为 15 J 时，层板的正面形成一个微坑，背面发生明显的鼓包变形，在此能量下 Ti 发生塑性变形，产生微小裂纹，纤维层发生纤维脆断失效。同时添加 MWCNTs 于纤维层和胶黏剂层的层板，其损伤面积最小。当能量为 25 J 时，层板正面不仅有微坑形成，同时在微坑周围形成了宏观的断裂损伤；背面金属层由于拉伸作用形成单向拉伸裂纹。添加 MWCNTs 于胶黏剂层以及纤维层的层板，其成坑的直径及背部裂纹长度均小于添加 MWCNTs 于胶黏剂或未添加的情况。当能量为 35 J 时，TiGr 层板由于

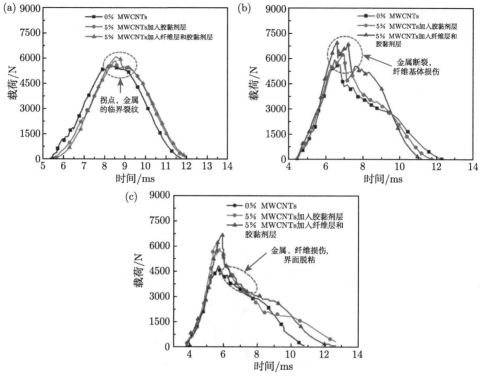

图 4.26　不同冲击能量下载荷–时程曲线

(a) 15 J；(b) 25 J；(c) 35 J

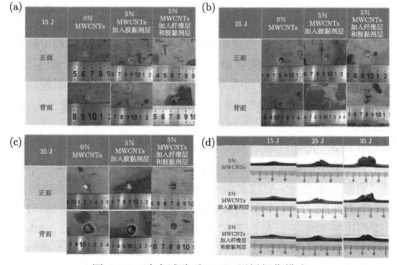

图 4.27　冲击试验后 TiGr 层板损伤模式

(a) 15 J；(b) 25 J；(c) 35 J；(d) 冲击损伤横截面

拉伸剪切的作用，在其正面形成圆形孔洞，而在背面形成花瓣状的金属开裂失效。添加 MWCNTs 于纤维层及胶黏剂层的层板，正面的孔洞半径较小，落锤并未完全穿透层板。

TiGr 层板在冲击载荷作用下，其损伤裂纹长度和失效面积如图 4.28 所示。与未添加 MWCNTs 的层板相比，添加 MWCNTs 后，层板损伤面积均有不同程度的降低。其中，能量为 15 J 时，同时添加 MWCNTs 于纤维层和胶黏剂层的层板损伤面积最小，相比未添加降低了 50.6‰。

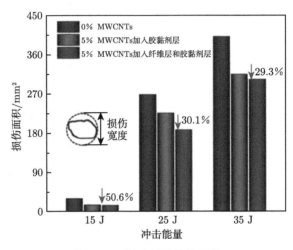

图 4.28   冲击试验损伤面积

图 4.29 为 TiGr 层板冲击失效横截面的微观形貌。能量为 15 J 时，未添加 MWCNTs 的层板中 Ti 合金层有微小裂纹产生，而添加 MWCNTs 后仅金属层发生塑性变形，并未产生裂纹。能量增加至 25 J 后，金属层和纤维层均发生断裂。能量为 35 J 时，层板的失效更为明显，金属层和纤维层均发生断裂，界面出现分层。添加 MWCNTs 于纤维层和胶黏剂层后，在不同的冲击能量下，TiGr 层板的失效程度最小。

如图 4.30 所示，冲击受载过程中，MWCNTs 在树脂中利用自身桥接作用 (如箭头 3 所示) 传递冲击载荷。同时，在冲击失效过程中以自身拔出 (如箭头 1 所示)、断裂 (如箭头 2 所示) 吸收耗散冲击能量，从而提高层板抗冲击性能。

至此可得出结论，同时添加 MWCNTs 于纤维层和胶黏剂层后，TiGr 层板的抗冲击性能相比仅添加于胶黏剂层和未添加的情况有显著提升。MWCNTs 的增强作用表现为以下两个方面：① MWCNTs 处于胶黏剂层可改善聚酰亚胺/Ti 界面性能。当承受冲击载荷时，层板的分层失效为冲击耗能的方式之一，而良好的界面在发生分层时可消耗更多的能量。② MWCNTs 均匀分布于纤维层中，在承受冲击载荷时利用自身断裂、拔出、桥接消耗冲击能量。

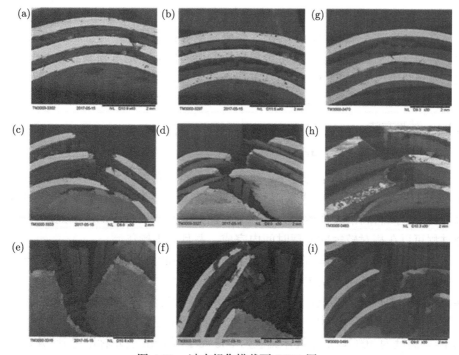

图 4.29　冲击损伤横截面 SEM 图

(a) 15 J-0% MWCNTs；(b) 15 J-胶黏剂层内添加 5% MWCNTs；(c) 25 J-0% MWCNTs；(d) 25 J-胶黏剂
层内添加 5% MWCNTs；(e) 35 J-0% MWCNTs；(f) 35 J-5%胶黏剂层内添加 MWCNTs；(g) 15 J-5%纤维
层与胶黏剂层内添加 5% MWCNTs；(h) 25 J-纤维层与胶黏剂层内添加 5% MWCNTs；(i) 35 J-纤维层与胶
黏剂层内添加 5% MWCNTs

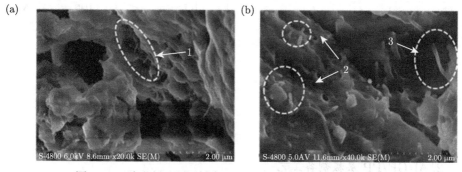

图 4.30　胶黏剂及预浸料含 MWCNTs 冲击失效面 SEM 图

(a) 胶黏剂；(b) 预浸料

4.3　等离子处理对纤维金属层板界面特性和力学性能的影响

4.1 节及 4.2 节围绕热固性纤维金属层板，探索了其界面性能的增强方法；而热塑性纤维金属层板，包括聚丙烯、聚醚醚酮等树脂体系，与金属层的黏结性能相对较差。如何提高热塑性纤维金属层板的层间性能亦是本领域需重点探索的问题。本节以 3/2 结构的 AA2024/GF/PP 热塑性纤维金属层板 (简称 Al/GF/PP 层板) 为例，讨论铝合金表面等离子处理对层板性能及失效行为的影响。

4.3.1　试验方法

1. 铝合金薄板表面处理方法

近年来，结合等离子物理学、等离子化学和气固界面反应的等离子表面处理技术，因其高效、环保、低成本而又不改变材料性能的特点，已被广泛用于纤维复合材料和金属材料的表面改性。等离子表面处理是气固反应的干法处理过程。整个过程可以在相对较短的处理时间内完成，并且易于操作。

采用等离子表面处理方法对铝合金薄板进行预处理，通过改变等离子处理时间 (10 min、15 min) 和工作气体 (氮气、氧气) 两个关键参数研究其对 Al/GF/PP 层板基本力学性能的影响。如图 4.31(a) 所示，铝合金板置于 SF-P-3000D-C 真空等离子表面处理系统中 (南京世锋科技有限公司)。功率为 5000 W，真空度为 30 Pa，温度为 40℃，工作气体流量为 600 sccm (sccm 表示标准毫升/分)。此外，铝合金的表面也采用了已优化的磷酸阳极氧化工艺 [12] 进行处理 [图 4.31(b)]，与等离子处理进行对比。

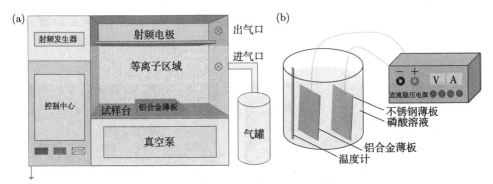

图 4.31　铝合金薄板表面处理方法
(a) 等离子表面处理；(b) 磷酸阳极氧化

2. Al/GF/PP 层板制备工艺

Al/GF/PP 层板的铺层结构如图 4.32 所示。因热塑性纤维金属层板的界面性能亦与树脂的结晶行为有关，此处仅简述 Al/GF/PP 层板的制备工艺：固化温度和压力分别为 180℃、0.4 MPa，保温保压 5 min，随后停止加热，保压于模具中自然冷却至 80℃。将 Al/GF/PP 层板取出，空气冷却至室温。

AA2024铝合金

GF/PP 预浸料

工业胶膜

图 4.32   Al/GF/PP 层板的铺层结构

4.3.2   等离子处理后的表面特性

图 4.33 为等离子表面处理前后铝合金表面的 SEM 形貌和表面粗糙度。未处理的铝合金表面光滑，轧制方向清晰可见，表面粗糙度为 0.298 μm，如图 4.33(a) 和 (f) 所示。当铝合金表面经 10 min 氮气等离子处理后，如图 4.33(b) 所示，铝合金表面出现许多宽度为 1~5 μm 的沟槽以及直径 3~8 μm 的孔洞，表现为几个明显的波峰和波谷，表面粗糙度达到 0.456 μm，如图 4.33(g) 所示。当氮气等离子处理时间为 15 min 时，表面的孔洞和沟槽的尺寸有所降低，粗糙度为 0.419 μm，如图 4.33(c) 和 (h) 所示。当等离子的气氛为氧气，随着处理时间从 10 min 延长到 15 min，铝合金的表面粗糙度增加，如图 4.33(d) 和 (e) 所示；沿轧制方向的孔洞和沟槽增多，表面粗糙度值从 0.403 μm 变化到 0.439 μm，如图 4.33(i) 和 (j) 所示。

表 4.2 列出了氮气等离子与氧气等离子处理前后铝合金表面元素 Al、O、C、N/F 和 Mg 的含量。经氮气等离子处理后的铝合金表面 C 和 N 元素百分比增加，这表明铝表面生成了 C—N 和 C=N 官能团[13,14]。此外，元素 Al、O 和 Mg 的减少与来自铝合金表面的金属氧化物 (Al_2O_3、MgO) 的百分比降低相关，即铝合金表面的疏松金属氧化物层被去除。当铝合金表面经过氧气等离子处理后，发现元素 O 的百分比明显提高。这是由于铝合金表面的氧化物 (Al—O) 和氢氧化物 (Al—O—H、—OH) 增加[15]。此外，元素 C 的减少和 F 的增加分别代表铝合金表面有机吸附剂 (—CH_2 /—CH_3)[16,17] 减少和附加的保护气体 (CF_4) 增加。结果表明，氧气等离子处理可以去除铝合金表面的有机物并且适当延长处理时间后效果更好。

表 4.2   铝合金表面等离子处理前后的元素组成 (%)

	未处理	N_2,10 min	N_2,15 min	O_2,10 min	O_2,15 min
Al	84.56	83.39	81.99	81.85	82.04
O	3.13	2.41	2.79	9.21	9.12
C	9.93	11.79	12.62	6.23	6.01
N/F	—	0.41(N)	0.48(N)	0.40(F)	0.46(F)
Mg	2.38	2.00	2.12	2.31	2.37

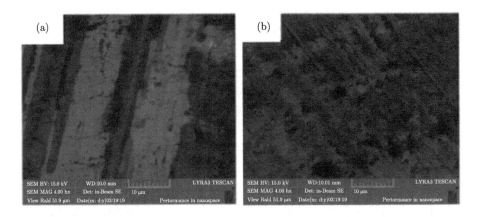

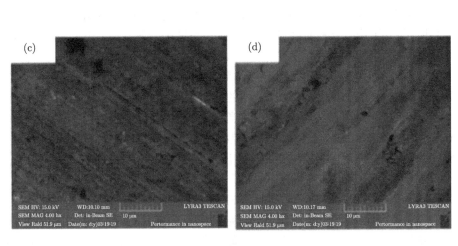

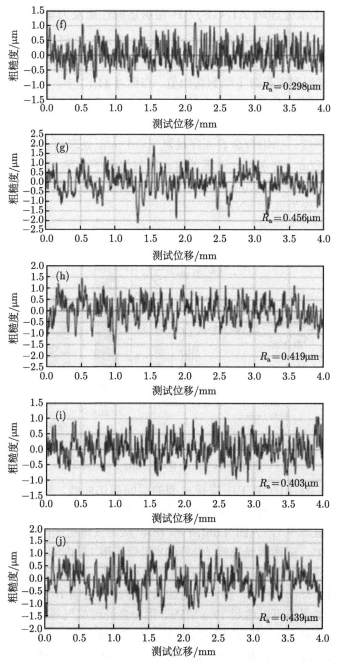

图 4.33 不同等离子表面处理后铝合金的 SEM 形貌 (a∼e) 和表面粗糙度 (f∼j)

(a) 和 (f) 未处理；(b) 和 (g) 10 min 氮气等离子；(c) 和 (h) 15 min 氮气等离子；(d) 和 (i) 10 min 氧气等离子；(e) 和 (j) 15 min 氧气等离子

4.3.3　等离子表面处理对 Al/GF/PP 层板层间性能及力学性能的影响

Al/GF/PP 层板的浮辊剥离性能如图 4.34 所示，典型的剥离载荷–位移曲线首先具有陡峭的上升趋势；然后到达峰值并下降至稳定的一段波动范围；最后，曲线迅速下降，直到剥离载荷下降到初始值。在图 4.34(a) 中，剥离长度的有效范围至少为 115 mm(不包括开始和结束时的 40 mm)，通过绘制估计的轮廓线来获得平均剥离载荷。如图 4.34(b) 所示，用平均剥离载荷除以剥离宽度 (25 mm) 即可得到平均剥离强度。当铝合金表面经过氮气 10 min 处理后，出现了最高平均剥离强度 3.98 kN/m，在误差允许范围内。氮气等离子处理 15 min 和氧气等离子处理 10 min 的值都接近 3.5 kN/m。当铝合金表面经过氧气等离子处理后，平均剥离强度最小，仅为 3.12 kN/m。

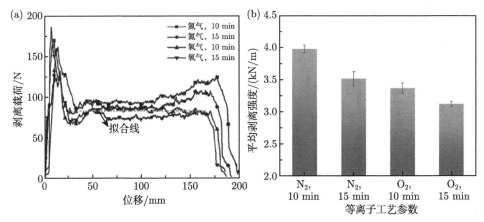

图 4.34　Al/GF/PP 层板的剥离性能

(a) 典型的剥离载荷–位移曲线；(b) 平均剥离强度

图 4.35(a) 为 Al/GF/PP 层板典型的层间剪切曲线，除了氧气等离子处理 15 min 的结果，其他三种结果都有较长的变形位移。在层间剪切试验过程中可以观察到纯剪切破坏 [18]，见图 4.36(a) 和 (c)，从而获得更大的层间剪切强度。在层间剪切测试中，试样的受拉侧 (最外侧) 和受压侧 (最内侧) 分别承受拉伸和压缩应力 [19]。与纯剪切破坏共存的挤压剪切破坏 [图 4.36(b)] 会导致较小的层间剪切强度。如图 4.35(b) 所示，铝合金经过氮气等离子处理 10 min 后，Al/GF/PP 层板的层间剪切强度可以达到 17.4 MPa。铝合金经过氧气等离子处理 15 min 后，Al/GF/PP 层板的最小层间剪切强度仅为 12.7 MPa。

如图 4.37(a) 所示，四种条件下的拉伸力–位移曲线变化趋势相同。该曲线的特征在于从弹性变形到弹塑性变形的逐渐过渡，而没有明显的屈服现象。Al/GF/PP 层板的最大拉伸强度即断裂强度，在铝合金经过不同的等离子表面处理后，在 280~333 MPa 之间变化，如图 4.37(b) 所示。Al/GF/PP 层板的拉伸失效表现为金属和纤维的断裂，见图 4.38。

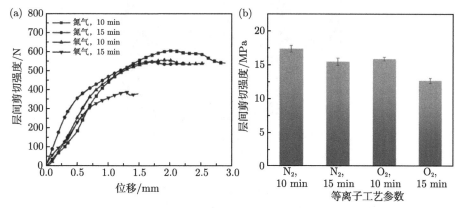

图 4.35 Al/GF/PP 层板的层间剪切性能

(a) 典型的层间剪切力–位移曲线；(b) 层间剪切强度

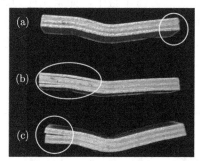

图 4.36 Al/GF/PP 层板的层间剪切失效模式

(a) N_2, 10min; (b) N_2, 15min; (c) O_2, 10min

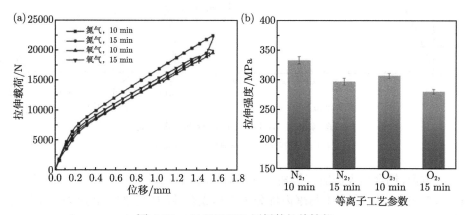

图 4.37 Al/GF/PP 层板的拉伸性能

(a) 典型的拉伸力–位移曲线；(b) 拉伸强度

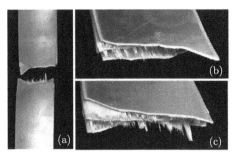

图 4.38　Al/GF/PP 层板的拉伸失效模式

(a) N$_2$, 10min; (b) N$_2$, 15min; (c) O$_2$, 10min

图 4.39(a) 为 Al/GF/PP 层板典型的弯曲力–位移曲线。与层间剪切力–位移曲线相似，氧气等离子处理 15 min 后的铝合金板制备的 Al/GF/PP 层板失效位移最小。在弯曲试验的过程中，偶尔会发生层间剪切失效 [图 4.40(a) 和 (c)]，表现为较小的弯曲变形。在三点弯曲试验中，如果正应力起主要作用，会发生典型的弯曲失效。在弯曲载荷的作用下，层板的内侧和外侧分别受到压缩应力和拉伸应力。如图 4.40(b) 所示，Al/GF/PP 层板发生了典型的弯曲失效 [20]。层板的弯曲强度在 372~394 MPa 之间。

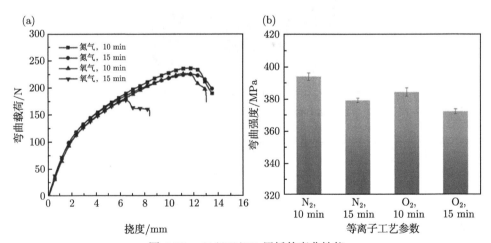

图 4.39　Al/GF/PP 层板的弯曲性能

(a) 典型的弯曲力–位移曲线；(b) 弯曲强度

一方面，铝合金表面氮气等离子处理后，疏松的氧化层被去除，并增加了 C—N 和 C═N 官能团，有利于与聚丙烯分子链形成有效的化学结合。此外，随着等离子处理时间的延长，Al/GF/PP 层板的力学性能呈下降趋势。由此说明 10 min 的氮气等离子处理时间可以满足 Al/GF/PP 层板的性能要求。另一方面，当铝合金表面经过氧气等离子处理后，铝合金板材表面引入了更多的氧化物 (Al—O) 和氢氧化物 (Al—O—H、—OH)，使得表面更加亲水。当铝合金进一步暴露于氧气等离子中，铝合金表面残余的四氟化碳不利于 Al/GF/PP 层板的层间结合。

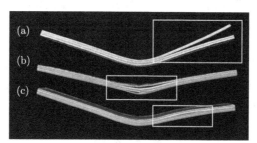

图 4.40　Al/GF/PP 层板的弯曲失效模式

(a) N_2, 10min; (b) N_2, 15min; (c) O_2, 10min

此外，与相同加工时间的氧气等离子处理相比，铝合金表面经过氮气等离子处理后，Al/GF/PP 层板的平均剥离强度、层间剪切强度、拉伸强度和弯曲强度分别提高了 13.7%、9.4%、8.5% 和 2.5%。这归因于铝合金粗糙表面形成的机械连接以及铝合金与玻璃纤维增强聚丙烯层之间由于官能团 (C—N 和 C═N) 形成的化学键合的协同作用机制。

4.3.4　不同表面处理工艺对 Al/GF/PP 层板层间性能及力学性能的影响

在热固性纤维金属层板的制备过程中，通常利用磷酸阳极氧化对铝合金的表面进行处理，该工艺可以保持层板良好的层间性能和力学性能[21]。而在 Al/GF/PP 层板体系中，由于 PP 为难黏结材料，表面能低，将氮气等离子表面处理工艺应用于铝合金的表面处理中，可提高铝合金与玻璃纤维增强聚丙烯的黏结。如表 4.3 所示，铝合金经过氮气等离子处理 10 min 后，制备的 Al/GF/PP 层板的平均剥离强度、层间剪切强度和弯曲强度分别为磷酸阳极氧化后的层板的 2.4 倍、1.6 倍和 1.4 倍。其原因是在 Al/GF/PP 层板中，对铝合金板材进行氮气等离子处理后，建立了铝合金表面与玻璃纤维增强聚丙烯预浸料之间稳定的化学和机械耦合连接作用。而铝合金磷酸阳极氧化后[22]，其表面只形成粗糙的多孔阳极膜表面结构，与预浸料之间只有机械连接。

表 4.3　两种 Al/GF/PP 层板的力学性能比较

表面处理方法	平均剥离强度/(kN/m)	层间剪切强度/MPa	拉伸强度/MPa	弯曲强度/MPa
磷酸阳极氧化	1.64	10.93	297.54	285.50
氮气等离子处理	3.98	17.40	333.50	394.00

综上所述，无论是氮气或氧气等离子处理，制备 Al/GF/PP 层板所用的铝合

金等离子处理时间以 10 min 为宜。在相同加工时间下，由于氮气等离子处理后铝合金粗糙表面形成的机械连接以及铝合金与玻璃纤维增强聚丙烯层之间因官能团 (C—N 和 C=N) 形成的化学键合的协同作用机制，其处理后的 Al/GF/PP 层板的平均剥离强度、层间剪切强度、拉伸强度和弯曲强度分别比氧气等离子处理的层板提高了 13.7%、9.4%、8.5% 和 2.5%，且其处理后的层板的平均剥离强度、层间剪切强度和弯曲强度比磷酸阳极氧化后的层板分别提高 2.4 倍、1.6 倍和 1.4 倍。虽然等离子表面处理和磷酸阳极氧化都可获得粗糙的铝合金板表面，但前者引入了官能团，这是后者无法实现的。此外，等离子表面处理因其环保、高效和低成本的制备工艺而被广泛研究并应用。

参 考 文 献

[1] 李华冠. 玻璃纤维–铝锂合金超混杂复合层板的制备及性能研究 [D]. 南京: 南京航空航天大学, 2016.

[2] Liu C, Du D, Li H, et al. Interlaminar failure behavior of GLARE laminates under short-beam three-point-bending load[J]. Composites Part B: Engineering, 2016, 97: 361-367.

[3] Botelho E C, Rezende M C, Pardini L C. Hygrotermal effects evaluation using the iosipescu shear test for glare laminates[J]. Journal of the Brazilian Society of Mechanical Sciences and Engineering, 2008, 30(3): 213-220.

[4] Park S Y, Choi W J, Choi H S, et al. Effects of surface pre-treatment and void content on GLARE laminate process characteristics[J]. Journal of Materials Processing Technology, 2010, 210(8): 1008-1016.

[5] Yaghoubi A S, Liaw B. Thickness influence on ballistic impact behaviors of GLARE 5 fiber-metal laminated beams: experimental and numerical studies[J]. Composite Structures, 2012, 94(8): 2585-2598.

[6] Alfaro M V C, Suiker A S J, de Borst R, et al. Analysis of fracture and delamination in laminates using 3D numerical modelling[J]. Engineering Fracture Mechanics, 2009, 76(6): 761-780.

[7] 张娴. 多壁碳纳米管对 Ti/Cf/PMR 聚酰亚胺超混杂层板力学性能影响研究 [D]. 南京: 南京航空航天大学, 2019.

[8] Linde P, de Boer H. Modelling of inter-rivet buckling of hybrid composites[J]. Composite Structures, 2006, 73(2): 221-228.

[9] Zhang H, Gn S W, An J, et al. Impact behaviour of GLAREs with MWCNT modified epoxy resins[J]. Experimental Mechanics, 2014, 54(1): 83-93.

[10] Molitor P, Barron V, Young T. Surface treatment of titanium for adhesive bonding to polymer composites: a review[J]. International Journal of Adhesion & Adhesives, 2001, 21(2): 129-136.

[11] He P, Huang M, Fisher S, et al. Effects of primer and annealing treatments on the shear strength between anodized Ti6Al4V and epoxy[J]. International Journal of Adhesion & Adhesives, 2015, 57: 49-56.

[12] Li H, Hu Y, Fu X, et al. Effect of adhesive quantity on failure behavior and mechanical properties of fiber metal laminates based on the aluminum-lithium alloy[J]. Composite Structures, 2016, 152: 687-692.

[13] Chung H J, Rhee K Y, Han B S, et al. Plasma treatment using nitrogen gas to improve bonding strength of adhesively bonded aluminum foam/aluminum composite[J]. Journal of Alloys and Compounds, 2008, 459: 196-202.

[14] Prysiazhnyi V, Vasina P, Panyala N R, et al. Air DCSBD plasma treatment of Al surface at atmospheric pressure[J]. Surface & Coatings Technology, 2012, 206: 3011-3016.

[15] Saleema N, Gallant D. Atmospheric pressure plasma oxidation of AA6061-T6 aluminum alloy surface for strong and durable adhesive bonding applications[J]. Applied Surface Science, 2013, 282: 98-104.

[16] van den Brand J, van Gils S, Beentjes P C J, et al. Ageing of aluminum oxide surfaces and their subsequent reactivity towards bonding with organic functional groups[J]. Applied Surface Science, 2004, 235: 465-474.

[17] Wang Y, Lu L, Zheng Y, et al. Improvement in hydrophilicity of PHBV films by plasma treatment[J]. Journal of Biomedical Materials Research Part A, 2006, 76: 589-595.

[18] Lin Y, Liu C, Li H, et al. Interlaminar failure behavior of GLARE laminates under double beam five-point-bending load[J]. Composite Structures, 2018, 201: 79-85.

[19] Hu Y, Li H, Cai L, et al. Preparation and properties of fibre-metal laminates based on carbon fibre reinforced PMR polyimide[J]. Composites Part B: Engineering, 2014, 69: 587-591.

[20] Li H, Xu Y, Hua X, et al. Bending failure mechanism and flexural properties of GLARE laminates with different stacking sequences[J]. Composite Structures, 2018, 187: 354-363.

[21] Xu Y, Li H, Shen Y, et al. Improvement of adhesion performance between aluminum alloy sheet and epoxy based on anodizing technique[J]. International Journal of Adhesion and Adhesives, 2016, 70: 74-80.

[22] Li H, Hu Y, Xu Y, et al. Reinforcement effects of aluminum-lithium alloy on the mechanical properties of novel fiber metal laminate[J]. Composites Part B: Engineering, 2015, 82: 72-77.

第 5 章   热塑性基体纤维金属层板温热条件下的基本力学性能与动态应变时效行为

5.1   Al/GF/PP 层板温热条件下的基本力学性能研究

热塑性树脂基材料相比于热固性材料具有生产效率高、可回收利用和热成形性能优良等优点。目前国内外对于热塑性纤维金属层板的研究主要集中在成形工艺参数如冲头速率、压边力、温度等的影响，对于纤维金属层板温热成形性能的研究不足。因此，本节主要针对 3/2 结构的 AA2024/GF/PP 热塑性纤维金属层板 (简称 Al/GF/PP 层板)，介绍温度及应变速率等不同温热条件对其基本力学性能的影响 [1]。

5.1.1   拉伸性能

拉伸性能是最基本的材料力学性能，可反映材料的屈服强度、抗拉强度等力学指标。拉伸测试时，根据 ASTM 3039 标准制备 Al/GF/PP 层板拉伸试样。为了揭示温度和应变速率在层板变形过程中的影响程度及耦合作用规律，试验方案如表 5.1 所示。抗拉强度通过式 (5.1)[2] 计算，P_b 为试样失效最高载荷，b 为试样平均宽度，h 为试样平均厚度。

$$\sigma = \frac{P_b}{bh} \tag{5.1}$$

表 5.1   静力学试验温度与应变速率双因素试验方案表

	1 mm/min	10 mm/min	100 mm/min
25℃	25℃+1 mm/min	25℃+10 mm/min	25℃+100 mm/min
80℃	80℃+1 mm/min	80℃+10 mm/min	80℃+100 mm/min
140℃	140℃+1 mm/min	140℃+10 mm/min	140℃+100 mm/min
165℃	165℃+1 mm/min	165℃+10 mm/min	165℃+100 mm/min
185℃	185℃+1 mm/min	185℃+10 mm/min	185℃+100 mm/min

拉伸试验采用三维曲线曲面图来表示各变量的作用，同时采用二元多项式法拟合曲面，以预测不同条件下应力–应变曲线的变化规律，二元多项式法基本公式如式 (5.2) 所示：

$$Z = z_0 + A_1 x + A_2 x^2 + A_3 x^3 + A_4 x^4 + A_5 x^5 + B_1 y + B_2 y^2 + B_3 y^3 + B_4 y^4 + B_5 y^5 \tag{5.2}$$

综合 1 mm/min、10 mm/min、100 mm/min 三种应变速率下的温度–应力–应变曲面，如图 5.1 所示，可以看出层板在单向拉伸条件下由于温度的影响，不同应变速率下的曲面都呈现双峰型变化趋势。当温度处于常温时，应力值随应变速率的增加而增加，失效应变随应变速率的增加而下降；随着温度的上升，接近软化点 (100℃) 时，相同应变量下的应力值下降，同时失效应变缓慢上升；当温度超过软化点但未到达熔点时，应力值小幅度上升，失效应变保持缓慢上升趋势；当温度达到熔点后，应力值大幅度下降，失效应变大幅度上升。

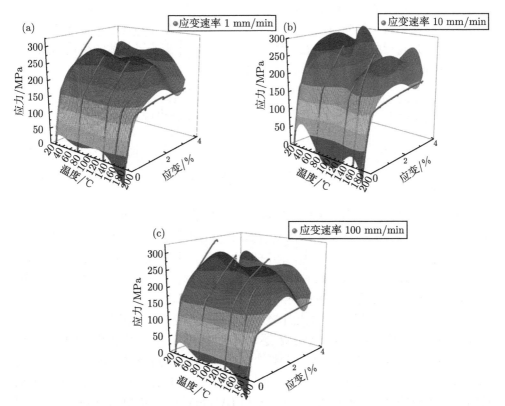

图 5.1   不同应变速率下拉伸试验的温度–应力–应变三维拟合图

(a) 1 mm/min；(b) 10 mm/min；(c) 100 mm/min

拟合曲面的变化规律如下。

(1) 第一个波峰部分，属于常温下层板拉伸的应力–应变曲线。随应变速率的增加，其峰值增加。对于层板的金属部分，随应变速率的增加，变形量快速增大，此时位错滑移可能在几组相交的滑移面中发生，由于运动位错中的交互作用及其所形成的不利于滑移的结构 (可能在相交滑移面上形成割阶与缠结)，位错运动变得非常困难，表现为局部的弹性变形，由胡克定律可知，弹性变形越大应力越大，从而随应变速率的加快，实际应力增加。对于层板的复合材料层，玻璃纤维具有一定的应变率敏感性 [3]，随应变速率的提高，其强度及模量都有提升。另外，常温下复合材料层内树脂处于玻璃态，当应变速率提高时，外力作用速度快，树脂分子链来不及通过内旋转而改变构向，柔性无法体现，此时分子链需要较大的能量进行变形，导致强度与模量上升。

(2) 第一个波谷部分，此时温度接近树脂软化点。对金属层来说，在这个温度下，原子动能略有增加，原子间的结合力变弱，临界切应力降低，晶体的移动变得相对容易，此时金属层的塑性略有提升。对复合材料层来说，随着温度的提升，热塑性树脂受热软化的效应增强。而树脂作为基体是金属和纤维间传递载荷的桥梁。温度的升高对应着树脂状态的转变，很大程度地影响了基体的桥接作用。郭亚军等 [4] 推导的对于软桥接的修正公式如下：

$$Q = \left\{ \left(P_i + \frac{h}{E_{\mathrm{lm}}} \right) \varepsilon_{ij} + g_{ij} L_j \right\} \sigma_{\mathrm{br},j} \tag{5.3}$$

式中，P_i 为集中力；E_{lm} 为纤维金属层板复合模量；ε_{ij} 为剪切应变量；g_{ij} 为各部分桥接应力对应的权函数；L_j 为应力强度因子校正系数；$\sigma_{\mathrm{br},j}$ 为桥接应力；Q 为桥接纤维的变形。

由公式可以得出，当未考虑树脂的剪切变形的影响时，即处于常温下，属于硬桥接过程；而当树脂软化时，在剪切作用下树脂基体发生较大变形，属于软桥接过程。此时层板复合模量下降，同时剪切应变上升，因此桥接效率会有明显下降，即应力传递效率较低。此时在受载过程中，纤维分担的应力下降，导致强度下降，于是出现了拟合曲面中在树脂软化点附近的谷底。

(3) 第二个波峰部分，温度上升接近树脂熔点，应变速率提升，出现了第二个峰值且曲线有小锯齿状波动。对于表层金属来说，此时可能发生了动态应变时效，即 Portevin-Le Chatelier (PLC) 效应 [5]。对于 PLC 效应有较多的解释 [6]，在本章中采用 Cottrell[7] 的说法：当温度接近 180℃，2024 铝合金发生人工时效现象，此时主要析出的是 S′ 和 θ′ 的过渡相 [S 相 (A1CuMg) 及 θ 相 (CuA1₂)][8]，溶质原子的移动速度略慢于位错运动，扩散的原子产生的气团对于位错具有一定的拖拽力，使得位错的运动被阻碍；当应力不断增加，运动位错具有足够的能量挣脱来自气团的拖拽力时，位错将瞬间挣脱溶质原子形成的气团，直到位错速度变缓，再次被钉扎。而这一过程是反复进行的，运动位错反复钉扎–挣脱的过程需要大量的能量，导致强度的上升同时，试样断口出现锯齿状波纹。处于该温度范围内的复合材料层中的树脂状态稳定，故而对总体曲面形貌影响不大。

(4) 第二个波峰后骤降的部分，该部分温度超过熔点。对于金属层来说，原子处于相对不稳定的状态，振动加剧，当受到外力时，原子沿应力场梯度方向非同步连续地由一个平衡位置到另一个平衡位置转移，即表现为部分扩散性。而晶界性质也发生部分改变，当温度升高时，晶界对位错的阻碍能力比晶粒本身的强度下降得更快，使晶界阻碍晶粒变形的能力降低，而晶界本身也易于发生滑动变形。同时随着温度的升高，金属在变形过程中发生了消除硬化的再结晶软化过程，从而使那些由于塑性变形所造成的破坏和显微缺陷得到修复；随着温度的升高，还可能出现新的滑移系，滑移系的增加，意味着塑性变形能力的提高。对于复合材料层，此时温度高于树脂熔点，热运动能量足够使缠结状态的分子链产生运动，树脂完全熔化，树脂状态由高弹态转变为黏流态。处于黏流态的树脂，几乎无法有效地传递应力，桥接效率极低，此时纤维无法通过树脂的桥接作用与金属层共同承受载荷，造成了层板强度的骤降；另外，由于此时复合材料层为流体，不存在纤维断裂等失效行为，因此层板整体的延伸率大幅提升。

为了进一步阐明温度和应变速率两个影响因素的相互耦合作用以及在不同条件下各影响因素的占比，将三维图像转化为等高图来判断整体变化趋势，如图 5.2 所示。当温度接近常温时，应变速率起主导作用，当应变速率达到 100 mm/min

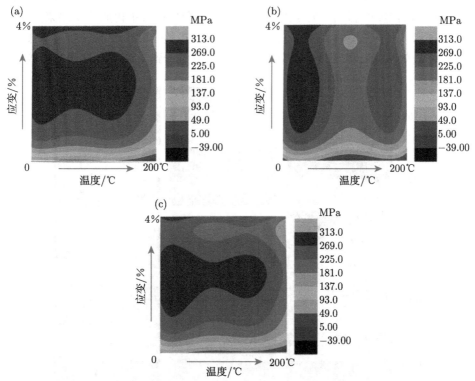

图 5.2　拉伸条件下应力–应变–温度–应变速率等高图

(a) 1 mm/min；(b) 10 mm/min；(c) 100 mm/min

时，层板拉伸件的抗拉强度显著提高，等高图最高处面积减小，即失效应变也有所降低；当温度接近软化点时，温度起主导作用，此时层板内的树脂开始明显软化。根据桥接作用原理可知，树脂软化后，剪切应变变大，传递应力的能力变差，即金属上所受载荷传递至纤维处受阻，不能够及时同时承担负荷，导致强度减小；当温度高于软化点且低于熔点时，出现第二个矮峰，此时温度与应变速率共同作用，在此温度下，铝合金 S′ 和 θ′ 过渡相溶质原子析出形成气团，在溶质原子和位错运动的共同作用下，出现位错被连续钉扎现象，导致峰值出现；当温度超过熔点 (180℃) 时，树脂状态改变，从高弹态转变为黏流态，即固态转化为液态，此时桥接效应基本失效，处于流体状态的玻璃纤维增强树脂无法有效传递应力，导致峰值后的应力值快速下降，同时，由于树脂处于黏流态，失效应变大幅增加，使得层板整体失效应变增加。

由图 5.2 可以看出，在单向拉伸条件下，层板应变对于温度的敏感程度较高，而对应变速率的敏感程度较低。在图中，拉伸应变速率的改变并没有改变其色块的变化趋势，即曲面变化趋势保持一致，只是常温拉伸时，试样的抗拉强度稍有提升，失效应变稍有下降。这说明层板在单向拉伸应力条件下，对应变速率的敏感程度较低，而温度的影响主要是通过影响层板复合材料层中树脂的状态来实现的。

不同温度及应变速率加载条件下拉伸失效形式 (图 5.3) 表明，当温度低于软化点时，失效多为纤维断裂，金属和纤维断口位置一致，说明裂纹通过桥接作用

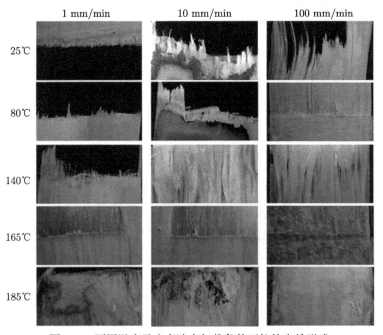

图 5.3　不同温度及应变速率加载条件下拉伸失效形式

传递；当温度接近 140℃ 时，树脂软化得较彻底，此时失效形式为部分的纤维拔出及纤维断裂；当温度达到 165℃ 及以上时，以层板的复合材料层失效为主；当温度超过熔点时，树脂已经完全转变为液态，延伸率大幅度提高。此时金属层几乎不发生断裂，桥接作用逐步失效，树脂处于黏流态，拉伸状态接近于纯金属薄板拉伸，因此失效应变大大提高，抗拉强度也大幅度下降。

5.1.2 弯曲性能

根据 GB/T 1449—2005 标准制备弯曲测试试样，试验方案如表 5.2 所示。其中三点弯曲的弯曲强度计算见式 (5.4)[9]，P_{M} 为试验失效时最高载荷值，b 为试样平均宽度，L_{s} 为跨距，h 为试样平均厚度。

$$\sigma_{\mathrm{b}} = \frac{3P_{\mathrm{M}}L_{\mathrm{s}}}{2bh^2} \tag{5.4}$$

如图 5.4 所示，对温度–位移–载荷曲线进行曲面方程拟合发现，其变化规律具有一致性，其曲面都呈现瀑布状，即先持续下降后趋于稳定；同时，在常温下，载荷值随应变速率的提升出现上升趋势；而接近软化点时，载荷值随应变速率的提升先降后升。

根据三维曲面图，变形过程可以分成以下几个部分展开分析。

(1) 曲面峰值部分。试样处于常温状态，三点弯曲时层板径向受压，上表面金属 (压头接触的表面) 切向受压，下表面金属切向受拉，且切向应变 ε_{θ} 为主要应变形式，由体积不变条件 $\varepsilon_{\theta} + \varepsilon_{\mathrm{r}} + \varepsilon_{\mathrm{B}} = 0$ 可知，上表面层板厚度应变 ε_{r} 为正值，下表面厚度 ε_{B} 应变为负值。因此，随着应变速率提升，变形量迅速增大形成位错缠结，位错移动更加困难，出现较明显的应变硬化现象，载荷值随应变速率的上升而增长。对复合材料层来说，此时树脂处于常温高弹态，应变速率增加，需要更大的能量来产生变形，因而弯曲刚度增加，即最终峰值载荷增加。

(2) 在曲面下降的中部，温度接近软化点。复合材料层状态变化起主要作用，当温度接近软化点，树脂软化，刚度显著降低且延伸率提高，因此在曲面处可观察到载荷值相比于常温骤降，失效位移上升。对层板中金属层进行分析，层板上表面金属 (靠近压头处) 受压应力作用，压应力能够有效抑制晶间变形，同时抑制和消除部分由塑性变形引起的微观破坏，提高金属的塑性。随着应变速率提升，压应力增长，使层板塑性提升。同时随着温度升高，金属原子的活动能力增强，金属发生塑性变形更容易。因此当应变速率提高，失效位移有所增长；而当应变速率达到 100 mm/min 时，由于应变速率较快，此时位错相互作用，较难滑移，出现加工硬化现象，载荷值相比于 10 mm/min 应变速率下小幅度提升。

(3) 在曲面平缓部分，温度不断靠近熔点。随着温度上升，金属层原子活动能力增强而发生中温回复，位错也被激活，滑移更加容易发生，因此金属塑性提高。对于复合材料层，树脂高分子链缠结作用随温度升高而削弱，刚度进一步下降，此时载荷值也随温度升高继续下降，当接近熔点时，软化程度趋于稳定，试验载荷值降低，失效位移增大；当温度超过熔点后，复合材料层内树脂转变为黏流态，由于树脂半结晶的特性，其由高弹态向黏流态转变的过程持续进行，曲面保持平缓。

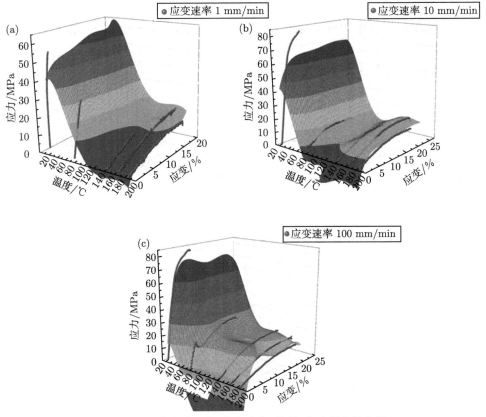

图 5.4　弯曲试验温度–应变速率–载荷–位移耦合等高图

(a) 1 mm/min；(b) 10 mm/min；(c) 100 mm/min

　　为了进一步探究两个影响因素间的耦合作用及弯曲条件下层板变形对两影响因素的敏感程度，如图 5.5 的等高线所示，当试样受弯曲载荷时，变化规律及对不同因素的敏感程度如下：当温度低于聚丙烯软化点时，对温度敏感度高，随温度增加聚丙烯软化，刚度显著降低，使对应位移的载荷值骤降；当温度处于聚丙烯软化点附近时，对温度及应变速率都有一定的敏感程度，温度上升，载荷值下降，但在相同温度区间下，应变速率提高，由于应变硬化的影响，载荷值有小幅度上升；当温度大于聚丙烯软化点后，聚丙烯软化程度趋于稳定时，应变速率开始起主导作用，相比于低速加载时，随着应变速率提高，对应位移的载荷值提高。

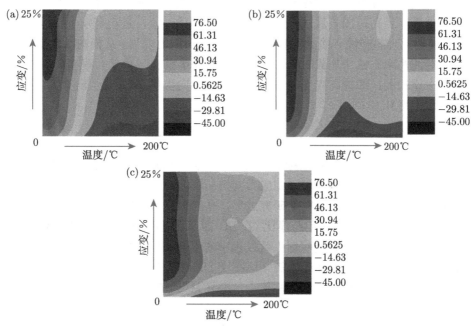

图 5.5   不同应变速率下弯曲试验的温度–应力–应变三维拟合图

(a) 1 mm/min；(b) 10 mm/min；(c) 100 mm/min

　　对弯曲后试样的压头位置及支撑点的失效形式采用光学显微镜进行拍摄，如图 5.6 所示。纵向对比可知，当温度低于软化点时，树脂发生软化程度不明显，失

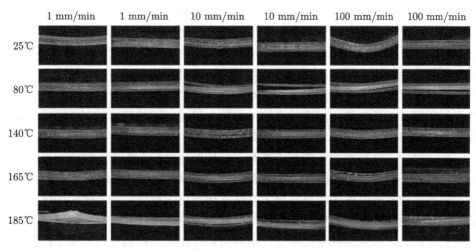

图 5.6   不同温度及应变速率下弯曲试验失效形式

效形式主要为分层及裂纹扩展。当温度超过软化点后，可以看出分层失效不明显，说明此时失效位移有大幅度提升，即层板的塑性提升。从同一温度下不同应变速率对比来看，经高速加载后试样的曲率比低速加载时大，且没有发生明显的分层失效，说明此时的塑性弯曲的占比较大，塑性变形能力更强。从横向对比来看，高速加载后的曲率比低速加载时大，且没有发生明显的分层失效，说明此时的塑性弯曲的占比较大，即较高应变速率为层板厚度方向提供了较大的压应力，使其塑性变形能力提升。

5.1.3　剪切性能

依据 GB/T 28889—2012 标准制备剪切试样。由短梁理论可知，试样在三点弯曲受载条件下，主要承受层间切应力与抗压弯曲应力。通过调整跨距使弯曲时发生剪切作用，根据课题组前期研究成果，在跨厚比较小时，会发生因层间切应力导致的层间失效，所以采用跨厚比 (L_s/h) 为 8，保证试样发生剪切失效[10]。为了研究温度与速度场在试验剪切失效过程中的耦合作用，参数如表 5.1 所示。计算层间剪切强度时，选取加载中第一载荷突变峰值力作为层板的破坏载荷，通过式 (5.5)[11] 计算材料的层间剪切强度 τ_s，其中 P_b 为第一突变峰值力，b 为试样平均宽度，h 为平均厚度。

$$\tau_s = \frac{3P_b}{4bh} \tag{5.5}$$

如图 5.7 所示，1 mm/min、10 mm/min、100 mm/min 应变速率下的变化规律具有一致性：随着温度上升，载荷值缓慢下降；温度上升至软化点，失效位移大幅度上升；当温度超过软化点时，失效位移趋于稳定。

由于层间剪切的失效主要发生在金属与复合材料层间，而层间性能变化受温度及应变速率的影响较小，因此层间性能主要受树脂状态影响。当温度上升至接近软化点时，复合材料层中树脂大分子链段逐渐松弛，缠结作用削弱，导致复合材料层流动性增加。此时，当层板受到剪切作用时，复合材料层比金属层发生的剪切应变大，于是发生了层间滑移失效。当温度处于软化点到熔点之间时，由于树脂属于部分结晶树脂，固液转变的过程较为平缓，同时流体状态能够提高黏结面积，所以熔点附近层间剪切载荷值变化不显著。

为了进一步分析温度和应变速率对于剪切性能的耦合作用及敏感程度，将坐标系二维化，形成层板应变等高图来表示相应规律，如图 5.8 所示。图 5.8(a) 层板层间剪切性能对温度的敏感程度主要在软化点前的部分，随温度的变化，区块的颜色快速变化，即载荷值快速变化，在软化点后，可以看出载荷值变化随温度变化并不显著，区块颜色变化不大，保持稳定；在层间剪切曲面的整个温度梯度中，对于应变速率都有一定的敏感程度，从图 5.8(a) 至图 5.8(c)，红区面积持续减小，曲面斜率随应变速率的增大而增加，加快了失效过程。

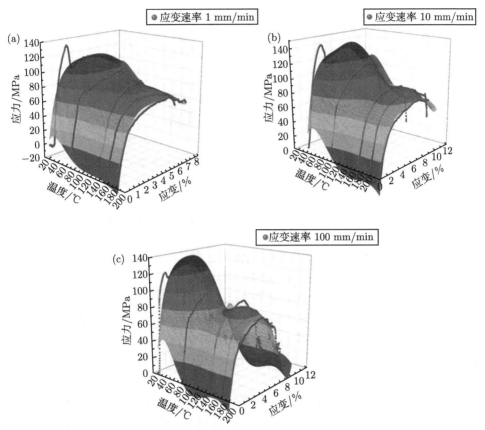

图 5.7　不同应变速率下剪切试验的温度–应力–应变三维拟合图

(a) 1 mm/min；(b) 10 mm/min；(c) 100 mm/min

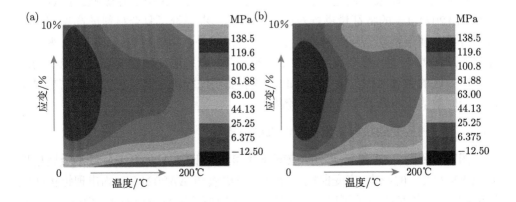

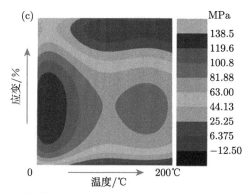

图 5.8 层间剪切试验温度–应变速率–载荷–位移耦合等高图

(a) 1 mm/min；(b) 10 mm/min；(c) 100 mm/min

5.2 Al/GF/PA 层板的动态应变时效行为

在一定的应变速率、试验温度或预变形条件下，金属材料会出现一种特殊的失稳现象——动态应变时效 (dynamic strain aging, DSA)，又称 Portevin-Le Chatelier (PLC) 效应 [12-14]，其显著的特征是时域上的锯齿状应力屈服和空间上的应变局部化。动态应变时效效应微观机制的解释可分为三类：速度论 [15]、扩散论 [16,17] 和阻碍论 [18,19]。在动态应变时效过程中，由于位错的增殖密度增加，当应力场驱动位错时，PLC 带开始传播。所以，PLC 效应取决于三个关键因素：试验温度、加载应变速率和应力场。

金属材料的动态应变时效的研究由来已久。然而，对纤维金属层板动态应变时效的研究工作还很少。在本节中，首先通过对比 3/2 结构的 AA2024/GF/PA 热塑性纤维金属层板 (简称 Al/GF/PA 层板) 与 AA2024-T3 不同应变速率与温度下的拉伸试验，确定层板发生了动态应变时效现象并且与 AA2024-T3 的锯齿状塑性流动屈服现象存在差异性。随后，通过对 Al/GF/PA 热塑性纤维金属层板和 AA2024-T3 的特征量进行对比分析，进一步评价了复合材料的高温弱化效应对纤维金属层板动态应变时效演变的影响。另外，用透射电镜 (TEM) 观察了 Al/GF/PA 热塑性纤维金属层板和 AA2024-T3 金属层在塑性变形后对应于动态应变时效区的微观组织。本节将有助于理解热塑性纤维金属层板的特殊结构对动态应变时效的影响和其动态应变时效机制。

5.2.1 应力–应变曲线与锯齿状塑性流动现象

图 5.9 和图 5.10 显示了不同应变速率和温度下的 Al/GF/PA 纤维金属层板和 AA2024-T3 的应力–应变曲线。纤维金属层板和 AA2024-T3 均出现锯齿状塑性流动现象。锯齿状流动可以在一定的温度和应变速率范围内发生。但是，它们的

锯齿状类型可能不同。根据文献[20-22]中的分类方案，将不同类型的锯齿分为 A 型、B 型和 C 型。A 型锯齿的特征通常是载荷突然上升，然后不连续地下降到或低于应力–应变曲线的一般水平，通常发生在低温和高应变速率下。B 型锯齿是关于应力–应变曲线中载荷值的一般或平均水平的细微尺度振荡。C 型锯齿通常发生在高温和低应变速率的条件下，特点是载荷总是下降到应力–应变曲线的平均水平以下[23]。根据上述分类，图 5.9 和图 5.10 显示了纤维金属层板和 AA2024-T3 在不同应变速率和温度下的锯齿状类型。纤维金属层板的锯齿形态随应变速率的增加由 B+C 型转变为 A 型，随温度的升高而保持不变，这与 AA2024-T3 的锯齿状类型的变化不同。此外，纤维金属层板和 AA2024-T3 的动态应变时效起始点在低应变速率下表现出不同的趋势，而在高应变速率下表现出相同的趋势。随着温度的升高，纤维金属层板与 AA2024-T3 的变化趋势完全相反。另外，纤维金属层板的动态应变时效应变区随应变速率或温度的升高而显著减小。

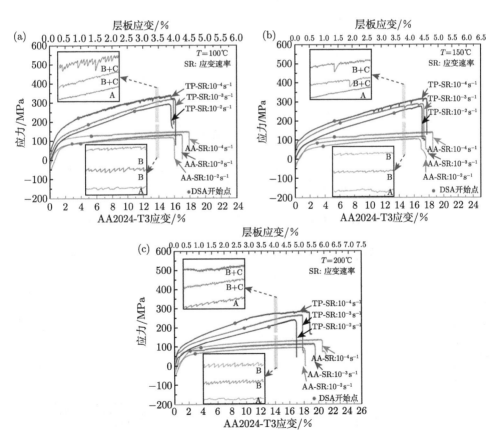

图 5.9 不同温度下 Al/GF/PA 纤维金属层板和 AA2024-T3 的应力–应变曲线

(a) 100℃；(b) 150℃；(c) 200℃

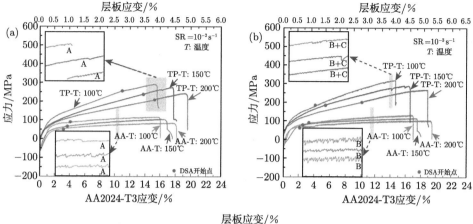

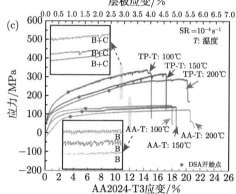

图 5.10 不同应变速率下 Al/GF/PA 纤维金属层板和 AA2024-T3 的应力–应变曲线

(a) $10^{-4}\mathrm{s}^{-1}$；(b) $10^{-3}\mathrm{s}^{-1}$；(c) $10^{-2}\mathrm{s}^{-1}$

动态应变时效不仅产生局部锯齿状屈服现象，还提高了试件的强度。图 5.11

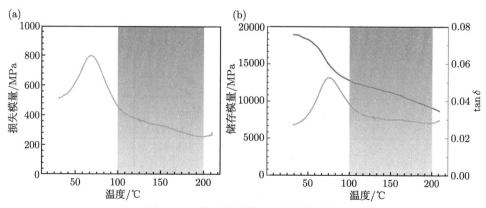

图 5.11 复合材料的动态热机械曲线

(a) 损失模量；(b) 储存模量

表明热塑性复合材料具有高温弱化效应，即纤维金属层板的强度随温度的升高可能有较大的下降。然而，图 5.12 显示纤维金属层板的极限破坏强度随温度的升高其下降程度并不高。造成这一结果的主要原因是动态应变时效提高了其强度。此外，强度随应变速率变化不大[24]。所有上述现象表明，纤维金属层板存在动态应变时效现象，并且与 AA2024-T3 的动态应变时效现象存在差异性。

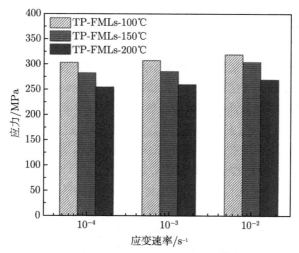

图 5.12　纤维金属层板在不同温度和应变速率下的极限抗拉强度

5.2.2　特征量随应变速率与试验温度的演化

为了进一步分析纤维金属层板和 AA2024-T3 锯齿现象之间的差异，采用了四个特征值 (临界应变、应力跌落幅值、跌落时间和重加载时间)，来对两者进行比较，如图 5.13 所示。临界应变是指应力–应变曲线中出现应力锯齿时的应变值[25-28]。应力跌落幅值是指应力峰和应力谷之间的差值。此参数反映了溶质原子气团对可

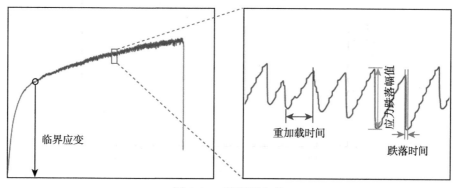

图 5.13　特征量定义

动位错的钉扎程度。重加载时间是指可动位错被钉扎在障碍物上的过程。此参数与应力从某个应力谷到下一个峰值近似线性增加的时间段有关。跌落时间是指应力从某个应力峰值突然下降到下一个谷值的时间长度。该参数对应于可动位错在热激活作用下克服障碍物突然滑移的过程。数据处理采用峰值分析法，提取拉伸曲线上的应力峰/谷点，记录应力大小和时间。为了便于分析，将整个试验过程分成几个区间，然后计算区间特征量的平均值，以研究纤维金属层板和 AA2024-T3 特征量的演变规律。

图 5.14 为不同温度和应变速率下的纤维金属层板和 AA2024-T3 的临界应变。在相同温度下，随应变速率的提高，AA2024-T3 临界应变呈先减小后增大的趋势。原因是在较低的应变速率下，位错密度起主导作用。随着应变速率的增加，临界应变随位错密度降低而降低。但在较高的应变速率下，可动位错的运动速度对临界应变的影响逐渐起主导作用[29]。纤维金属层板的临界应变随应变速率的提高先缓慢增加再迅速增加。在 100~200℃ 的温度范围内，基体处于高弹态和黏流态之间。另外，拉伸过程中纤维拔出、纤维断裂、纤维/基体脱粘和基体断裂等现象的出现，进一步削弱了基体和纤维传递到金属层的应力场强度。但是，应力场的驱动能力可使溶质原子与位错相互作用并聚集在位错周围，形成溶质原子气团，导致新的位错扩散[25]。此外，尽管高应变速率和短加载时间有强化作用，使得纤维/基体界面强度有所提高[30]，但热塑性复合材料的高温弱化效应大于应变速率增强效应[24]。因此，无论在低应变速率还是高应变速率下，位错密度对纤维金属层板动态应变时效演化都起主导作用，使层板临界应变的发生时间大大延

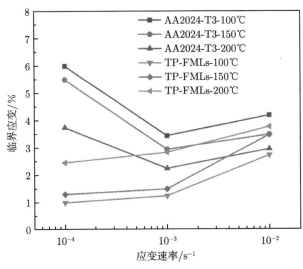

图 5.14　不同温度和应变速率下的纤维金属层板和 AA2024-T3 的临界应变

迟。在相同应变速率下,随着温度的升高,AA2024-T3 的临界应变呈下降趋势,但
纤维金属层板的临界应变呈上升趋势。溶质原子的扩散系数随温度上升而急剧增
加[31]。扩散能力加快的溶质原子可以将运动位错钉扎在位错密度更高的区域。可
动位错的增殖率随试验温度的升高而增加,这可能解释了在较高温度下容易较早
出现锯齿状塑性流动的现象[32]。

AA2024-T3 随应变速率的提高,应力跌落幅值呈下降的趋势,如图 5.15 所
示。原因在于可动位错的运动速度随应变速率的提升而增加,致其与溶质原子气
团的相互作用时间减少,减弱了溶质原子气团对可动位错的钉扎程度,应力跌落
幅值降低。对于层板而言,虽然其应力跌落幅值随应变速率的增加也呈下降的趋
势,但其下降的程度低于 AA2024-T3。复合材料在层板中扮演着传递应力的角
色,温度使其传递至金属层的应力程度降低,而可动位错的运动速度与应力有强

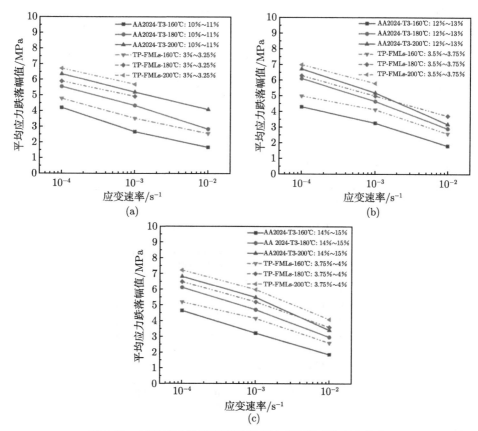

图 5.15 平均应力跌落幅值随应变速率和温度的变化趋势

(a)AA2024-T3 应变范围为 10%~11%,层板应变范围为 3%~3.25%;(b)AA2024-T3 应变范围为 12%~
13%,层板应变范围为 3.5%~3.75%;(c)AA2024-T3 应变范围为 14%~15%,层板应变范围为 3.75%~4%

烈的依存关系，使层板可动位错运动速度的加快程度并不高。另外，应力跌落幅值反映溶质原子对可动位错的钉扎强度，发现在低应变速率下层板和 AA2024-T3 的应力跌落幅值相差不大，但随应变速率的上升，层板的应力跌落幅值逐渐高于 AA2024-T3。这都归因于层板可动位错运动速度加快的程度不高。温度对应力跌落幅值的影响，将在后面详细介绍。

图 5.16 为 AA2024-T3 和层板在不同应变区间内平均跌落时间随应变速率和温度的演化。AA2024-T3 跌落时间的变化趋势随应变速率的增加几乎不变。原因是随应变速率的提升可动位错移动速度增加，增加的位错密度导致的钉扎效应可以忽略不计。但对层板而言，跌落时间随应变速率的增加呈下降趋势。虽然应变速率的增加会使可动位错运动速度增加，但从上述的分析可以发现复合材料弱化

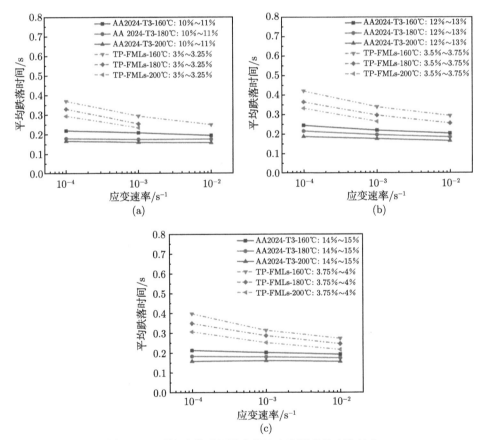

图 5.16　平均跌落时间随应变速率和温度的变化趋势

(a) AA2024-T3 应变范围为 10%～11%，层板应变范围为 3%～3.25%；(b) AA2024-T3 应变范围为 12%～13%，层板应变范围为 3.5%～3.75%；(c) AA2024-T3 应变范围为 14%～15%，层板应变范围为 3.75%～4%

效应导致层板的动态应变时效演化在较高应变速率时仍以位错增殖密度为主，因此，位错密度导致的钉扎效应增强。此外，复合材料承载与传载能力的弱化导致可动位错运动速度降低。因此，层板的跌落时间随应变速率的提升而呈下降趋势，导致层板的跌落时间延长，即"脱钉"的过程延长。

AA2024-T3 重加载时间随应变速率的增加而降低，如图 5.17 所示。原因是溶质原子与可动位错的相互作用时间随可动位错运动速度的增加而减少。重加载时间反映的是可动位错被钉扎的过程，在宏观上的表现就是重加载时间降低。但对于层板，虽然重加载时间随应变速率的增加也逐渐降低，但其降低的程度要低于 AA2024-T3。如上述所分析，复合材料的高温弱化效应使可动位错运动速度的增加幅度降低，致其与溶质原子相互作用的时间增加，除此之外，溶质原子的偏

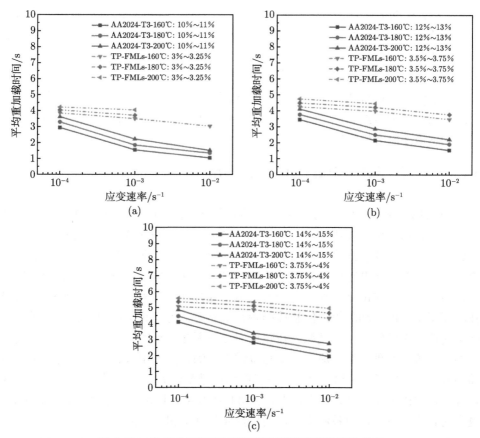

图 5.17 平均重加载时间随应变速率和温度的变化趋势

(a) AA2024-T3 应变范围为 10%~11%，层板应变范围为 3%~3.25%；(b) AA2024-T3 应变范围为 12%~13%，层板应变范围为 3.5%~3.75%；(c) AA2024-T3 应变范围为 14%~15%，层板应变范围为 3.75%~4%

聚行为也会阻碍位错的运动。层板仍存在溶质原子偏聚导致的钉扎。因此，层板的重加载时间随应变速率的增加，其下降的程度要低，同时导致层板的重加载时间增加。

从图 5.14 至图 5.17 中可以看出在相同应变速率下试验温度对特征量的影响。AA2024-T3 的应力跌落幅值和重加载时间随温度的升高呈上升趋势，跌落时间随温度的升高呈下降趋势。溶质原子运动速度的提升增加了可动位错附近的溶质原子数目，提高了其对可动位错的钉扎程度，所以应力跌落幅值增加。同时，重加载时间由于可动位错"脱钉"过程的延长而增加。随着试验温度的提升，溶质原子扩散能力变强，可动位错"脱钉"后仍会受到部分原子的钉扎，因此，随着试验温度的提升，跌落时间呈现微弱的下降趋势。但对于层板，虽然其应力跌落幅值和重加载时间也随温度的升高呈上升趋势，但其上升的幅度较低。随着温度的升高，层板中间的复合材料模量进一步降低，层间滑移，纤维/基体脱粘等现象的增多导致承载和传载能力进一步削弱，可动位错的运动速度增加变缓，使其与溶质原子相互作用的程度降低。因此层板中复合材料的高温弱化效应对溶质原子与可动位错相互作用程度的削弱使其上升的幅度降低。

通过四个特征量的比较，发现复合材料的高温弱化效应削弱了应力场的作用强度，而其是产生动态应变时效的关键因素。因此，纤维金属层板的混杂结构阻碍了动态应变时效的发展。

5.2.3　纤维金属层板动态应变时效的机制分析

图 5.18 是在 200℃ 和 $10^{-3}s^{-1}$ 试验条件下，AA2024-T3 和纤维金属层板动态应变时效前后的微观组织透射电镜图。可以发现，在 DSA 区形变时，两者的位错密度均随应变量的增加而增加，具体的特征是位错网络由简单向复杂缠结发展。此外，扩散速度超过位错运动的溶质原子提前在位错前方驻扎，运动的位错被扩散速度足够快的溶质原子赶上并形成溶质原子气团对其钉扎，200℃ 高温虽然减弱了位错的运动阻力，但整体影响并不显著。受钉扎位错的"脱钉-再钉扎"导致新的位错源的产生以及原先在较低应力下无法启动的位错源开动，最终使位错不断增殖。此外，溶质原子气团与位错之间的相互作用大大加强，促进位错增殖的同时，又阻碍了位错运动，最终表现为位错密度大大提高[25]。在随后的形变过程中，位错运动的阻力增大，提高了材料的强度，这也解释了随着温度的升高，复合材料模量下降，而各温度下，层板拉伸强度却相差不大。

此外，如图 5.18 (e) 和 (f) 所示，位错附近微观组织的能谱分析表明在 DSA 过程中确实存在 Cu 原子钉扎位错，溶质原子与位错的交互作用改变了位错组态，使材料的强度提高[31]。

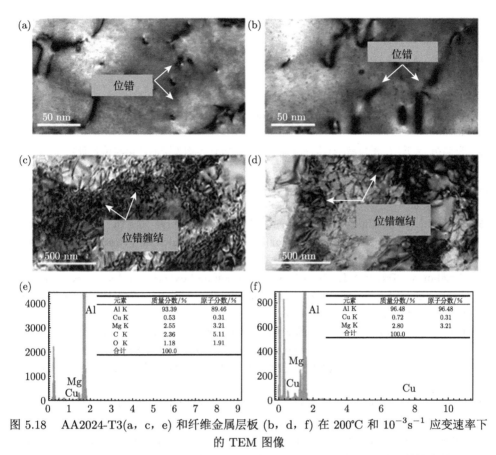

图 5.18 AA2024-T3(a，c，e) 和纤维金属层板 (b，d，f) 在 200℃ 和 $10^{-3}s^{-1}$ 应变速率下的 TEM 图像

(a，b) 在动态应变时效发生之前；(c，d) 在动态应变时效发生之后；(e，f) 位错附近微观结构的能谱分析图

对比图 5.18 (a) 和 (d)，发现两者的不同之处在于层板的位错增殖密度低于 AA2024-T3，由上述分析可知，位错的持续增殖需要更大的外力来促使位错脱离溶质原子气团的钉扎，并激活在较低应力下无法开动的位错源。然而，层板复合材料的高温弱化效应导致复合材料层承载与传载的能力降低，提供不了位错增殖需要的更大的外力或延长了达到位错增殖所需要外力的时间。因此，层板复合材料的这种弱化作用降低了动态应变时效过程中位错的增殖密度。

复合材料的温度弱化效应导致纤维金属层板的位错增殖密度增长率降低。金属的动态应变时效机制是溶质原子运动速度和位错增殖密度分别主导的溶质原子与位错的相互作用。层板的动态应变时效特性也主要受控于金属层，然而，复合材料承载与传载能力的弱化导致传递至金属薄板层的应力减弱，因此，纤维金属层板的动态应变时效仅存在于位错增殖密度起主导作用的阶段。

参 考 文 献

[1] 陈虞杰. Al/GF/PP 热塑性纤维金属层板温热条件下变形规律研究 [D]. 南京: 南京航空航天大学, 2019.

[2] Tong A S, Xie L Y, Bai X, et al. Study on tensile property of fiber metal laminates[J]. Dongbei Daxue Xuebao/Journal of Northeastern University, 2017, 38(12): 1736-1739, 1779.

[3] 夏源明, 袁建明, 杨报昌. 纤维应变速率相关的统计本构模型的理论与试验研究 [J]. 复合材料学报, 1993, 10(2): 17-24.

[4] 郭亚军, 吴学仁. 纤维–金属胶结层板的桥接应力与应力强度因子研究 [J]. 材料工程, 1996, (6): 22-26.

[5] Portevin A, Le Chatelier F. Sur un phénomène observé lors de l'essai de traction d'alliages en cours de transformation[J]. Comptes Rendus de l′Académie des Sciences de Paris, 1923, 176: 507-510.

[6] Anjabin N , Taheri A K , Kim H S. Simulation and experimental analyses of dynamic strain aging of a supersaturated age hardenable aluminum alloy[J]. Materials Science and Engineering A, 2013, 585: 165-173.

[7] Cottrell A H. A note on the Portevin-Le Chatelier effect[J]. London Edinburgh & Dublin Philosophical Magazine & Journal of Science, 1953, 44(355): 829-832.

[8] 乔文广, 杨新岐, 董春林, 等. 时效处理对 2024-T3 搅拌摩擦焊接头组织及性能的影响 [D]. 天津: 天津大学, 2008.

[9] 张汝光. 复合材料层合板的弯曲性能和试验 [J]. 玻璃钢, 2009, (3): 1-5.

[10] Zhang X, Hu Y, Li H, et al. Effect of multi-walled carbon nanotubes addition on the interfacial property of titanium-based fiber metal laminates[J]. Polymer Composites, 2018, 39(S2): 1159-1168.

[11] Liu C, Du D, Li H et al. Interlaminar failure behavior of GLARE laminates under short-beam three-point-bending load[J]. Composites Part B Engineering, 2016, 97: 361-367.

[12] Cottrell A H, Bilby B A. Dislocation theory of yielding and strain ageing of iron[J]. Proceedings of the Physical Society Section A, 1949, 62(1): 49.

[13] Jiang H, Zhang Q, Chen X et al. Three types of Portevin-Le Chatelier effects: experiment and modelling[J]. Acta Materialia, 2007, 55(7): 2219-2228.

[14] Soare M A, Curtin W A. Solute strengthening of both mobile and forest dislocations: the origin of dynamic strain aging in fcc metals[J]. Acta Materialia, 2008, 56(15): 4046-4061.

[15] Cottrell A H. Dislocations and plastic flow in crystals[J]. American Journal of Physics, 1954, 22(4): 242-243.

[16] McCormick P G. The Portevin-Le Chatelier effect in a pressurized low carbon steel[J]. Acta Metallurgica, 1973, 21(7): 873-878.

[17] van den Beukel A. Theory of the effect of dynamic strain aging on mechanical properties[J]. Physica Status Solidi A, 1975, 30(1): 197-206.

[18] Sleeswyk A W. Slow strain-hardening of ingot iron[J]. Acta Metallurgica, 1958, 6(9): 598-603.

[19] Mulford R A, Kocks U F. New observations on the mechanisms of dynamic strain aging and of jerky flow[J]. Acta Metallurgica, 1979, 27(7): 1125-1134.

[20] Choudhary B K. Influence of strain rate and temperature on serrated flow in 9Cr-1Mo ferritic steel[J]. Materials Science and Engineering: A, 2013, 564(3): 303-309.

[21] Han G M, Tian C G, Cui C Y, et al. Portevin-Le Chatelier effect in nimonic 263 superalloy[J]. Acta Metallurgica Sinica (English Letters), 2015, 28(5): 542-549.

[22] Gopinath K, Gogia A K, Kamat S V, et al. Dynamic strain ageing in Ni-base superalloy 720Li[J]. Acta Materialia, 2009, 57(4): 1243-1253.

[23] Yang F M, Sun X F, Guan H R, et al. Dynamic strain aging behavior of K40S alloy[J]. Acta Metallurgica Sinica(English Letters), 2003, 16(6): 473-477.

[24] Zhang Y, Sun L, Li L, et al. Effects of strain rate and high temperature environment on the mechanical performance of carbon fiber reinforced thermoplastic composites fabricated by hot press molding[J]. Composites Part A: Applied Science and Manufacturing, 2020, (134): 105905.

[25] Sun L, Zhang Q C, Cao P T. Influence of solute cloud and precipitates on spatiotemporal characteristics of Portevin-Le Chatelier effect in A2024 aluminum alloys[J]. Chinese Physics B, 2009, 18(8): 3500.

[26] Fu S, Cheng T, Zhang Q, et al. Two mechanisms for the normal and inverse behaviors of the critical strain for the Portevin-Le Chatelier effect[J]. Acta Materialia, 2012, 60(19): 6650-6656.

[27] Jiang Z, Zhang Q, Jiang H, et al. Spatial characteristics of the Portevin-Le Chatelier deformation bands in Al-4at%Cu polycrystals[J]. Materials Science and Engineering: A, 2005, 403(1-2): 154-164.

[28] Chatterjee A, Sarkar A, Barat P, et al. Character of the deformation bands in the (A+B) regime of the Portevin-Le Chatelier effect in Al-2.5%Mg alloy[J]. Materials Science and Engineering: A, 2009, 508(1-2): 156-160.

[29] Schlipf J. Collective dynamic aging of moving dislocations[J]. Materials Science and Engineering: A, 1991, 137: 135-140.

[30] Kim D H, Kang S Y, Kim H J, et al. Strain rate dependent mechanical behavior of glass fiber reinforced polypropylene composites and its effect on the performance of automotive bumper beam structure[J]. Composites Part B: Engineering, 2019, 166: 483-496.

[31] Hong S G, Lee S B. Mechanism of dynamic strain aging and characterization of its effect on the low-cycle fatigue behavior in type 316L stainless steel[J]. Journal of Nuclear Materials, 2005, 340(2-3): 307-314.

[32] Peng G, Gan X, Jiang Y, et al. Effect of dynamic strain aging on the deformation behavior and microstructure of Cu-15Ni-8Sn alloy[J]. Journal of Alloys and Compounds, 2017, 718: 182-187.

第 6 章 纤维金属层板超混杂复合管的吸能特性与失效行为

耐撞性能是体现飞行器、船舶及车辆等交通工具被动安全防护能力的关键要素，而能量吸收是耐撞性能研究的核心问题[1]。飞行器坠毁或车辆、船舶发生撞击等碰撞事故中，吸能结构吸收冲击能量以避免或降低结构及人员损伤，是提高交通工具耐撞性能的关键途径。研制高性能、轻量化吸能结构，对提高交通工具的耐撞能力，有效减轻结构质量，具有重要意义[2]。

薄壁吸能结构[3]，尤其是各类薄壁管状结构，具有较好的动态响应，可快速将碰撞能量转化为非弹性能，吸能效率高、轻量化效果显著、成本低且易于制造和装配，是国内外研究的重要热点，并已应用于各类交通工具中 (图 6.1)。

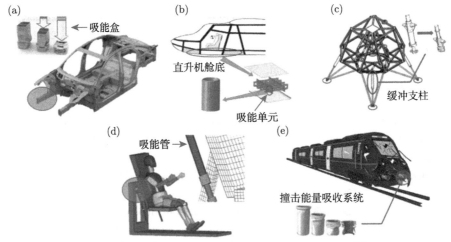

图 6.1　薄壁吸能结构在交通或运载工具中的应用[4]

(a) 汽车吸能盒；(b) 直升机下部吸能单元；(c) 着陆器缓冲结构；(d) 飞机驾驶座后部的吸能管；(e) 地铁司机室前部吸能装置

金属管通过自身的塑性变形吸收和耗散碰撞冲击能量，最早应用于耐撞吸能装置。其发生渐进压溃变形时呈现最优的吸能效果，但在不同受载条件下，应避免欧拉屈曲变形[5]导致的有效压溃位移小、能量吸收能力较差的问题。在发展轻量化技术的驱使下，纤维复合材料成为耐撞吸能结构的重要选材。其依靠纤维断裂、拔出，基体开裂、破碎以及界面分层等失效行为的共同作用实现吸能。特别是碳纤维复合材料，其单位质量吸能是传统金属材料的 3～5 倍，呈现更为突出的吸能和减重效果。然而，碳纤维复合材料薄壁结构在受到不同冲击载荷作用下的失效模式不稳定，易于发生局部屈曲，降低了结构的耐撞性能，且成本高，与其他部件的连接、装配难度大，亦限制了其广泛应用。

本章基于纤维金属层板超混杂复合材料体系，开展吸能结构的设计，将轻质高强的纤维复合材料与良好塑韧性的金属材料相结合。与单一纤维复合材料吸能结构相比，金属稳定的塑性变形能力可引导纤维复合材料发生渐进失效，避免失稳脆性断裂的发生，提高整体结构吸能性能的同时又具有明显的成本优势；与单一金属材料吸能结构相比，提高了单位质量吸能能力，轻量化效果显著。因此，发展纤维金属层板超混杂吸能结构，可有效结合金属层塑性变形吸能和纤维复合材料层断裂吸能特征，并通过纤维层/金属层界面的应力传递，发挥纤维桥接作用，有效避免金属层与纤维层的局部失稳，显著提高能量吸收能力。

然而，纤维金属层板超混杂复合材料因其复杂的界面及纤维层有限的破坏应变，使其成形难度增大，复合管高效、成本低的工程化制造技术亟待突破；同时，其在碰撞吸能过程的失效机制和吸能特性，仍有待进一步探索。作者团队在前期探索了纤维金属层板超混杂复合管 (以下简称纤维金属复合管) 机械嵌套、液压胀形等成形方法的基础上，提出基于旋压成形方法制备复合管，以提升制备效率，改善成形质量和界面性能；在此基础上，系统探索了其在轴向和多角度条件下的压溃失效机制和吸能机制，为实现纤维金属复合管在吸能结构中的应用奠定基础 [6]。

6.1 纤维金属复合管的成形方法

6.1.1 纤维金属复合管的成形工艺

旋压成形工艺是通过将毛坯装卡在芯模上并随之旋转，选用合理的旋压工艺参数，旋压工具 (旋轮) 与芯模相对连续地进给，逐渐对工件的局部施加变形压力使之发生塑性变形，最终获得回转体成品的一种先进塑性加工方法。

本节介绍 2/1 结构碳纤维环氧/铝合金复合管的旋压成形方法，工艺流程包括铝合金管表面处理、预浸料铺放、强力旋压成形、复合管固化与机械加工等步骤。以下将对各个步骤进行介绍。

1. 铝合金管表面处理

铝合金管表面处理工艺流程如图 6.2 所示。

不同于金属板材的阳极氧化处理，铝合金管存在内表面和外表面，而 2/1 结

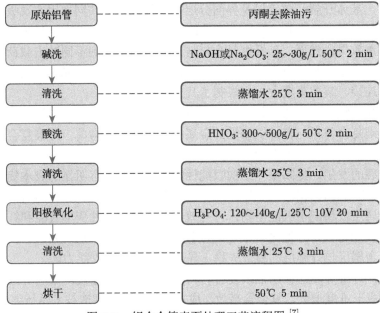

图 6.2　铝合金管表面处理工艺流程图 [7]

构碳纤维环氧/铝合金复合管中，与碳纤维增强环氧预浸料 (CFRP，本章中即 CF/Epoxy) 层相黏结的是内铝合金管的外表面和外铝合金管的内表面，因此需要基于不同表面对阳极氧化工艺进行优化设计。如图 6.3(a) 所示，对内铝合金管进行阳极氧化处理时，将阴极钢棒置于铝合金管外侧，这样溶液中的氧离子能够快速移动到铝合金管外表面发生氧化反应。而对外铝合金管阳极氧化处理时，如果采取与内铝合金管同样的设计，那么溶液中的氧离子会优先集聚于铝合金管外表面而难以达到铝合金管内表面，为此将阴极钢棒置于外铝合金管内部使得氧离子优先在铝合金管内表面发生氧化反应，获得良好的阳极氧化处理效果。

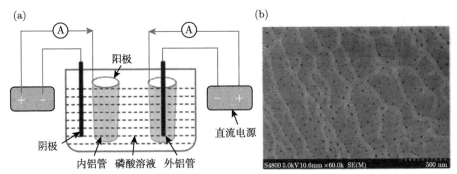

图 6.3　铝合金管阳极氧化处理工艺优化设计及处理后表面微观形貌

(a) 阳极氧化处理工艺；(b) 处理后微观形貌

经过表面处理后的铝合金管表面微观形貌如图 6.3(b) 所示：表面出现大量的腐蚀坑，增大了铝合金管的表面积，同时形成的氧化膜具有良好的吸附性，因而有利于提高铝合金层与 CFRP 层之间的黏结性能。

2. 预浸料铺放

碳纤维环氧/铝合金复合管具有较强的可设计性，其中 CFRP 层的铺层结构设计对复合管性能有很大影响。通常情况下单向 [0,0] 铺层 (沿管轴线方向)CFRP 管具有较高的轴压强度，而正交 [0,90] 铺层具有良好的抗冲击性能[8]。根据铺层设计铺放碳纤维环氧预浸料，完成复合管预制体制备，以正交 [0,90] 铺层为例，如图 6.4 所示。首先，裁取碳纤维预浸料。随后，根据铺层设计依次将预浸料缠绕铺放到内铝合金管上。为了提高铝合金层与 CFRP 层间的界面结合，在预浸料层与铝合金层之间先铺放一层环氧树脂胶膜，此胶膜中的环氧树脂与预浸料中的环氧树脂相同，因此可以在固化时最大程度实现相容。最后，将外铝合金管装配到铺有碳纤维预浸料的内铝合金管上，初步形成复合管预制体。

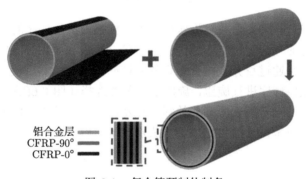

铝合金层
CFRP-90°
CFRP-0°

图 6.4 复合管预制体制备

3. 强力旋压成形

2/1 结构碳纤维环氧/铝合金复合管旋压成形是利用旋轮的作用使得内外铝合金层产生不同变形量，卸载后通过各层间的残余应力实现复合管层间结合的一种成形方法。复合管预制体中，预浸料铺放于内铝合金层外表面，外铝合金层与预浸料层之间为间隙配合。

复合管旋压成形工装设计主要包括旋压工具和管坯固定装置设计。旋压工具即旋轮，是与坯料表面接触实施成形加工的主要工具，直接决定了旋压力大小和最终成形质量。旋轮的结构参数主要包括旋轮直径、旋轮圆角半径和旋轮成形角，如图 6.5(a) 所示。

在设计选用了旋压工具后，还需要设计管坯固定装置将复合管装夹到旋压机床上。管坯固定装置需要保证复合管在旋压成形过程中轴线始终保持水平且不会沿轴向发生移动，从而确保成形尺寸精度。管坯固定装置主要包括装夹卡盘、芯模和尾顶。装夹卡盘采用旋压机床上的三爪卡盘夹持管坯。芯模对管坯起到支撑作用，由于在旋压过程中受到较大的扭转和弯曲载荷，因此需要有较高的强度、硬度和尺寸稳定性。芯模设计尺寸如图 6.5(b) 所示，直径为 47 mm 的圆柱棒在尾端开有凹槽结构，以使得尾顶能够约束住芯模，保证芯模在高速旋转过程中的径向跳动度。

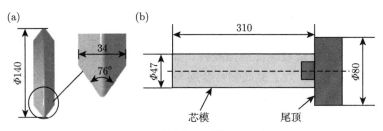

图 6.5　旋压工装设计 (mm)

(a) 旋轮；(b) 芯模和尾顶

以 PS-CNCT600-3X 型数控旋压机作为实施强力旋压工序的设备，如图 6.6(a) 所示。首先制备的复合管预制体通过三爪卡盘、芯模和尾顶等固定装置装夹固定到旋压机床上，并通过百分表检查管坯各处径向圆跳动；然后校正旋轮初始位置并按照设计的数控程序进行旋压，旋压工艺参数选择如图 6.6(b) 所示，在旋压过程中采用水溶性油对管坯表面和旋轮润滑冷却，减少旋轮工具的磨损同时降低成形过程中产生的热量；最后将完成旋压成形的复合管脱模并用丙酮擦洗去除表面油污，等待固化。

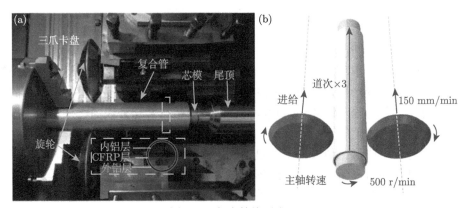

图 6.6　复合管旋压成形

(a) 工装结构；(b) 示意图

4. 复合管固化与机械加工

将经旋压成形的碳纤维环氧/铝合金复合管实施固化工艺，在固化之前需要铺放真空袋等辅助材料，铺放设计如图 6.7(a) 所示。首先铺放隔离膜以防止固化过程中树脂流动污染管壁；其次铺放脱气毡，在抽真空过程中引导气体排出，同时保护外侧真空袋以避免被管壁割破；最后铺放真空袋。为了保障真空系统的实施，在复合管内侧也铺放了环状真空袋，使得空心管腔内的空气能够被抽出，然后通过密封胶充分密封并放置气嘴，抽真空至负压 0.09 MPa，放置 30 min 后检查气密性，气密性良好可进行固化。

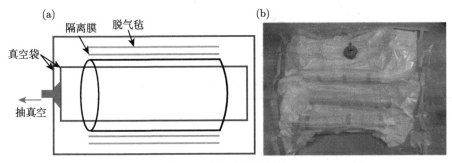

图 6.7 真空袋铺放设计

(a) 示意图；(b) 实物图

固化结束后，将复合管装夹到试样台上，铣刀高速旋转并沿管径向进给切割试样，同时在加工过程中不断喷射冷却液，以降低刀具铣削试样产生的热量，采用主轴转速 10000 r/min、进给速度 2 mm/min、背吃刀量 0.1 mm 的铣切工艺参数，能获得良好的加工质量。

为了深入探索碳纤维环氧/铝合金复合管的吸能特点和优势，作者团队还制备了不同构型和具有不同界面结合强度的复合管。如图 6.8 所示，碳纤维环氧/铝合金复合管包括基于强力旋压成形的 2/1 结构复合管 H-2/1-S、未经旋压成形的 2/1 结构复合管 H-2/1-A 和 1/1 结构复合管 H-1/1。用于对比研究的单一铝合金管和碳纤维环氧复合管，分别用 Al-I、Al-O 和 CF 表示。为便于表示，下面均使用简称指代不同结构管的构型。

复合管 H-2/1-S 具体制备工艺已详述，这里不再赘述。复合管 H-1/1 制备过程如下：首先在内铝合金管 Al-I 上缠绕碳纤维预浸料 (铺层结构设计与复合管 H-2/1-S 相同)，然后铺放真空袋等真空辅助成形材料并抽真空，最后经加热固化成形。复合管 H-2/1-A 主要是通过在复合管 H-1/1 基础上装配外铝合金管 Al-O 制备获得。值得注意的是，旋压会导致外铝合金管发生塑性变形，为了提高与复合管间的可比性，外铝合金管 Al-O 也采用与复合管相同的旋压工艺参数旋压获得。CFRP 管采用卷压工艺制备：在贴有脱模布的芯模上铺放碳纤维预浸料，经真空固化后顶出芯模制得。所有试样的结构尺寸等如表 6.1 所示。

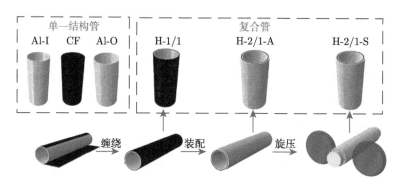

图 6.8　准静态压溃试验所有试样示意图

表 6.1　准静态压溃试验所有试样结构尺寸

试样		外径/mm	厚度/mm	高度/mm	质量/g	结构组成
复合管	H-1/1	53.0	3.0	120	102.3	CFRP/Al
	H-2/1-A	56.4	4.7	120	227.8	Al/CFRP/Al
	H-2/1-S	56.4	4.7	120	225.1	Al/CFRP/Al
单一结构管	Al-I	50.0	1.5	120	75.0	Al
	Al-O	56.4	1.7	120	131.2	Al
	CF	53.0	1.5	120	25.6	CFRP

6.1.2　纤维金属复合管的成形质量分析与层间性能表征

基于所制备的复合管，对其成形精度及截面形貌进行表征。通过无损检测分析其成形及固化制备过程的损伤情况，并考察复合管的层间结合性能。

1. 碳纤维环氧/铝合金复合管成形质量分析

沿复合管轴向依次均匀取 5 个测量点，分别测量复合管外径 D 和厚度 T，结果如图 6.9 所示，复合管外径和厚度最大尺寸偏差分别为 0.24 mm 和 0.19 mm，沿轴向尺寸分布均匀，偏差较小。旋压成形的工装设计和选择的工艺参数以及铣切加工工艺可确保复合管具有良好的成形加工精度。

通过不同位置复合管的截面形貌分析 (图 6.10) 可知，CFRP 层分布相对均匀，未观察到纤维断裂或树脂基体开裂等失效形貌，铝合金层与 CFRP 层界面结合良好。

2. 碳纤维环氧/铝合金复合管层间结合情况的无损检测

图 6.11(a) 为复合管 H-2/1-S 层间无损检测扫描图，所获整体信号连续。图 6.11(b) 为复合管 H-2/1-A 层间无损检测扫描图，相比于复合管 H-2/1-S 存

在大量信号不连续区域，其中一些缺陷已呈条带状出现，分层缺陷严重，层间结合较差。二者对比结果表明，强力旋压成形工艺可有效改善碳纤维环氧/铝合金复合管的层间结合性能。

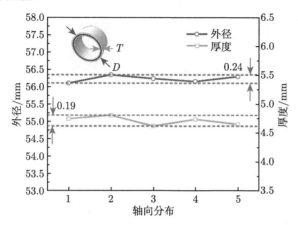

图 6.9　碳纤维环氧/铝合金复合管沿轴向外径和厚度分布

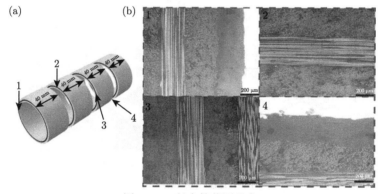

图 6.10　复合管截面观察

(a) 试样截面取点；(b) 截面形貌

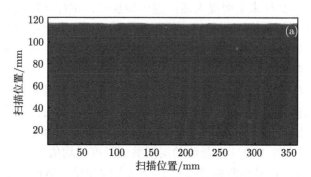

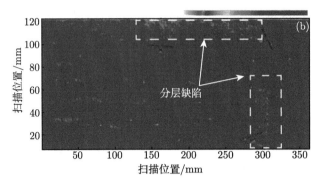

图 6.11　超声波 C 扫描无损检测结果

(a) 复合管 H-2/1-S；(b) 复合管 H-2/1-A

3. 碳纤维环氧/铝合金复合管层间剪切强度试验

参照标准 ASTM D2344/D2344M，采用短梁三点弯曲试验测试复合管层间剪切强度，如图 6.12 所示。

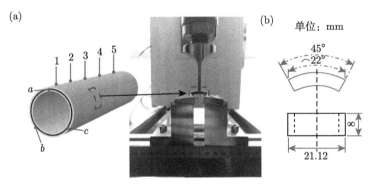

图 6.12　短梁三点弯曲层间剪切试验

(a) 试验过程；(b) 试样几何尺寸

复合管层间剪切过程的典型载荷–位移曲线可分为三个阶段：Ⅰ 阶段，曲线上升至最大载荷值，试样未见明显失效；进一步加载，试样开始发生分层失效，进入 Ⅱ 阶段，随着分层失效不断扩展，载荷值不断下降，直至层间完全张开；在 Ⅲ 阶段试样开始发生弯曲，载荷值重新上升，如图 6.13 所示。基于 Ⅰ 阶段的峰值载荷计算层间剪切强度。

复合管 H-2/1-S 的沿管径向方向层间剪切强度分布范围为 30~35 MPa，整体较稳定，沿管轴向方向层间剪切强度略有降低的趋势，这可能是由于在旋压成形过程中远离夹持固定端管坯易产生不稳定振动，对旋轮实际下压量产生影响，如图 6.14 所示。复合管 H-2/1-S 最终的层间剪切强度平均值为 31.0 MPa。相比之下，复合管 H-2/1-A 层间剪切强度沿管径向方向和轴向方向的数据离散程度较大，层间结合性能不稳定，层间剪切强度平均值为 17.8 MPa。该结果表明，强力旋压成形可有效提高复合管的层间性能，层间剪切强度提高了 74%且沿管径向和轴向方向均匀稳定分布。

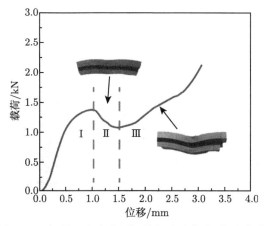

图 6.13　短梁三点弯曲层间剪切试验载荷–位移曲线

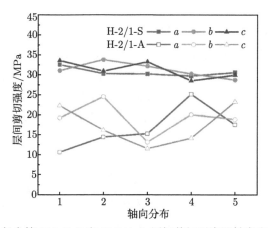

图 6.14　复合管 H-2/1-S 和 H-2/1-A 层间剪切强度沿轴向和径向分布

6.2　纤维金属复合管在准静态压溃条件下的性能特性与失效行为

本节重点探索基于强力旋压成形制备的 2/1 结构碳纤维环氧/铝合金复合管在准静态压溃条件下的失效行为与吸能特性，并和未经旋压成形的 2/1 结构的复合管、1/1 结构复合管进行对比分析。

6.2.1　试验方法与有限元模型的建立

1. 准静态轴向压溃试验方法

准静态轴向压溃试验在 30 t 万能试验机上于室温条件下完成，如图 6.15 所示。在试验过程中采用 4 mm/min 的恒定应变速率，为了对比研究每个试样的最终压溃位移，都设定为 75 mm，记录试样压溃过程中的变形失效模式。

图 6.15　准静态轴向压溃试验

2. 准静态轴向压溃有限元模型建立

准静态轴向压溃有限元模型如图 6.16 所示。试样被放置于以离散刚体建模的上下压板之间，其中下压板约束住所有方向的自由度，而上压板以一定速率向下移动。值得注意的是，在准静态压溃试验中采用的是 4 mm/min 的恒定应变速率，而在数值模拟中，考虑到计算效率，应变速率设置为 1 mm/s。

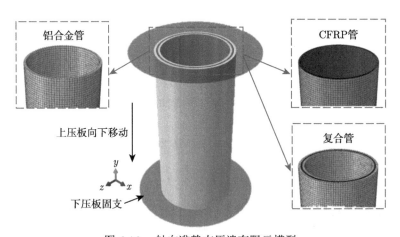

图 6.16　轴向准静态压溃有限元模型

6.2.2　吸能性能

根据准静态压溃试验得到的载荷–位移曲线计算获得五个评价吸能性能的指标 [9-11]，包括峰值压溃载荷 (peak crush force，PCF)、吸能 (energy absorption，EA)、平均压溃载荷 (mean crush force，F_{mean})、压溃载荷效率 (crush force efficiency，CFE) 和单位质量吸能或比吸能 (specific energy absorption，SEA)。下面以典型铝合金圆管准静态压溃载荷–位移曲线 (图 6.17) 为例介绍以上吸能性能评价指标的计算方法。

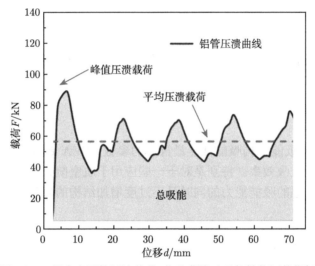

图 6.17　铝合金圆管压溃载荷–位移曲线及吸能性能评价指标

峰值压溃载荷 PCF 表示在压溃过程中达到的最大载荷值，通常吸能结构在轴向力作用下会出现一个较大的初始峰值载荷，但是过大的初始载荷可能会在吸能结构发挥缓冲吸能作用之前传递到其他重要部件或乘员身上，造成严重破坏和伤害，因此在设计吸能结构元件时通常需要降低初始峰值压溃载荷，从而提高结构的被动安全性。

吸能 EA 表示在压溃过程中，结构吸收的总能量即压溃载荷–位移曲线与坐标轴围成的面积 (图 6.17 中黄色区域部分)：

$$\text{EA} = \int_0^d F(x)\,\mathrm{d}x \tag{6.1}$$

式中，$F(x)$ 为压溃载荷；d 为压溃位移。吸能结构的 EA 值越高，其能量吸收能力越强。

平均压溃载荷 F_{mean} 表示压溃过程中载荷的平均值，是衡量吸能结构吸能能力的另一重要指标，用吸能 EA 除以压溃位移 d：

$$F_{\text{mean}} = \frac{\text{EA}}{d} \tag{6.2}$$

压溃力效率 CFE 表示平均压溃载荷 F_{mean} 与峰值压溃载荷 PCF 的比值，通常 CFE 大表明吸能结构吸能能力强而初始峰值压溃载荷较小，具有良好的碰撞安全性。

$$\text{CFE} = \frac{F_{\text{mean}}}{\text{PCF}} \tag{6.3}$$

单位质量吸能 SEA 表示吸能结构在单位质量下的能量吸收能力，用吸能 EA 除以吸能结构的总质量 m：

$$\text{SEA} = \frac{\text{EA}}{m} \tag{6.4}$$

SEA 是评价吸能结构吸能性能最重要的参数，SEA 越大表明吸能结构材料具有越高的能量吸收效率。特别是对于一些应用于航空航天等领域的吸能结构元件，在需要有较强的吸能能力的同时又不过度增加结构的质量，单位质量吸能性能显得尤为重要。

6.2.3　变形及失效模式

以下通过对比准静态轴向压溃试验与有限元仿真计算得到的载荷–位移曲线和变形失效模式，分析不同层间结合和结构构型条件下碳纤维环氧/铝合金复合管的压溃特性。

1. 准静态压溃试验结果

复合管 H-2/1-S 准静态压溃载荷–位移曲线和变形失效模式如图 6.18 所示，复合管压溃载荷–位移曲线可以分为两个阶段：弹性阶段和压溃变形失效阶段[图 6.18(a)]：在弹性阶段，曲线呈现出线性关系，压溃载荷迅速上升到初始峰值载荷 184.7 kN，此时复合管仅发生弹性变形，未见明显变形失效；在压溃载荷达到初始峰值载荷后，进入压溃变形失效阶段，内外铝合金层开始发生塑性变形，中间 CFRP 层开始发生失效，导致复合管承载力快速下降，从压溃过程中的失效变形模式可以看到，复合管形成第一个圆环状褶皱。随着压溃位移进一步增大，形成了第二个和第三个圆环状褶皱，并分别对应载荷–位移曲线第二个和第三个载荷峰值。当压溃位移达到 50 mm 时，复合管在底端开始发生失稳破坏，由于顶端开始的渐进压溃失效模式结束，压溃载荷降低并维持在平均压溃载荷值以下。从复合管 H-2/1-S 的最终变形失效模式 [图 6.18(b)] 可以看到，外铝合金管形成手风琴模式失效[12]，并有向钻石模式失效[13] 转变的趋势，内铝合金层变形模式为钻石模式。中间 CFRP 层主要呈现出由端部开始的渐进压溃失效模式，受到内外铝合金层的挤压作用，破碎程度充分，破碎产生的纤维碎屑填充于金属褶皱之间并且在压溃过程中被密实化。

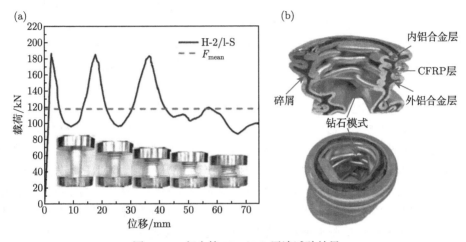

图 6.18 复合管 H-2/1-S 压溃试验结果

(a) 载荷–位移曲线；(b) 最终变形失效模式

复合管 H-2/1-A 准静态压溃载荷–位移曲线和变形失效模式如图 6.19 所示。在弹性阶段，压溃载荷线性上升到 180.2 kN；随着压溃进一步进行，铝合金层

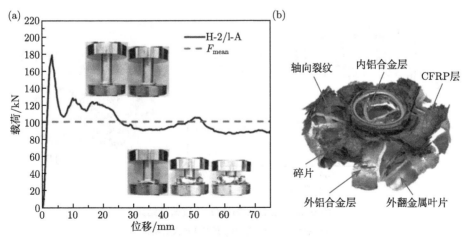

图 6.19 复合管 H-2/1-A 压溃试验结果

(a) 载荷–位移曲线；(b) 最终变形失效模式

和 CFRP 层从底部开始发生变形失效，压溃载荷迅速下降，进入压溃变形失效阶段。与复合管 H-2/1-S 相似的是，复合管 H-2/1-A 最先在底部形成一个圆环状褶皱，压溃载荷略有增大，但是随着压溃位移进一步增大，外铝合金层的裂纹沿管轴向扩展，将铝合金管分裂成若干个金属片，并在后续压溃过程中弯曲。从复合管 H-2/1-A 最终的变形失效模式 [图 6.19(b)] 可以看到，内铝合金层变形模式为钻石模式，由于外铝合金层被分裂成向外扩展的金属叶片，失去对中间 CFRP 层的束缚作用，CFRP 层在内铝合金层塑性变形的影响下，发生局部屈曲失效，并形成大块状的纤维碎片。CFRP 层在压溃过程中破碎程度不充分，未能充分发挥其承载的作用，导致复合管在压溃变形失效阶段的压溃载荷保持在一个较低水平。

复合管 H-1/1 准静态压溃载荷–位移曲线和变形失效模式如图 6.20 所示。在弹性阶段达到 88.5 kN 初始峰值载荷后，压溃变形失效起始于复合管底部，铝合金层发生塑性变形，CFRP 层产生破碎失效，导致压溃载荷快速下降。内铝合金层塑性变形形成的金属褶皱对外侧 CFRP 层产生挤压作用，CFRP 层发生局部屈曲式失效，被沿管轴向和周向扩展的裂纹撕裂成大的纤维碎片，由于缺少外部束缚，破碎程度不充分的纤维碎片只能向外扩展，未能充分发挥其承载作用，压溃载荷在平均压溃载荷值附近波动。根据最终变形失效模式 [图 6.20(b)]，内铝合金管变形模式为不规则钻石模式，CFRP 层发生局部屈曲并形成大的纤维碎片，承载能力较差。

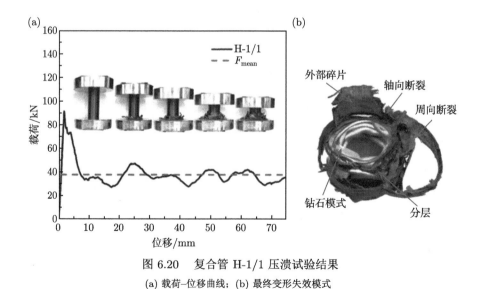

图 6.20　复合管 H-1/1 压溃试验结果

(a) 载荷–位移曲线；(b) 最终变形失效模式

复合管对应的单一结构铝合金管包括内铝合金管 Al-I 和外铝合金管 Al-O

的准静态压溃载荷–位移曲线和变形失效模式分别如图 6.21 和图 6.22 所示。内铝合金管 Al-I 和外铝合金管 Al-O 的载荷–位移曲线的变化趋势非常接近 [图 6.21(a) 和图 6.22(a)]，可以分为弹性变形阶段和塑性变形阶段。在弹性变形阶段，曲线快速线性地增大到峰值载荷，此阶段铝合金管只发生弹性变形；随后在铝合金管端部管壁发生弯曲进入塑性变形阶段，压溃载荷大幅度下降到平均压溃载荷值以下，随着塑性褶皱的形成，压溃载荷围绕平均压溃载荷值上下波动，形成一系列波峰和波谷，这一阶段也是铝合金管通过塑性变形吸收能量的主要阶段。最终铝合金管 Al-I 和 Al-O 的变形模式都呈现出典型的手风琴模式 [图 6.29(b) 和图 6.30(b)]。由于两铝合金管在外径和厚度尺寸上的差异以及外铝合金管经过旋压发生了加工硬化，压溃载荷和形成手风琴模式褶皱的数量略有差异。

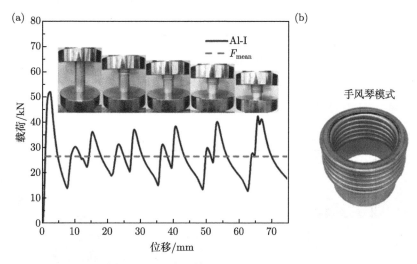

图 6.21　铝合金管 Al-I 压溃试验结果

(a) 载荷–位移曲线；(b) 变形失效模式

复合管对应的单一结构 CFRP 管准静态压溃载荷–位移曲线和变形失效模式如图 6.23 所示。在弹性阶段达到峰值载荷 36.1 kN 后，CFRP 管底部由于剧烈应力集中产生层间裂纹，将 CFRP 管分裂成向外和向内扩展的纤维碎片，压溃载荷迅速降低至平均压溃载荷，进入渐进压溃阶段。在随后的压溃过程中，沿 CFRP 管轴向方向 (0°) 的 CFRP 层破碎成碎屑，沿 CFRP 管径向方向 (90°) 的 CFRP 层断裂成长条状碎片，压溃载荷在平均压溃载荷值附近发生波动，这一阶段是 CFRP 管的主要吸能阶段。与铝合金管相比，CFRP 管从弹性阶段进入第二阶段的压溃位移更小 (约 2 mm)，表明 CFRP 管具有更快速的吸能能力；此外，不同于铝合金管的塑性变形，CFRP 管主要通过脆性断裂等吸收能量，在渐进压溃阶段压溃载荷更平稳。综合整个压溃失效过程和最终变形失效模式 [图 6.23(b)]，CFRP 管呈现出渐进失效模式。

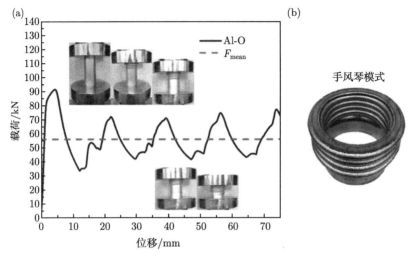

图 6.22 铝合金管 Al-O 压溃试验结果

(a) 载荷–位移曲线；(b) 变形失效模式

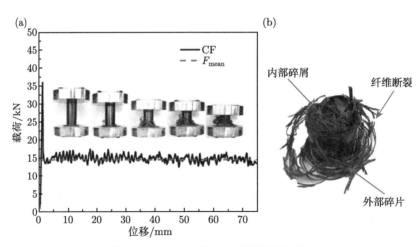

图 6.23 CFRP 管 CF 压溃试验结果

(a) 载荷–位移曲线；(b) 变形失效模式

基于以上压溃试验结果可知，复合管层间结合和结构构型对其压溃响应和变形失效模式有显著影响。1/1 结构复合管 H-1/1 受内铝合金层形成的钻石式褶皱影响，CFRP 层发生局部屈曲并形成大的纤维碎片，表现出较差的承载能力；未经旋压的 2/1 结构复合管 H-2/1-A 在压溃过程中外铝合金层被分裂成向外扩展的金属叶片，失去对中间 CFRP 层的束缚作用，使得 CFRP 层由渐进失效转变为屈曲失效并形成大的纤维碎片，承载能力下降；基于旋压成形的 2/1 结构复合管 H-2/1-S，内铝合金层变形模式表现为钻石模式，外铝合金层变形模式为手风琴模式，中间 CFRP 层在内外铝合金层和层间结合作用下发生渐进式失效，破碎程度充分，具有良好的承载能力。

碳纤维环氧/铝合金复合管及对应单一结构管吸能性能指标如表 6.2 所示。对于单一结构管，CFRP 管单位质量吸能 (42.6 kJ/kg) 远大于铝合金管 (26.4 kJ/kg 和 32.1 kJ/kg)，显示出碳纤维复合材料相比于铝合金更优异的单位质量吸能性能，但是 CFRP 管由于纤维复合材料脆性特点压溃力效率 (0.40) 低于铝合金管 (0.51 和 0.61)。对于碳纤维环氧/铝合金复合管，1/1 结构复合管 H-1/1 单位质量吸能 (27.7 kJ/kg) 略高于对应铝合金管 Al-I(26.4 kJ/kg)，远低于 CFRP 管 (42.6 kJ/kg)，其压溃力效率 (0.43) 相比 CFRP 管略有提高；2/1 结构复合管 H-2/1-A 的单位质量吸能 (33.4 kJ/kg) 和压溃力效率 (0.56) 均高于复合管 H-1/1，说明 2/1 结构复合管比 1/1 结构复合管在吸能性能上更有优势；基于强力旋压成形的 2/1 结构复合管 H-2/1-S，由于层间界面结合性能的改善，在复合管中获得了最优的单位质量吸能 (39.2 kJ/kg) 和压溃力效率 (0.64)，且相比于铝合金管其具有更好的单位质量吸能性能，相比于 CFRP 管克服了纤维复合材料的脆性，具有更高的压溃力效率，单位质量吸能最接近于 CFRP 管。

表 6.2 碳纤维环氧/铝合金复合管及单一结构管吸能性能指标

试样		PCF/kN	EA/kJ	F_{mean}/kN	CFE	SEA/(kJ/kg)
复合管	H-1/1	88.5	2.8	37.8	0.43	27.7
	H-2/1-A	180.1	7.6	101.6	0.56	33.4
	H-2/1-S	184.7	8.8	117.6	0.64	39.2
单一结构管	Al-I	52.0	2.0	26.4	0.51	26.4
	Al-O	91.6	4.2	56.1	0.61	32.1
	CF	36.1	1.1	14.6	0.40	42.6

2. 准静态压溃有限元仿真结果

基于强力旋压成形的 2/1 结构碳纤维环氧/铝合金复合管 H-2/1-S 有限元模拟与试验对比结果如图 6.24 所示。模拟和试验载荷–位移曲线在整体趋势上较接近，但在压溃中后期曲线波峰上略有差异，这主要是由于在模拟中填充在金属褶皱中的碳纤维碎片部分单元被删除，导致载荷值偏低。复合管呈现出渐进失效模式，如图 6.24(b) 所示，模拟和试验所获复合管的失效特征较为一致。

根据复合管 H-2/1-A 层间性能的表征结果，其外铝合金层与 CFRP 层间存在大量分层缺陷，层间结合性能沿管轴向和径向分布不稳定，但是这在实际模拟建模时是难以实现的。为此本研究在复合管 H-2/1-A 的外铝合金层和 CFRP 层之间直接定义通用接触摩擦行为而无层间界面结合来近似代替。由图 6.25(a) 的载荷–位移曲线可以看出模拟与试验曲线趋势接近，但是模拟中复合管 H-2/1-A 压溃载荷更低；变形失效模式 [图 6.25(b)] 上，内铝合金层同样表现出钻石模式，外铝合金层被撕裂成大的铝合金碎片。

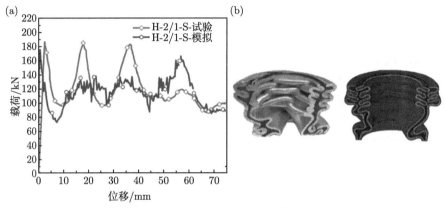

图 6.24   复合管 H-2/1-S 试验与模拟结果对比

(a) 载荷–位移曲线；(b) 变形失效模式

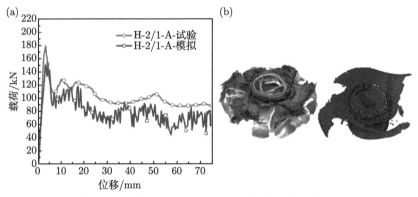

图 6.25   复合管 H-2/1-A 试验与模拟结果对比

(a) 载荷–位移曲线；(b) 变形失效模式

1/1 结构碳纤维环氧/铝合金复合管 H-1/1 有限元模拟与试验对比结果如图 6.26 所示。载荷–位移曲线趋势模拟和试验较为接近 [图 6.26(a)]；变形失效模式 [图 6.26(b)] 上，模拟中内铝合金层表现出钻石式变形模式，CFRP 层与内铝合金层发生分层失效，并形成大的纤维碎片，与试验所得变形失效模式相符合。

单一铝合金管和碳纤维复合材料管准静态压溃过程的有限元分析与试验结果基本一致。如图 6.27(b) 所示，铝合金管呈现出手风琴式变形模式，CFRP 管则由端部开始呈现出渐进压溃失效模式, 如图 6.28(b) 所示, 并被分裂成向外和向内扩展的纤维碎片。

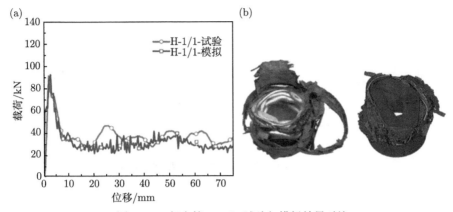

图 6.26 复合管 H-1/1 试验与模拟结果对比

(a) 载荷–位移曲线; (b) 变形失效模式

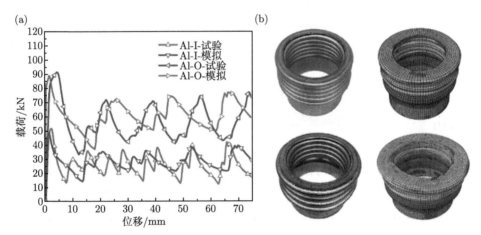

图 6.27 铝合金管 Al-I 和 Al-O 试验与模拟结果对比

(a) 载荷–位移曲线; (b) 变形失效模式

根据碳纤维环氧/铝合金复合管及单一结构管模拟仿真获得的载荷–位移曲线, 分别计算得到各自吸能性能评价指标并与试验对比, 如表 6.3 所示。结果表明, 在峰值压溃载荷 PCF、吸能 EA、平均压溃载荷 F_{mean}、压溃力效率 CFE 和单位质量吸能 SEA 等方面, 模拟仿真与试验误差值在可接受范围内, 因此建立的有限元模型能够较好地仿真预测复合管及对应单一结构管的吸能性能。

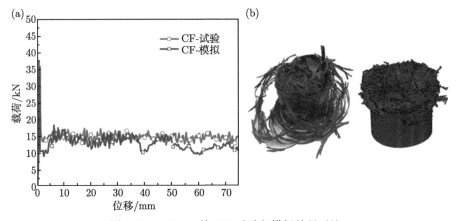

图 6.28　CFRP 管 CF 试验与模拟结果对比

(a) 载荷–位移曲线；(b) 变形失效模式

表 6.3　吸能性能评价指标试验和模拟结果对比

试样	类型	PCF/kN	EA/kJ	F_{mean}/kN	CFE	SEA/(kJ/kg)
Al-I	试验	52.0	2.0	26.4	0.51	26.4
	模拟	49.0	2.1	28.5	0.58	28.0
Al-O	试验	91.6	4.2	56.1	0.61	32.1
	模拟	89.2	4.5	60.5	0.68	34.3
CF	试验	36.1	1.1	14.6	0.40	42.6
	模拟	33.0	1.0	13.1	0.35	38.4
H-1/1	试验	88.5	2.8	37.8	0.43	27.7
	模拟	92.2	2.5	34.2	0.38	25.1
H-2/1-A	试验	180.1	7.6	101.6	0.56	33.4
	模拟	153.7	6.1	81.5	0.53	26.8
H-2/1-S	试验	184.7	8.8	117.6	0.64	39.2
	模拟	175.8	8.6	115.0	0.65	37.9

6.2.4　吸能机制

本节通过分析基于强力旋压成形的 2/1 结构碳纤维环氧/铝合金复合管 H-2/1-S 在压溃过程中的层间分层失效、复合管复合效应以及 CFRP 层损伤失效和各层的能量吸收贡献，同时对比 2/1 结构复合管 H-2/1-A 和 1/1 结构复合管 H-1/1，进一步揭示碳纤维环氧/铝合金复合管在准静态轴向压溃条件下的吸能机制。

复合管 H-2/1-S 在准静态压溃试验过程中整体表现出由端部开始的渐进失效模式，如图 6.29 所示。借助有限元模拟分析压溃位移分别为 0 mm、20 mm、

40 mm、60 mm、75 mm 时内铝合金层、外铝合金层和 CFRP 层层间分层失效情况，分别如图 6.30∼图 6.32 所示。调取变量 CSDMG 表征界面分层失效行为，CSDMG=1 代表发生完全分层失效，CSDMG=0 代表还未发生分层失效，其他区域 (0<CSDMG<1) 表示分层失效开始发生或部分损伤。可以看到，当压溃位移为 20 mm 时，在复合管的顶端和底端，铝合金层与 CFRP 层以及 CFRP 层之间发生完全分层失效，其他区域处于分层失效起始阶段；随着压溃位移进一步增大 (20∼60 mm)，底端分层失效区域变化较小，而顶端逐渐向中部区域扩展；当压溃位移为 75 mm 时，铝合金层与 CFRP 层及 CFRP 层之间完全发生分层失效。值得注意的是，在压溃过程中分层失效由变形失效区域向未变形失效区域扩展，这种层间的分层失效扩展势必会吸收能量。此外，内铝合金层变形模式表现为钻石模式，外铝合金层变形模式表现为手风琴模式，而 CFRP 层发生渐进式失效模式，破碎程度较充分。

图 6.29　复合管 H-2/1-S 压溃过程中的变形失效模式

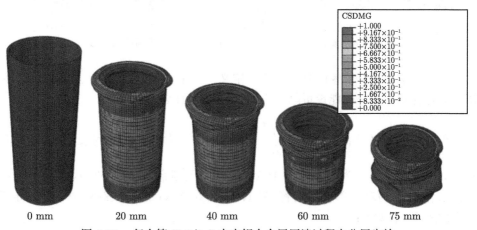

图 6.30　复合管 H-2/1-S 中内铝合金层压溃过程中分层失效

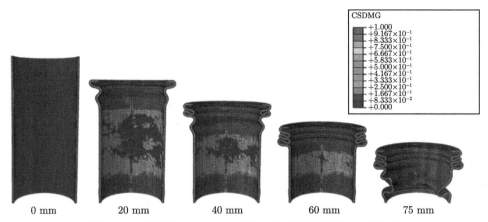

图 6.31　复合管 H-2/1-S 中外铝合金层压溃过程中分层失效

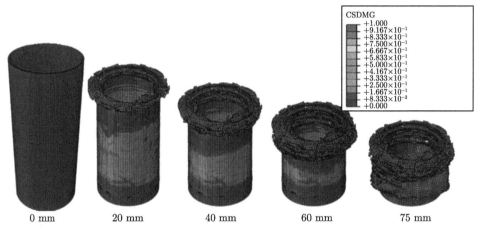

图 6.32　复合管 H-2/1-S 中 CFRP 层压溃过程中分层失效

为了定量表征复合管的复合效应, 定义了一个基于能量的相互作用 $\mathrm{EA}_{\mathrm{int}}$ 来衡量复合管复合效应的能量贡献大小, 以复合管 H-2/1-S 为例:

$$\mathrm{EA}_{\mathrm{int}} = \int_0^d F(x)_{\mathrm{H\text{-}2/1\text{-}S}}\,\mathrm{d}x - \int_0^d \left[F(x)_{\mathrm{Al\text{-}I}} + F(x)_{\mathrm{CF}} + F(x)_{\mathrm{Al\text{-}O}} \right]\mathrm{d}x \quad (6.5)$$

式中, $F(x)_{\mathrm{H\text{-}2/1\text{-}S}}$ 为复合管 H-2/1-S 的压溃载荷值; $F(x)_{\mathrm{Al\text{-}I}}$、$F(x)_{\mathrm{CF}}$、$F(x)_{\mathrm{Al\text{-}O}}$ 分别为对应单一结构管 Al-I、CF 和 Al-O 的压溃载荷值。同时定义复合效应率 S_{e} 如下:

$$S_{\mathrm{e}} = \frac{\mathrm{EA}_{\mathrm{int}}}{\displaystyle\int_0^d \left[F(x)_{\mathrm{Al\text{-}I}} + F(x)_{\mathrm{CF}} + F(x)_{\mathrm{Al\text{-}O}} \right]\mathrm{d}x} \times 100\% \quad (6.6)$$

复合管 H-2/1-S 复合效应分析如图 6.33 所示，将复合管 H-2/1-S 对应的单一结构管载荷–位移曲线叠加并与复合管载荷–位移曲线对比，如图 6.33(a) 所示；随后将载荷–位移曲线积分，得到吸收能量–位移曲线，如图 6.33(b) 所示，从而分析所有试样在压溃过程中的能量吸收。可以发现，在整个压溃过程中除了压溃后期的小部分区域，复合管 H-2/1-S 的载荷–位移曲线都高于对应单一结构管叠加 (Al-I+CF+Al-O) 的载荷–位移曲线，说明复合管的复合效应使得其在压溃载荷上与单一结构管叠加和相比取得了良好的增强效果。一方面，经过旋压成形工艺复合管中铝合金层与 CFRP 层之间取得了良好的界面结合，由于碳纤维复合材料的强度远大于铝合金的屈服强度，在压溃过程中铝合金层上的应力通过界面传递到 CFRP 层上，因此提高了铝合金层压溃变形时形成塑性褶皱的应力，从而需要更大的压溃载荷使其发生塑性变形。另一方面，在内外铝合金层的束缚作用下避免了 CFRP 层发生屈曲、横向剪切等不稳定的失效模式，而是通过铝合金层的塑性变形引导 CFRP 层产生渐进失效，同时由铝合金层上传递到 CFRP 层上的应力又增大了其破碎程度，充分发挥了 CFRP 层的承载吸能作用。通过吸收能量–位移曲线 [图 6.33(b)]，可以看到在压溃过程中复合管 H-2/1-S 吸收能量高于对应单一结构管吸收能量之和，最终 EA_{int} 为 1.5 kJ，比单一结构管吸收能量之和提高了 21%，因此复合管 H-2/1-S 凭借其结构构型和层间结合性能，充分发挥了各组分材料优势，取得了良好的复合效应。

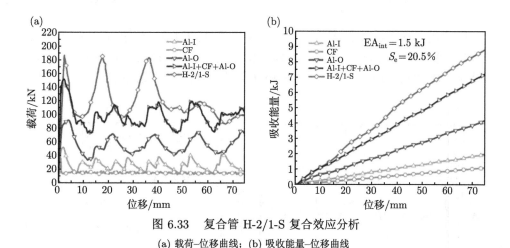

图 6.33 复合管 H-2/1-S 复合效应分析

(a) 载荷–位移曲线；(b) 吸收能量–位移曲线

将复合管 H-2/1-S 和 H-2/1-A 最终压溃得到的 CFRP 层及其中的 0° 和 90° CFRP 单层提取，如图 6.34 所示。在实际压溃模拟过程中复合管 H-2/1-S 由顶端开始发生变形失效，而复合管 H-2/1-A 由底端开始发生变形失效，这主要是由于缺少触发角带来的变形失效起始偶然性，但不影响整体失效模式的分析，为了方便对比分析，这里调整视图使得 CFRP 层损伤失效的区域统一于顶端。图中红色区域代表 CFRP 层完全发生损伤失效，蓝色区域代表未发生损伤失效，为防止单元过度扭曲畸变，部分完全损伤失效单元被删除，因而 CFRP 层上显示出一些孔洞。可以看到，复合管 H-2/1-S 中的 CFRP 层发生渐进式失效，破碎程度充分，复合管 H-2/1-A 中的 CFRP 层主要呈现出局部屈曲失效，损伤失效程度减小，导致 CFRP 层承载吸能能力降低。

图 6.34　复合管 H-2/1-S 和 H-2/1-A 中 CFRP 层损伤失效情况

因此复合管 H-2/1-A 复合效应小于复合管 H-2/1-S，如图 6.35 所示。在压溃前期，复合管 H-2/1-A 载荷–位移曲线高于单一结构管叠加和 [图 6.35(a)]。当压溃位移增大到 25 mm 时，两曲线相互交叉，复合管压溃载荷低于单一结构管

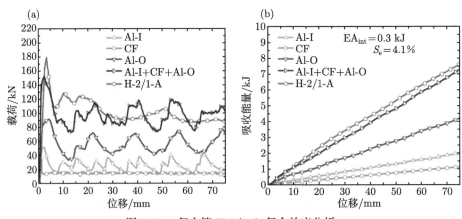

图 6.35　复合管 H-2/1-A 复合效应分析

(a) 载荷–位移曲线；(b) 吸收能量–位移曲线

叠加的载荷，主要原因是外铝合金层与 CFRP 层间结合性能较差，压溃时铝合金层中的应力无法传递到中间 CFRP 层，且 CFRP 层的失效对外铝合金层产生严重挤压作用，超过铝合金层的断裂极限时发生破坏。外铝合金层开裂并形成向外扩展的金属叶片，失去了对 CFRP 层的束缚作用，使得 CFRP 层在内铝合金层形成的钻石式褶皱影响下由渐进式失效转变为局部屈曲式失效，CFRP 层承载吸能能力下降。在压溃过程中，复合管吸收能量曲线略高于单一结构管叠加，最终 EA_{int} 为 0.3 kJ，比单一结构管吸收能量之和提高了 4.1%[图 6.35(b)]。比较复合管 H-2/1-S 和 H-2/1-A 的复合效应，可以发现 2/1 结构复合管凭借构型优势而具有良好的复合效应，使得压溃过程中复合管吸收能量大于对应单一结构管吸收能量之和，但是层间界面结合性能对其复合效应具有重要影响，基于强力旋压成形具有良好层间界面结合的复合管 H-2/1-S 的复合效应能量是复合管 H-2/1-A 的 5 倍。

复合管 H-1/1 表现出最差的复合效应，如图 6.36 所示。在渐进压溃阶段，复合管 H-1/1 载荷–位移曲线整体低于其对应单一结构管叠加的载荷–位移曲线[图 6.36(a)]，当压溃位移大于 17 mm 时，复合管吸收能量低于单一结构管吸收能量之和。由于复合管 H-1/1 中的 CFRP 层在渐进压溃阶段受到内铝合金层塑性变形影响发生局部屈曲，形成大块状纤维碎片，承载吸能能力较差；而单一 CFRP 管中 CFRP 层发生渐进失效，破坏程度充分，其承载吸能能力相对较大，因而复合管整体承载吸能性能低于单一结构管叠加和。最终 EA_{int} 为 0.3 kJ，比单一结构管吸收能量之和降低了 9.6%[图 6.36(b)]，表明 1/1 结构复合管无法发挥单一结构材料优势，是一种复合效应较差的碳纤维环氧/铝合金复合管构型。

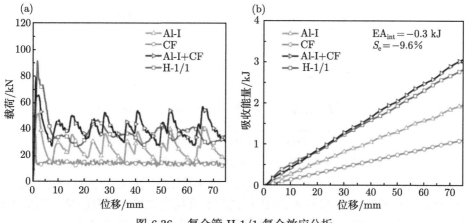

图 6.36　复合管 H-1/1 复合效应分析

(a) 载荷–位移曲线；(b) 吸收能量–位移曲线

最后,基于有限元模拟分析复合管中各层内能贡献。复合管在压溃过程中的总吸收能量主要包括内能和摩擦能等,且内能占总吸收能量的主要部分,而内能主要来源于各层的变形失效 (铝合金层塑性变形、CFRP 层损伤失效) 所吸收的能量。提取复合管 H-1/1、H-2/1-A 和 H-2/1-S 及对应单一结构管中铝合金层和 CFRP 层的内能,如图 6.37 所示,可以发现复合管 H-1/1 中,铝合金层内能为 1632 J,高于单一铝合金管内能 (1495 J),但是 CFRP 层内能为 502 J,低于单一 CFRP 管内能 (796 J),这是由于 H-1/1 复合管中 CFRP 层局部屈曲失效导致承载吸能能力低于单一 CFRP 管渐进失效时的承载吸能能力。复合管 H-2/1-A 中,内外铝合金层和 CFRP 层内能分别为 1651 J、675 J 和 2632 J,外铝合金层在压溃过程中分裂成大的金属叶片,断裂和金属叶片弯曲耗散的能量低于单一铝合金管形成金属褶皱时塑性变形消耗的能量;CFRP 层发生局部屈曲失效,具有相对较低的承载吸能能力而使得内能低于单一 CFRP 管。复合管 H-2/1-S 中的内外铝合金层内能分别为 1698 J 和 3494 J,高于单一铝合金管的内能,复合管 H-2/1-S 中的内外铝合金层在压溃过程中通过层间界面作用将应力传递到 CFRP 层中,提高了铝合金层的弯曲刚度,因而需要更大的压溃力使得铝合金层产生变形形成金属褶皱,从而提高了铝合金层压溃时消耗的能量,内能变大;此外相比复合管 H-1/1 和 H-2/1-A 以及单一 CFRP 管,复合管 H-2/1-S 中 CFRP 层内能最大 (1046 J),在内外铝合金层的作用下 CFRP 层发生渐进式失效,且层间界面的应力传递作用使得 CFRP 层所受应力增大,充分发挥了其承载吸能作用。

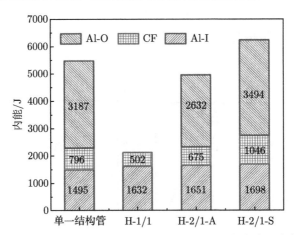

图 6.37 复合管及单一结构管中 CFRP 层和铝合金层内能

综上所述,基于强力旋压成形的 2/1 结构碳纤维环氧/铝合金复合管 H-2/1-S 中铝合金层与 CFRP 层以及 CFRP 层之间的分层失效扩展耗散能量;CFRP 层在内外铝合金层和层间界面结合作用下发生破碎程度充分的渐进式失效,损伤失效程度最大,充分发挥了其承载吸能作用;复合管中内外铝合金层和 CFRP 层在压溃过程中比对应单一结构管贡献了更大的内能，在这些条件的共同作用下复合管充分发挥了各组分材料优势，吸收能量比对应单一结构管之和提高了 21%，因而具有最优异的吸能性能。

6.3 纤维金属复合管在多角度冲击条件下的性能特性与失效行为

基于强力旋压成形的 2/1 结构碳纤维环氧/铝合金复合管 H-2/1-S 在准静态轴向压溃条件下具有优异的吸能特性。然而在实际碰撞环境中吸能结构通常更多承受轴向和斜向的冲击载荷，本节基于有限元模拟仿真预测复合管 H-2/1-S 及对应单一结构管在多角度 (0° ~ 20°) 冲击条件下的吸能特性，同时对比准静态轴向压溃，揭示轴向加载速率和冲击加载角度对吸能特性的影响。

6.3.1 有限元模型的建立

与 6.2.1 节类似，多角度冲击有限元模型如图 6.38 所示，试样被放置在刚性的下压板上，上压板的平面方向与水平方向成 θ 角以 10 m/s 的速度垂直向下加载，当压溃位移达到 75 mm 时停止。本节中冲击加载角度 θ 分别设为 0°、5°、10°、15° 和 20°，其中 θ 为 0° 时即为沿试样轴向冲击压溃。在冲击载荷作用下，加载速度远大于准静态，试样易于发生失稳，难以研究其变形失效规律，因此在所有试样的上端部采用变高度阶梯法设置了 45° 外倒角作为触发角。此外，冲击工况会降低平板与试样间的摩擦系数，重新定义摩擦系数为 0.15 的通用接触来模拟试样和上下压板之间的接触行为以及可能相互接触到的表面。

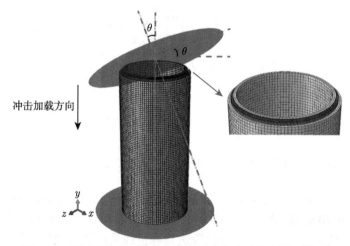

图 6.38 碳纤维环氧/铝合金复合管多角度冲击有限元模型

6.3.2　变形及失效模式

复合管 H-2/1-S 在轴向准静态和多角度冲击条件下的载荷–位移曲线和最终变形失效模式分别如图 6.39 和图 6.40 所示。复合管在轴向准静态和冲击条件下表现出不同的载荷–位移曲线响应和变形失效模式：在轴向冲击条件下复合管峰值载荷略高于轴向准静态，这是由于冲击的加载特性导致峰值载荷增大；在压溃初期曲线表现出锯齿状振荡，这是由于在冲击过程中 CFRP 层发生快速破坏，导致瞬时载荷值快速下降，随后压溃接触到未发生破坏的 CFRP 层时载荷值又会大幅度上升，如此使得曲线表现出锯齿状振荡；复合管在轴向准静态条件下整体呈现出手风琴式变形模式，在压溃后期有向钻石模式转变的趋势，但在轴向冲击条件下，初期形成一个手风琴式褶皱后复合管变形模式完全转变为钻石模式。因此，轴向加载速率的增大导致峰值载荷增大，压溃初期曲线表现出锯齿状振荡，复合管整体变形模式由手风琴式转变为钻石模式。在多角度冲击条件下，随着加载角度的增大，载荷–位移曲线趋于平稳，压溃载荷降低；冲击加载角度的增大导致复合管变形向右发生偏移，形成的钻石模式褶皱逐渐转变为不规则的钻石模式，当加载角度为 20° 时，复合管变形模式完全呈现出不规则钻石模式。因此冲击加载角度对复合管压溃特性有较大影响，加载角度的增大使得载荷–位移曲线趋于平稳，压溃载荷降低，整体变形模式向不规则钻石模式转变。

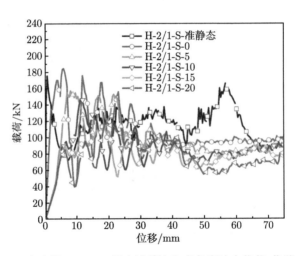

图 6.39　复合管 H-2/1-S 轴向准静态和多角度冲击载荷–位移曲线

铝合金管在轴向准静态和多角度冲击条件下的载荷–位移曲线和最终变形失效模式分别如图 6.41 和图 6.42 所示。铝合金管在轴向准静态和冲击条件下的载荷–位移曲线趋势基本一致：在弹性段达到峰值载荷后进入塑性变形阶段，压溃载荷随着金属褶皱的形成发生上下振荡；轴向准静态压溃下铝合金管变形模式为典

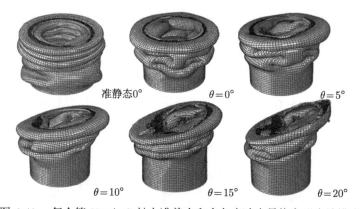

图 6.40 复合管 H-2/1-S 轴向准静态和多角度冲击最终变形失效模式

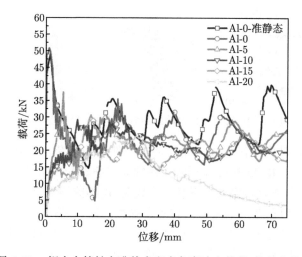

图 6.41 铝合金管轴向准静态和多角度冲击载荷–位移曲线

型的轴对称手风琴模式，轴向冲击下铝合金管变形模式在压溃初期呈现出手风琴模式，在压溃后期有向非对称钻石模式转变的趋势，导致压溃载荷略有降低。不过总体上看，铝合金管在轴向准静态和冲击条件下载荷–位移响应和变形模式较为接近，表明加载速率对铝合金管轴向压溃特性影响较小。然而在多角度冲击条件下，铝合金管载荷–位移曲线和变形模式发生了明显的变化。加载角度为 5°～20° 时，曲线直线上升式的弹性阶段消失，这主要是因为在轴向加载下平板压头与铝合金管为面接触，而斜向加载角度的存在使得压头与铝合金管变为线接触，受力面积的减小使得铝合金管弹性段承载能力下降而提早进入塑性变形阶段。随着加载角度的增大，曲线峰值载荷降低，在塑性变形阶段压溃载荷趋于平稳，曲线波峰波谷不明显，这与铝合金管变形模式由手风琴模式逐渐向钻石模式转变有关；当加载角度为 15° 时，铝合金管变形模式为不规则钻石模式；加载角度为 20° 时，铝合金管产生较大横向变形，压溃过程中发生失稳，出现欧拉屈曲模式，失去承载能力，导致在压溃位移为 25 mm 后进入塑性变形阶段，载荷值急剧下降。因此，加载速率对铝合金管轴向压溃特性影响较小；冲击加载角度对铝合金管压溃特性有显著影响，随着加载角度的增大，铝合金管变形模式由手风琴模式向钻石模式转变，直至发生欧拉屈曲，使得峰值载荷降低，塑性变形段载荷趋于平稳。

图 6.42　铝合金管轴向准静态和多角度冲击最终变形失效模式

　　CFRP 管在轴向准静态和多角度冲击条件下的载荷–位移曲线和最终变形失效模式分别如图 6.43 和图 6.44 所示。在轴向准静态和冲击条件下 CFRP 管失效模式较为接近，都表现出渐进失效模式。载荷–位移曲线可以分为弹性阶段和渐进压溃失效阶段，但存在一些差异：首先在弹性阶段，冲击的峰值载荷显著高于准静态，这主要是受冲击惯性和应变速率的影响，纤维复合材料中纤维对应变速率不敏感，但树脂基体的刚度和断裂应变通常与应变速率有关[14]，所以本节中冲击加载速度为 10 m/s(应变速率约为 $100\ \mathrm{s}^{-1}$)，使得初始峰值载荷升高；其次，冲击的载荷波动大于准静态，特别是在渐进压溃失效阶段的初期，曲线表现出明显的锯齿状，由于冲击的加载特性不同于准静态，在冲击压溃过程中，CFRP 管非常快速地发生破坏，导致管壁和平板压头之间出现间隙，瞬时载荷快速下降，随着压头向下移动再次接触管壁，载荷又迅速升高，如此循环往复使得载荷–位移曲线表现出锯齿状振荡。在多角度冲击条件下，CFRP 管从与压头接触的左端部开始发生破坏，曲线弹性段消失，峰值载荷降低；在压溃过程中，受加载角度的影响，CFRP 管向右侧形成大块状纤维碎片，且加载角度越大此现象越明显，破碎程度不充分的纤维碎片使得 CFRP 管承载能力下降，压溃载荷降低。因此，轴向加载速率和冲击加载角度对 CFRP 管压溃特性都有较大影响，加载速率的增大使得峰值载荷升高，压溃初期曲线表现出锯齿状振荡；冲击加载角度的增大导致 CFRP 管易于向一侧形成纤维碎片，压溃载荷降低。

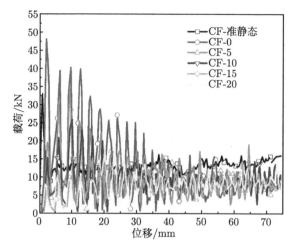

图 6.43　CFRP 管轴向准静态和多角度冲击载荷–位移曲线

图 6.44　CFRP 管轴向准静态和多角度冲击最终变形失效模式

6.3.3　吸能性能

铝合金管、CFRP 管和复合管的轴向准静态和多角度冲击吸能性能如表 6.4 所示。

轴向加载速率和冲击加载角度对铝合金管、CFRP 管和复合管峰值载荷 PCF 的影响如图 6.45 所示。铝合金管、CFRP 管和复合管在轴向冲击条件下的峰值载荷相比准静态都增大，但 CFRP 管和复合管的增长幅度明显大于铝合金管，主要是碳纤维复合材料的应变速率敏感性导致的。在多角度冲击条件下，随着加载角度的增大，这三种管的峰值载荷整体都呈下降趋势，其中铝合金管和 CFRP 管的下降幅度较接近，而复合管下降幅度最大，峰值载荷由 184.7 kN 降低到 111.2 kN，这主要是由于在轴向冲击条件下，复合管具有最大的承载受力面积，一旦以斜向角度加载，面接触转变为线接触，其受力面积减少最大，使得初期峰值载荷大幅度降低。但是由 6.2.2 节吸能性能评价指标可知，在不影响其他吸能性能的情况下，峰值载荷的降低有利于发挥吸能结构对其他结构和乘员的保护作用。所以下面接着分析压溃力效率和单位质量吸能。

表 6.4　铝合金管、CFRP 管和复合管轴向准静态和多角度冲击吸能性能

试样		类型	PCF/kN	EA/kJ	F_{mean}/kN	CFE	SEA/(kJ/kg)
铝合金管	静态	Al-0	49.0	2.1	29.0	0.59	28.0
	冲击	Al-0	50.9	1.8	23.5	0.46	23.5
		Al-5	37.6	1.7	22.5	0.60	22.5
		Al-10	29.2	1.6	21.3	0.73	21.3
		Al-15	30.6	1.4	19.3	0.63	19.3
		Al-20	24.3	0.9	12.2	0.50	12.2
CFRP 管	静态	CF-0	33.0	1.0	13.2	0.40	38.4
	冲击	CF-0	48.2	0.9	12.0	0.25	35.1
		CF-5	34.6	0.8	10.2	0.29	29.8
		CF-10	25.9	0.7	9.1	0.35	26.5
		CF-15	15.7	0.6	7.6	0.49	22.4
		CF-20	18.3	0.6	7.5	0.41	22.1
复合管	静态	H-2/1-0	175.8	8.6	115.0	0.65	37.9
	冲击	H-2/1-0	184.7	7.9	105.2	0.57	35.0
		H-2/1-5	157.4	7.3	96.9	0.62	32.3
		H-2/1-10	146.1	6.4	85.6	0.59	28.5
		H-2/1-15	111.2	5.9	78.8	0.71	26.3
		H-2/1-20	118.3	5.7	75.7	0.64	25.2

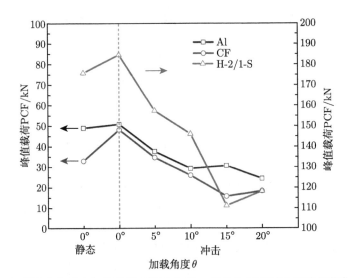

图 6.45　加载速率和冲击加载角度对铝合金管、CFRP 管和复合管峰值载荷的影响

如图 6.46 所示,在轴向载荷作用下,加载速率增大导致峰值载荷增大,因而铝合金管、CFRP 管和复合管压溃力效率都不同程度降低。随着冲击加载角度的增大,峰值载荷降低,压溃力效率又表现出升高趋势。铝合金管的压溃力效率在冲击加载角度为 10° 时达到最大值 (0.73),然而随着加载角度进一步增大 (10° ~20°),铝合金管产生较大横向变形直至发生欧拉屈曲失去承载能力,平均压溃载荷降低,导致压溃力效率大幅度降低 (0.50~0.73)。CFRP 管和复合管的压溃力效率都在加载角度为 15° 时达到最大值 (0.49 和 0.71),但是复合管在轴向准静态和多角度冲击条件下的压溃力效率都大于 CFRP 管,说明复合管比 CFRP 管压溃载荷更平稳。所以与铝合金管相比,复合管压溃力效率受加载速率和冲击角度影响程度更小,不会因结构失稳而导致压溃力效率大幅度下降;复合管压溃力效率在任何加载条件下都大于 CFRP 管。因此从压溃力效率角度来讲,复合管压溃力效率高且受加载速率和冲击角度影响程度小,更适合作为吸能结构应用。

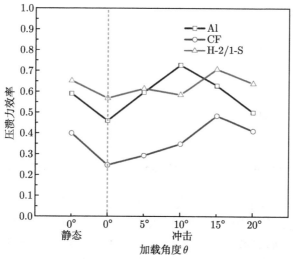

图 6.46 加载速率和冲击加载角度对铝合金管、CFRP 管和复合管压溃力效率的影响

铝合金管、CFRP 管和复合管的单位质量吸能能力都会随着加载速率的增大和冲击加载角度的增大而降低,但其降低的幅度或受影响的程度不相同,如图 6.47 所示。在轴向准静态和多角度冲击条件下,CFRP 管和复合管的单位质量吸能都高于铝合金管,且当冲击加载角度为 20°,铝合金管发生欧拉失稳造成单位质量吸能大幅度降低,因而显示出碳纤维复合材料结构相比金属铝结构在单位质量吸能性能上的优势;对比 CFRP 管和复合管,轴向准静态条件下两者单位质量吸能较接近,分别为 38.4 kJ/kg 和 37.9 kJ/kg,加载速率的增大使得两者单位质量吸能降低且降低幅度接近,但是随着冲击加载角度的增大,CFRP 管

单位质量吸能从 35.1 kJ/kg 降低到 22.1 kJ/kg，而复合管从 35.0 kJ/kg 降低到 25.2 kJ/kg，显然 CFRP 管的单位质量吸能性能更易受到冲击角度的影响而降低。在冲击加载角度为 0° ～ 20° 时，复合管的单位质量吸能一直高于 CFRP 管和铝合金管。因此从单位质量吸能角度来看，复合管的单位质量吸能始终高于铝合金管；与 CFRP 管相比，复合管受加载速率和冲击角度的影响程度更小，在冲击加载角度为 0° ～ 20° 时仍保持着较高的单位质量吸能能力，因而复合管更能满足多角度冲击条件下吸能性能要求。

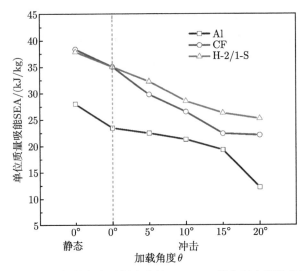

图 6.47　　加载速率和冲击加载角度对铝合金管、CFRP 管和复合管单位质量吸能的影响

通过以上基于有限元模拟的复合管 H-2/1-S 及其对应单一结构管轴向准静态和多角度冲击条件下吸能特性仿真预测可知：轴向加载速率增大对铝合金管和 CFRP 管的变形失效模式影响不大，但复合管整体变形模式由手风琴模式向钻石模式转变；轴向加载速率增大使得铝合金管、CFRP 管和复合管压溃力效率和单位质量吸能都降低，但复合管仍保持较高的压溃力效率和单位质量吸能，因此复合管在轴向冲击条件下具有更好的吸能性能优势。冲击加载角度对铝合金管、CFRP 管和复合管变形失效模式都有影响：加载角度增大使得铝合金管变形模式由手风琴模式向钻石模式转变，最终发生欧拉屈曲失稳；CFRP 管在冲击角度作用下易于向一侧形成大块状纤维碎片；复合管整体变形模式则由钻石模式向不规则钻石模式转变，但在最大冲击角度下也未发生失稳。冲击加载角度都不同程度降低了铝合金管、CFRP 管和复合管的吸能性能，但是复合管仍能保持较稳定的压溃力效率和较高的单位质量吸能，加载角度对其吸能性能的影响被明显减弱。

6.3.4 吸能机制

将 6.3.1 节中复合管 H-2/1-S 中的 CFRP 层单独提取出来并与单一 CFRP 管中 CFRP 层损伤失效对比, 分别如图 6.48 和图 6.49 所示。结果表明, 复合管 H-2/1-S 和单一 CFRP 管中的 CFRP 层都表现出由端部开始的渐进式失效, 但损伤失效程度不相同, 准静态比冲击条件下的 CFRP 层损伤破坏面积大, 随着冲击加载角度的增大, CFRP 层损伤失效面积在减小, 这是轴向加载速率和冲击加载角度增大导致复合管和 CFRP 管吸能性能降低的原因。在相同加载条件下复合管中的 CFRP 层比单一 CFRP 管中的 CFRP 层损伤失效程度大; 多角度冲击条件下, 受内外铝合金层和层间界面结合的作用, 复合管中的 CFRP 层虽向右侧发生变形, 但与单一 CFRP 管中的 CFRP 层失效不同的是, 其渐进失效程度充分, 未形成大块状纤维碎片。因此, 不管在轴向准静态还是多角度冲击条件下, 复合管的构型优势更有利于 CFRP 层产生破碎程度充分的渐进失效模式, 从而更有效发挥 CFRP 层承载吸能作用, 削弱轴向加载速率和冲击加载角度增大对吸能性能的影响。此外, 虽然复合管 H-2/1-S 和单一铝合金管在多角度冲击条件下整体变形模式都由手风琴模式向不规则钻石模式转变, 但复合管并未发生欧拉屈曲失稳, 从而能够保持相对稳定的吸能性能。

图 6.48　复合管 H-2/1-S 中 CFRP 层轴向准静态和多角度冲击最终变形失效模式

本章的研究表明, 纤维金属复合管可有效结合金属层塑性变形吸能和纤维层断裂吸能特征, 并通过纤维层/金属层界面的应力传递, 发挥纤维桥接作用, 有效避免金属层与纤维层的局部失稳, 可显著提高能量吸收能力。在本研究的基础上继续探索纤维金属复合管的高效、低成本制备方法, 解决其与金属材料、纤维复合材料等的连接技术难题，将有效推动该复合管在交通工具吸能结构中的应用。

图 6.49　单一 CFRP 管轴向准静态和多角度冲击最终变形失效模式

参 考 文 献

[1] Abdullaha N, Saniab M, Salwani M, et al. A review on crashworthiness studies of crash box structure[J]. Thin-Walled Structures, 2020, 153: 106795.

[2] Isaac C W, Ezekwem C. A review of the crashworthiness performance of energy absorbing composite structure within the context of materials, manufacturing and maintenance for sustainability[J]. Composite Structures, 2021, 257: 113081.

[3] Wu Y, Fang J, Cheng Z, et al. Crashworthiness of tailored-property multi-cell tubular structures under axial crushing and lateral bending[J]. Thin-Walled Structures, 2020, 149: 106640.

[4] Hu D, Zhang C, Ma X, et al. Effect of fiber orientation on energy absorption characteristics of glass cloth/epoxy composite tubes under axial quasi-static and impact crushing condition[J]. Composites Part A: Applied Science and Manufacturing, 2016, 90: 489-501.

[5] Li S, Guo X, Li Q, et al. On lateral crashworthiness of aluminum/composite hybrid structures[J]. Composite Structures, 2020, 245: 112334.

[6] 韩正东. 碳纤维环氧/铝合金复合管旋压成形工艺及吸能特性研究 [D]. 南京: 南京航空航天大学, 2021.

[7] 李华冠. 玻璃纤维–铝锂合金超混杂复合层板的制备及性能研究 [D]. 南京: 南京航空航天大学, 2016.

[8] Kim H C, Shin D K, Lee J J. Characteristics of aluminum/CFRP short square hollow section beam under transverse quasi-static loading[J]. Composites Part B: Engineering, 2013, 51: 345-358.

[9] 余同希, 卢国兴, 华云龙. 材料与结构的能量吸收：耐撞性 · 包装 · 安全防护 [M]. 北京: 化学工业出版社, 2006.

[10] Wang Y, Pokharel R, Lu J, et al. Experimental, numerical, and analytical studies on polyurethane foam-filled energy absorption connectors under quasi-static loading[J]. Thin-Walled Structures, 2019, 144: 106257.

[11] Shiravand A, Asgari M. Hybrid metal-composite conical tubes for energy absorption; theoretical development and numerical simulation[J]. Thin-Walled Structures, 2019, 145: 106442.

[12] Esnaola A, Ulacia I, Aretxabaleta L, et al. Quasi-static crush energy absorption capability of E-glass/polyester and hybrid E-glass-basalt/polyester composite structures[J]. Materials & Design, 2015, 76: 18-25.

[13] Saharnaz M, Majid E, Amin M. Investigating the energy absorption, SEA and crushing performance of holed and grooved thin-walled tubes under axial loading with different materials[J]. Thin-Walled Structures, 2018, 131: 105638.

[14] Mamalis A G, Manolakos D E, Demosthenous G A, et al. The static and dynamic axial crumbling of thin-walled fibreglass composite square tubes[J]. Composites Part B: Engineering, 1997, 28(4): 439-451.

第 7 章 乏燃料贮存用纤维金属层板的 设计及应用性能

核电是一种清洁、安全、高效的能源,发展核能是满足我国电力需求、优化能源结构、保障能源安全、促进经济持续发展的重大战略举措。但是,核电所产生的乏燃料具有高度放射性,可放射出高强粒子和射线,对环境与人员的安全造成严重威胁。此外,我国乏燃料后处理能力相对不足,设施贮存容量已接近极限,解决乏燃料的安全贮存问题成为当务之急[1]。因此,迫切需要研究出一种切实可行的高效耐辐照型屏蔽材料,以满足核电工业的发展及可持续性运行。

作者团队提出一种以碳化硼 (B_4C)、碳纤维、聚酰亚胺树脂 (PI) 和 AA6061 铝合金为研究基础,突破传统单一材料体系,兼顾材料耐辐照性能和中子屏蔽性能,充分利用聚酰亚胺树脂的耐辐照性能和中子衰减特性,加入碳纤维提高材料的综合力学性能,减少复合层板的中子透射率,利用低原子序数材料铝屏蔽乏燃料中 β 射线、碳化硼所蕴含的 ^{10}B 核素吸收热中子,形成结构/功能一体化的 AA6061/B_4C/CF/PI 复合层板。在分析其力学性能的基础上,开展该复合层板的中子屏蔽性能、辐照损伤效应研究,优化层板材料体系设计,为新型乏燃料贮存材料的研究和应用提供理论支撑[2]。

7.1 AA6061/B_4C/CF/PI 复合层板的设计、制备及性能研究

本节探究了 AA6061/B_4C/CF/PI 复合层板的结构设计与制备方法,研究复合层板的界面性能和力学性能。

7.1.1 AA6061/B_4C/CF/PI 复合层板结构设计

以碳化硼、碳纤维、聚酰亚胺、AA6061 铝合金为研究基础,依次对铝合金表面进行阳极氧化处理、粗化表面,使用全自动数控排布机铺设碳纤维增强聚酰亚胺预浸料 (CFRP,本章中即 CF/PI),然后将聚酰亚胺树脂与 B_4C 粉体的共混胶液 (NSC) 按照质量比进行配制,质量比分别为 90:10、80:20、70:30、60:40 以及 50:50 等五种配比,共混胶液中 B_4C 粉体质量分数为 10%~50%。按照设计的层板铺层结构进行试验研究,层板铺层结构为 2/1、3/2、4/3 及 5/4 四种类型。

图 7.1 为 AA6061/B$_4$C/CF/PI 复合层板的铺层结构设计，图 7.1(e) 为典型 3/2 铺层结构，按照铺层顺序为 AA6061/NSC/CFRP/CFRP/ NSC/AA6061/··· /NSC/CFRP/CFRP/NSC/AA6061 进行手工铺层，手工铺设时需注意碳纤维方向与铝合金轧制方向一致，边界保持完整。

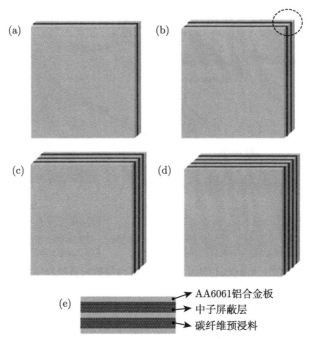

图 7.1   AA6061/B$_4$C/CF/PI 复合层板铺层结构设计示意图
(a) 2/1 结构；(b) 3/2 结构；(c) 4/3 结构；(d) 5/4 结构；(e) 3/2 结构

7.1.2 AA6061/B$_4$C/CF/PI 复合层板的制备及力学性能

1. AA6061/B$_4$C/CF/PI 复合层板的制备工艺

首先，在 AA6061 铝合金表面预喷涂纯聚酰亚胺树脂底胶，烘干、静置待用。制备复合层板时，首先将制备好的中子屏蔽共混 B$_4$C/PI 胶液均匀涂抹于 AA6061 铝合金板表面，置入 65℃ 烘箱中 12 h，手工铺设 AA6061/B$_4$C/CF/PI 复合层板与热压模具一起置入硫化机，并以 10℃/min 的升温速率进行加热。AA6061/B$_4$C/ CF/PI 复合层板制备流程示意图如图 7.2 所示。

热模压试验时，AA6061/B$_4$C/CF/PI 复合层板的热模压制备工艺参数如图 7.3 所示，制备工艺流程包括：80℃，1 h；120℃，1 h；160℃，1 h；200℃，1 h；280℃，0.5 h，多次预压 (压力为 2 MPa)；320℃，2 h，施加压力。热模压

完成后，关闭加热电源，保持模压压力，模具、试样随热模压机自然冷却。当试样温度降至 100℃ 以下，取出试样。

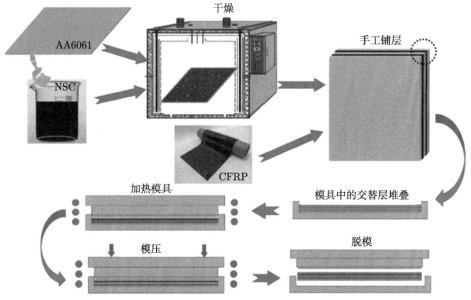

图 7.2　AA6061/B₄C/CF/PI 复合层板制备流程示意图

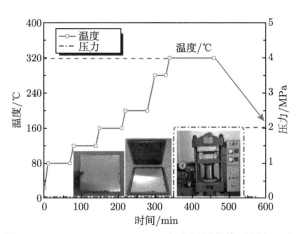

图 7.3　AA6061/B₄C/CF/PI 复合层板热模压制备工艺

　　图 7.4 为聚酰亚胺树脂的固化反应过程。聚酰亚胺树脂在加热过程中发生酰胺化、亚胺化以及交联反应，聚酰亚胺树脂在 120~150℃ 脱醇成酐时，开始发生急剧环化脱水，会产生乙醇和水，从而导致气泡、凹陷和孔洞的出现，酰胺化与酰

亚胺化同时进行；150℃ 以上发生逆 Diels-Alder 反应，温度开始增加，发生酰胺化反应，相对分子质量增加 [3]；当温度达到 220~250℃ 时继续进行亚胺化反应。若进一步提高加热温度 (高于 300℃)，则亚胺化获得足够的开环能量，发生各种交联反应。为确保聚酰亚胺树脂充分固化，必须保留足够的反应时间，促使塑料进一步开环交联固化。

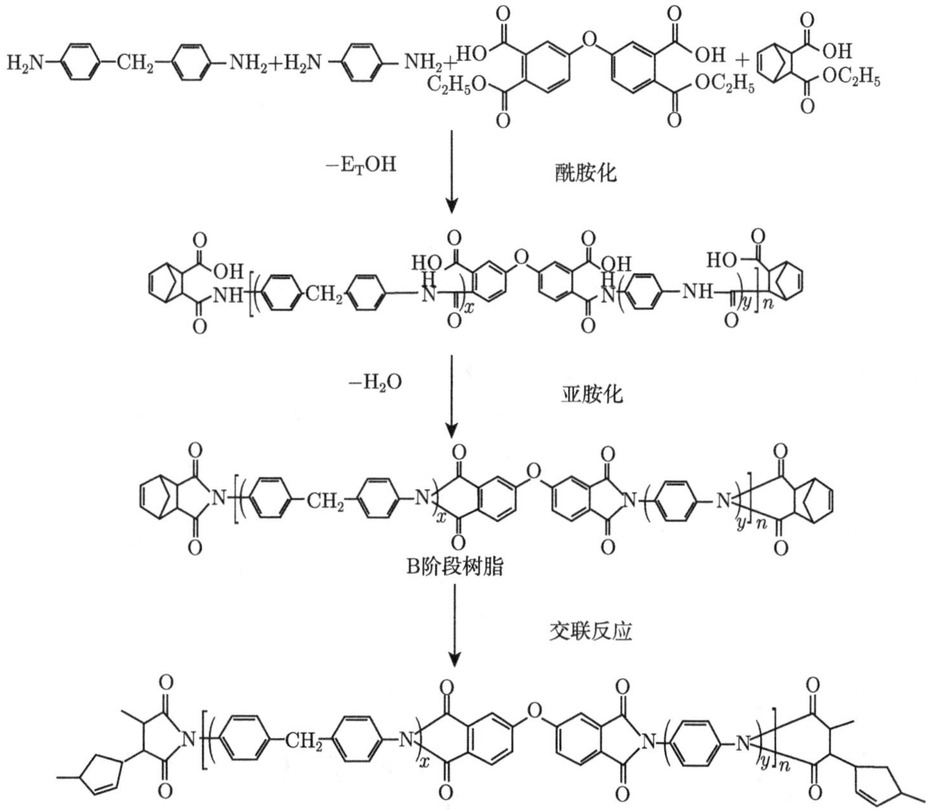

图 7.4 聚酰亚胺树脂的固化反应过程

聚酰亚胺 KH-308 树脂的亚胺化程度与热处理温度及时间存在着紧密联系，如图 7.5 所示。

2. B$_4$C/PI 屏蔽层/AA6061 铝合金界面性能分析

B$_4$C/PI 屏蔽层/AA6061 铝合金界面载荷–位移曲线如图 7.6 所示。图 7.6(a) 的试验结果表明，试样的拉伸剪切载荷随着加载位移的增加而升高，达到屈服点后载荷快速下降，试样断裂。此外，拉伸剪切载荷随着 B$_4$C 含量的增加而升高，当中子屏蔽层中 B$_4$C 含量为 30% 时，载荷曲线达到最大值，其对应的拉伸剪切

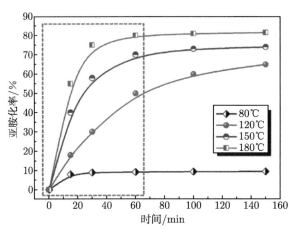

图 7.5　聚酰亚胺树脂亚胺化程度与热处理温度之间的关系

强度为 13.55 MPa；继续增加中子屏蔽层中 B_4C 粉体的含量，拉伸剪切载荷则随之减小；当 B_4C 含量为 50％时，APB50 试样拉伸剪切强度为 11.50 MPa。相应地，预涂底胶层复合层板试样 APB50′ 的拉伸剪切强度为 12.20 MPa，较无底胶层的试样提高了 6.09％。分析认为，B_4C 粉体与聚酰亚胺树脂之间形成物理交联结构，在拉伸剪切载荷作用下可以有效阻止中子屏蔽层产生龟裂或破碎。当 B_4C 含量超过 30％时，自由流动的树脂相应减少，导致试样在剪切作用下共混胶层发生破坏 [4]。此外，预涂底胶涂层后，聚酰亚胺树脂渗入铝合金表层微纳结构中，改善屏蔽层与铝合金之间的界面黏结，提高试样的拉伸剪切强度。

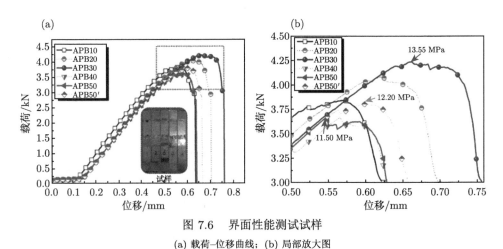

图 7.6　界面性能测试试样

(a) 载荷–位移曲线；(b) 局部放大图

为改善 B_4C/PI 屏蔽层与铝合金之间的润湿性能，在铝合金表面预喷涂 10 μm 厚的聚酰亚胺树脂涂层，其原理如图 7.7 所示。图 7.7(a) 是阳极氧化后铝合金板的表面结构示意图，图 7.7(b) 表明 B₄C/PI 屏蔽层不能有效润湿未喷涂铝合金表面。预处理后 B₄C/PI 屏蔽层与铝合金之间的润湿性显著提升，如图 7.7(c) 所示。预处理层通过分子扩散与共混胶液融为一体，形成良好的界面黏结，有效提高铝合金板与 B₄C/PI 屏蔽层的界面结合强度，见图 7.7(d)。

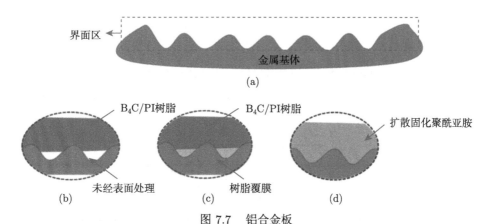

图 7.7　铝合金板
(a) 表面结构示意图；(b) 接触界面下的微孔；(c) 预涂聚酰亚胺树脂；(d) 聚酰亚胺树脂扩散与固化

图 7.8 是样品失效后的表面形貌。从图 7.8 中可以看出，靠近界面处试样的破坏形式为接触表面黏着破坏与内聚失效，APB10 与 APB40 试样表面发生局部内聚失效，APB20、APB30、APB50 与 APB50′ 试样界面失效形式都是接触表面黏着破坏。分析认为，由于 B₄C 粉体表面吸附聚酰亚胺树脂，并与树脂产生物

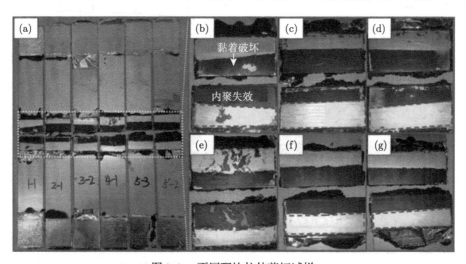

图 7.8　不同配比拉伸剪切试样
(a) 失效表面；(b) APB10；(c) APB20；(d) APB30；(e) APB40；(f) APB50；(g) APB50′

理交联结构，提高了彼此间的结合力，在拉伸剪切应力作用下测试试样的接触表面发生黏着破坏。

拉伸剪切试样的界面裂纹破坏机制受轴向载荷 F、弯矩 M 等多重因素的影响[5]，当胶接层具有相同厚度 h 时，弯矩与 Fh 成正比，得到式 (7.1) 的计算关系。

$$\frac{M}{Fh} = k\left(\frac{F}{Eh}, \frac{l}{h}, \frac{L}{l}\right) \tag{7.1}$$

式中，E 为胶接层的弹性模量，GPa；L 为试样搭接长度，mm；k 为比例常数。

图 7.9 是不同类型载荷作用下试样的受力分析。当外加载荷不足以使复合层

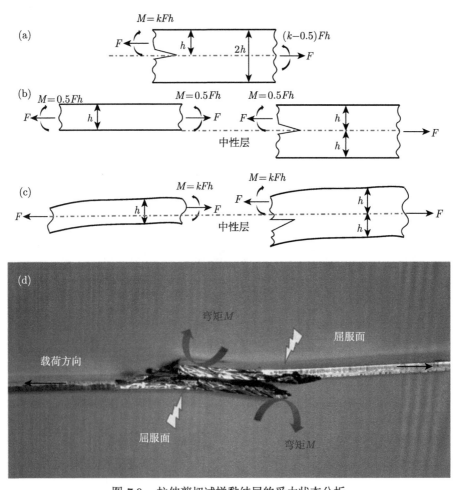

图 7.9　拉伸剪切试样黏结层的受力状态分析
(a) 对称拉伸剪切试样的受载状态；(b) 低负载状态；(c) 高负载状态；(d) 界面失效后试样侧面形貌

板发生变形时，左右两端所受弯矩相等，k 取值为 0.5；若测试试样较长，且外加载荷相对较高，则促使中性轴线沿载荷作用线方向发生弯曲变形，如图 7.9(b) 所示。图 7.9(d) 是在拉伸剪切载荷作用下试样发生失效后的侧面形貌。由于受到弯矩的影响，试样搭接区域发生弯曲变形，并伴随着黏结层的移动产生稳态失效，几乎所有的试样均呈现出类似的失效特征。

3. 铺层结构对 AA6061/B$_4$C/CF/PI 复合层板力学性能的影响

1) 铺层结构对 AA6061/B$_4$C/CF/PI 复合层板拉伸性能的影响

图 7.10 是 B$_4$C 含量为 50％时 AA6061/B$_4$C/CF/PI 复合层板的拉伸强度、弹性模量和延伸率。从图中可以看出，随着铺层数量的增加，复合层板的抗拉强度和弹性模量逐步增加，而延伸率则显著降低。复合层板的力学性能符合金属体积分数理论 [6]，所有铺层结构的理论计算结果如表 7.1 所示。

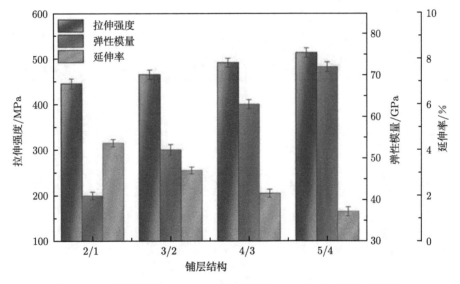

图 7.10 不同铺层结构 AA6061/B$_4$C/CF/PI 复合层板的拉伸性能

表 7.1 不同铺层结构 AA6061/B$_4$C/CF/PI 复合层板的力学性能

材料	铺层结构	σ_{lam}/MPa	E_{lam}/GPa	$\sigma_{lam,t}$/MPa	$E_{lam,t}$/GPa	FVP/%
复合层板	2/1	445	41	488	59	15.2
	3/2	467	52	516	67	17.9
	4/3	491	63	528	78	19
	5/4	513	72	541	86	19.7

注：$\sigma_{lam,t}$ 和 $E_{lam,t}$ 分别为层板复合材料力学性能的理论计算值。

AA6061/B$_4$C/CF/PI 复合层板的拉伸性能主要取决于各组元的体积含量，碳纤维的抗拉强度远远超过铝合金板，复合层板的拉伸性能主要取决于碳纤维的体积含量以及不同铺层之间的界面结合状况。对于复合层板而言，研究重点主要集中在如何去除残余应力对复合层板力学性能的影响，避免复合层板发生分层，以保证层板使用的持久性和可靠性。

图 7.11 是 AA6061/B$_4$C/CF/PI 复合层板不同区域的截面形貌。图 7.11(a) 和 (b) 是碳纤维层的截面形貌，碳纤维与聚酰亚胺树脂之间保持良好的界面结合。当外加载荷达到试样的屈服极限时，复合层板发生断裂，部分碳纤维从聚酰亚胺

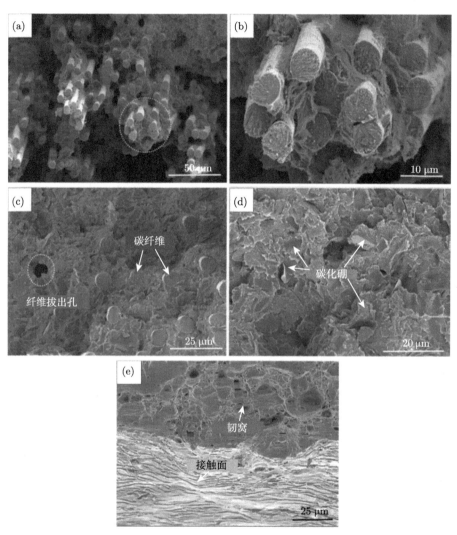

图 7.11　AA6061/B$_4$C/CF/PI 复合层板的拉伸断口形貌
(a) 2000×；(b) 8000×；(c) 复合层板的纤维孔；(d) 屏蔽层的截面形貌；(e) AA6061 铝合金的截面形貌

树脂中拔出，并在其表面留下纤维孔。在拉伸过程中，铝合金与屏蔽层界面发生脱粘，这是由铝合金与碳纤维存在不同延伸率所导致，碳纤维先发生断裂，铝合金后发生断裂。由屏蔽层的截面形貌 [图 7.11(d)] 可看出，B_4C 粉体与聚酰亚胺树脂之间紧密结合，验证了硅烷偶联剂 KH550 的嫁接作用，—Si—O—Si—键和—OH 键可有效改善 B_4C 粉体与聚酰亚胺树脂之间的界面结合。图 7.11(e) 是 AA6061 铝合金断裂后的截面形貌，可观察到韧窝的存在。

2) 铺层结构对 AA6061/B_4C/CF/PI 复合层板弯曲性能的影响

图 7.12 是 B_4C 含量为 50% AA6061/B_4C/CF/PI 复合层板的弯曲性能。测试表明，当复合层板的铺层结构由 2/1 结构逐步演变为 5/4 结构时，其弯曲强度随试样厚度增加而提高。弹性模量亦呈现类似的增长趋势，其中 5/4 结构的弯曲模量为 50 GPa，是 2/1 结构的 2.1 倍。5/4 结构复合层板具有更好的抗弯曲和承载能力。

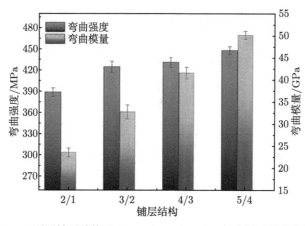

图 7.12　不同铺层结构 AA6061/B_4C/CF/PI 复合层板的弯曲性能

在弯曲载荷作用下，试样的中心承受着最大的弯曲载荷，当外加载荷超过复合层板的最大弯曲应力时，试样最外层首先发生断裂，如图 7.13 所示。基于弯曲试验的受力特点，远离中性层的复合层板最外层受到最大的拉伸载荷作用，断裂部位一般处于外层的碳纤维与聚酰亚胺树脂复合层。2/1 结构复合层板未发生分层失效，如图 7.13(a) 所示。随着铺层结构从 2/1、3/2、4/3 增加到 5/4，外加载荷使得屏蔽层与铝合金之间发生分层，且分层程度加重，如图 7.13(b)~(d) 所示。

复合层板的弯曲强度与弯曲模量随着铺层数量的增加而增加，但试样的分层破坏现象越来越严重。当外加载荷超过材料的弯曲极限时，复合层板最外层和最内层承受最高的弯曲应力作用，且外侧受到弯矩和弯曲拉应力的混合作用。

3) 铺层结构对 AA6061/B$_4$C/CF/PI 复合层板浮辊剥离性能的影响

图 7.14 是 B$_4$C 含量为 50% AA6061/B$_4$C/CF/PI 复合层板的剥离强度，作为对比测试了纯聚酰亚胺的剥离性能。结果表明，纯聚酰亚胺试样的剥离强度为 4.89 N/mm，B$_4$C 含量为 50% 复合层板的剥离强度为 2.52 N/mm。

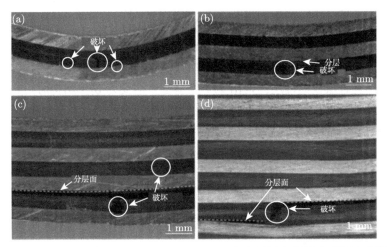

图 7.13 不同铺层结构 AA6061/B$_4$C/CF/PI 复合层板弯曲测试后的侧面形貌
(a) 2/1；(b) 3/2；(c) 4/3；(d) 5/4

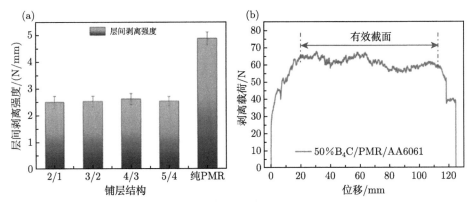

图 7.14 不同铺层结构 AA6061/B$_4$C/CF/PI 复合层板的剥离性能
(a) 剥离性能；(b) 4/3 结构复合层板的载荷–位移曲线

图 7.15 是 AA6061/B$_4$C/CF/PI 复合层板剥离表面的微观形貌，剥离后铝合金表面存在 B$_4$C 颗粒、树脂以及碳纤维残留。通常铝合金与屏蔽层之间的结合强度低于碳纤维与聚酰亚胺树脂，碳纤维层发生断裂，并与屏蔽层发生剥离 [图 7.15(b)]。剥离后试样表面观察到 B$_4$C 颗粒的存在 [图 7.15(c)]，从侧面反映了 B$_4$C 颗粒与聚酰亚胺树脂之间良好的界面结合。

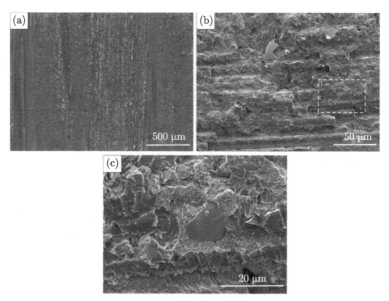

图 7.15 AA6061/B₄C/CF/PI 复合层板的剥离性能测试

(a) 剥离表面形貌；(b) 2000×；(c) 8000×

7.2 AA6061/B₄C/CF/PI 复合层板的中子屏蔽性能研究

7.2.1 中子屏蔽试验与蒙特卡罗 N-粒子传递模拟

试验用中子辐照源强度为 1.11×10^{10} Bq 的 ^{241}Am-Be 中子源 [7]，中子产频为 4.14×10^7 s^{-1}，平均能量为 4.438 MeV。图 7.16 是复合层板中子屏蔽性能测试的试验装置及原理图，中子射线首先穿过 30 cm 厚的铅板，然后通过 30 cm 厚的聚乙烯板，接着通过所制备的试验试样，最后被直径为 Φ12.5 mm、长度为 560 mm 的 ^{3}He 正比计数管所采集。中子辐照源与探测器之间的距离为 300 mm，每次检测时间为 100 s，每个试样检测 5 次，去除极值，取其平均值计数。图 7.17 为 ^{241}Am-Be 中子源能量分布图。基于比尔–朗伯 (Beer-Lambert) 定律公式进行中子屏蔽性能的计算 [8]：

$$\eta = \frac{I - I_{\rm e}}{I_0 - I_{\rm e}} = {\rm e}^{-\Sigma_t \cdot t} \tag{7.2}$$

式中，I 为中子透射强度；$I_{\rm e}$ 为周界环境本底的中子强度；I_0 为入射中子强度；Σ_t 为总中子宏观截面系数；t 为所测试复合层板的厚度。

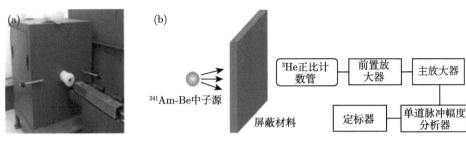

图 7.16　AA6061/B$_4$C/CF/PI 复合层板的中子屏蔽测试

(a) 试验装置；(b) 测试原理图

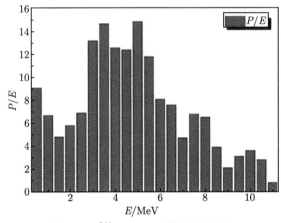

图 7.17　^{241}Am-Be 中子源能量分布

　　蒙特卡罗 N-粒子传递 (MCNP) 模拟分析：MCNP 数值模拟从理论角度分析复合层板的中子屏蔽效果，阐述中子屏蔽机制。表 7.2 为乏燃料释放出的各类射线屏蔽材料的选择原则。

表 7.2　屏蔽材料的选择原则

射线类型	作用形式	材料选择原则	常用屏蔽材料
α	电离、激发	均可	—
β	电离、激发、轫致辐射	低原子序数材料	铝、有机玻璃、混凝土、铅
γ、X	光电、康普顿、电子对	高原子序数材料	铅、铁、钨、混凝土
中子	弹性、非弹性、吸收	含氢低原子序数材料、含硼材料	水、石蜡、含硼聚乙烯

　　使用 MCNP5.0 模拟程序模拟 ^{241}Am-Be 中子源所产生中子在复合层板中的传输过程[9]，探究 B$_4$C 含量、铺层厚度以及中子能量对复合层板中子屏蔽性能的影响，计算复合层板的中子衰减性能、中子透射能谱。模拟试验时，通过 MCNP 程序中 F4 和 Fm 卡配合得到相关模拟结果。

1. 试样材料密度与元素组成

MCNP 程序模拟分析 3/2 结构复合层板的中子屏蔽性能。作为参照, 模拟分析屏蔽层为纯聚酰亚胺树脂的复合层板中子屏蔽性能。各类复合层板的材料密度及元素组成如表 7.3 所示。

表 7.3 测试试样的元素组成及材料密度

材料类型	原子比例											$\rho/(g/cm^3)$
	H	C	O	^{10}B	^{11}B	N	Al	Mg	Si	Fe	Zn	
B_4C	—	10	—	8	32							2.54
0% B_4C	1380	3480	345	—	—	99	5185	60	21	18	5	1.94
10% B_4C	10824	21193	2706	247	989	676	71198	734	294	444	184	1.96
20% B_4C	10092	20731	2523	519	2076	631	70626	724	289	507	181	1.99
30% B_4C	9536	20510	2384	841	3362	596	69452	716	286	501	179	2.01
40% B_4C	8540	19930	2135	1170	4680	534	68773	709	284	496	177	2.03
50% B_4C	7572	17527	1893	1557	6228	473	67803	699	279	489	175	2.06

2. MCNP 中子屏蔽模型建立

基于蒙特卡罗模拟程序 MCNP 5.0 数值模拟复合层板的中子屏蔽性能, 图 7.18 是 MCNP 对应的模拟分析模型——典型球壳模型, 改变复合层板的厚度和 B_4C 含量, 以获得不同 B_4C 含量复合层板的中子透射率。模拟发射中子从球壳模型的中心传输到外层, 点源放置在模型中心, 外层包裹中子屏蔽材料。模型的最外层为计数面, F2 卡 (记录表面平均中子通量) 用于统计传输的中子数。模拟粒子数为 10^8, 误差率保持在 2% 左右[10]。

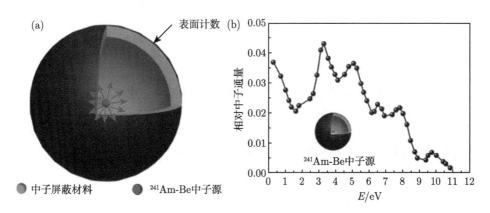

图 7.18 MCNP 中子屏蔽模拟

(a) 球壳模型示意图; (b) 模拟中子源能量分布

图 7.19 为 MCNP 模拟计算的模拟流程, 主要包括试样物理与几何模型的建

立、模拟试验参数的确定、中子通量及中子透射系数的计算，分析中子衰减性能、中子透射能谱、中子俘获过程和次生 γ 射线透射能谱。

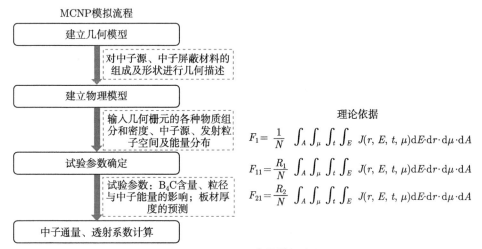

图 7.19　MCNP 数值模拟流程

中子透射系数计算公式如下：

$$F_1 = \frac{1}{N} \int_A \int_\mu \int_t \int_E J(r, E, t, \mu) \, \mathrm{d}E \cdot \mathrm{d}t \cdot \mathrm{d}\mu \cdot \mathrm{d}A \tag{7.3}$$

$$F_{11} = \frac{R_1}{N} \int_A \int_\mu \int_t \int_E J(r, E, t, \mu) \mathrm{d}E \cdot \mathrm{d}t \cdot \mathrm{d}\mu \cdot \mathrm{d}A \tag{7.4}$$

$$F_{21} = \frac{R_2}{N} \int_A \int_\mu \int_t \int_E J(r, E, t, \mu) \, \mathrm{d}E \cdot \mathrm{d}t \cdot \mathrm{d}\mu \cdot \mathrm{d}A \tag{7.5}$$

式中，F_1 为透射粒子穿透透射面所引起的粒子透射概率，也称透射系数；F_{11} 为 F_1 与剂量转换因子之间的乘积；F_{21} 为 F_1 与剂量当量转换因子之间的乘积；R_1 与 R_2 为中子能量相关的函数，其中 R_1 为剂量转换因子，R_2 为剂量当量转换因子；N 为入射粒子的计数总量。当 F_1 值小于 1×10^{-6}，即可视透射系数为零，无须进行相关透射系的计算。

3. MCNP 模拟工艺参数设置

使用 MCNP 数值模拟软件模拟分析中子屏蔽过程中的影响因素，选择 B_4C 含量、中子能量及试样厚度作为变量参数，MCNP 模拟工艺参数设置如表 7.4 所示。

表 7.4 复合层板 MCNP 模拟工艺参数

试验因素	1	2	3	4	6
B_4C 含量/%	10	20	30	40	
中子能量/eV	0.0253	10^3	10^6		
试样厚度/cm	5	10	20	30	50

7.2.2 中子屏蔽性能

1. 不同铺层结构 AA6061/B₄C/CF/PI 复合层板的中子屏蔽性能

图 7.20 为不同类型中子屏蔽复合材料的宏观截面系数对比图，所对应的 ^{241}Am-Be 中子源能量为 2~12 MeV，平均能量为 4.5 MeV[11]。环氧树脂中子宏观截面系数为 0.16 cm^{-1}，B_4C 中子宏观截面系数为 0.225 cm^{-1}[12]，Mo/EP 的中子宏观截面系数为 0.448 cm^{-1}。一般地，中子宏观截面系数越高，中子屏蔽效果越好。

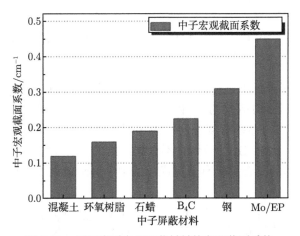

图 7.20 不同类型中子屏蔽材料的宏观截面系数

图 7.21 是 AA6061/B₄C/CF/PI 复合层板的中子屏蔽性能。随着复合层板厚度的增加，其中子屏蔽性能显著改善。对于 B_4C 含量为 50% 5/4 结构复合层板而言，其中子透射系数为 23.1%，比 2/1 结构复合层板的中子屏蔽性能更佳。分析认为，薄板中氢含量较低，与快中子发生碰撞的概率较小，当薄板厚度很薄时，大部分快中子直接穿透材料。对于热中子而言，由于其与复合层板中的 B_4C 粉体发生反应，因此可以被层板吸收与屏蔽[13]。若进一步增加试样厚度，氢元素通过弹性散射与快中子直接作用，将快中子衰减，使其逐步转变为热中子，并被 ^{10}B 核素所吸收；另外，^{10}B 核素面密度随着 B_4C 含量与铺层数量的增加而增加，两者之间的碰撞概率进一步得到提高。研究显示，^{10}B 核素的含量以及氢元素与 B_4C

粉体的比例对复合层板的中子屏蔽效果具有较大的影响。对于能量超过 1 keV 的快中子，复合材料中氢元素质量分数的高低是影响中子宏观截面系数的主要因素。而对于能量为 0.025 eV 的热中子而言，B_4C 含量对中子屏蔽效果起到决定性的作用 [14]。

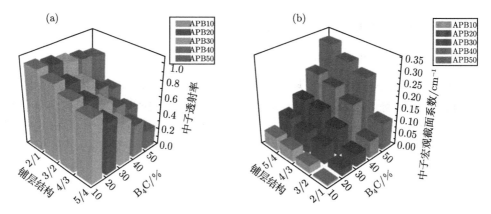

图 7.21 不同铺层结构 $AA6061/B_4C/CF/PI$ 复合层板的测试结果
(a) 中子透射率变化；(b) 中子宏观截面系数变化

此外，分析了碳纤维对复合层板中子屏蔽性能的影响，测试并比较了含与不含碳纤维复合层板 (均不含 B_4C 粉体，分别命名为 CF/PI 和 PI) 的中子透射率，以判断碳纤维的存在对复合层板中子屏蔽性能所产生的影响，测试结果如图 7.22 所示。相比含 B_4C 粉体且不含碳纤维的同类型复合层板而言，含有碳纤维和 B_4C 粉体的复合层板有着更优越的中子屏蔽效果，两种不同材料测试结

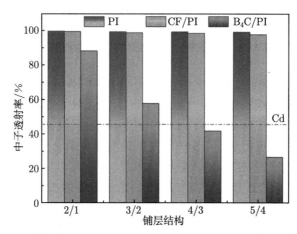

图 7.22 不同铺层结构 $AA6061/B_4C/CF/PI$ 复合层板的中子透射率

果的差异性为 8% 左右, 这表明碳纤维的存在对中子传输过程产生一定程度的影响 [15]。对于无 B$_4$C 粉体屏蔽层和 CF/PI 树脂的复合层板而言, 材料的中子透射率超过 98%, 这也突显了 B$_4$C 粉体作为中子吸收剂存在的重要性。

　　碳纤维中所蕴含的碳同位素石墨具有较高的中子反射截面, 也是一种良好的中子慢化剂, 可以提高中子与原子之间的有效碰撞次数, 并促进热中子的吸收, 中子与碳纤维作用原理示意图如图 7.23 所示。若入射中子能量为 1 eV∼0.1 MeV, 碳元素的中子散射截面较高, 表现出良好的中子反射和慢化作用 [16]。当复合层板的厚度较薄时, 快中子可以轻松穿透复合层板而不能及时被屏蔽或者慢化, 只有少量的热中子被 ^{10}B 核素所吸收。随着复合层板厚度的增加, 所产生中子与碳纤维中碳元素碰撞的概率增加, 高能量快中子可以与碳纤维发生弹性碰撞而散射、衰减, 从而增加热中子的吸收概率。

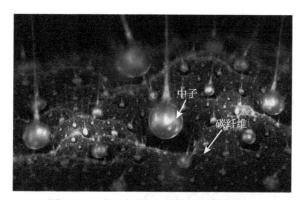

图 7.23　中子与碳纤维作用原理示意图

2. 不同 B$_4$C 含量 AA6061/B$_4$C/CF/PI 复合层板的中子屏蔽性能

　　图 7.24 为不同 B$_4$C 含量 3/2 结构 AA6061/B$_4$C/CF/PI 复合层板的中子屏蔽性能。当 B$_4$C 含量为 10% 时, 复合层板的中子透射率为 93%; 当 B$_4$C 含量为 50% 时, 其中子透射率为 53.8%, 复合层板的中子透射率呈现明显降低的趋势。随着 B$_4$C 含量的增加, 复合层板中 ^{10}B 核素的面密度显著增加, 越来越多的热中子被吸收, 导致透射的中子数量快速下降。由于测试试样较薄, 快中子因来不及被慢化, 而继续传输。

3. 中子屏蔽机制分析

　　基于中子屏蔽理论, 中子在物质中的衰减可分为两个过程: ① 快中子通过非弹性散射 (n, n') 与弹性散射 (n, n) 与物质原子核产生作用, 中子经过多次 (弹性、非弹性) 散射后降至非弹性散射的阈值以下, 将快中子慢化成热中子; ② 热中子被中子截面系数高的吸收元素俘获吸收[17,18]。AA6061/B$_4$C/CF/PI 复合层板的中子屏蔽机制示意图如图 7.25 所示。在中子衰减及吸收过程中，中子与材料的反应截面、物质原子核类型及中子能量息息相关。针对中子源附近的高能快

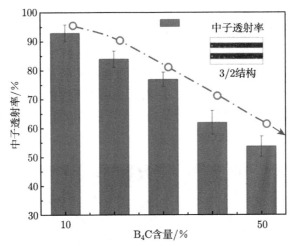

图 7.24 不同 B$_4$C 含量对复合材料中子屏蔽性能的影响

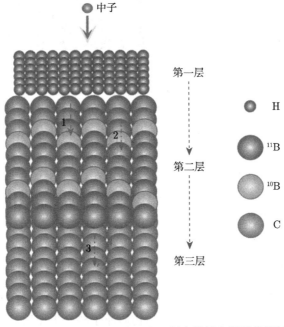

图 7.25 AA6061/B$_4$C/CF/PI 复合层板中子屏蔽机制

中子，常用铜、铁、铅、钨等反应截面较大的重金属作屏蔽材料，其对高能中子具有较好的慢化能力，有效地慢化高能中子[19]；同时，复合层板中聚酰亚胺树脂所蕴含高含量的氢对快中子有着明显的衰减作用，可以将快中子慢化成热中子，然后利用 ^{10}B 核素将热中子加以吸收。辐照混合场中，中子与屏蔽材料反应产生次生 γ 射线，复合层板具有屏蔽快中子、热中子的综合屏蔽效果。

图 7.26 是 AA6061/B₄C/CF/PI 复合层板中 ^{10}B、^{11}B、^{12}C 和 ^{27}Al 等四种不同类型元素的中子反应截面系数。^{10}B 核素在低能中子能量区域的中子宏观截面系数要远高于其他几种材料，表现为其更容易吸收低能中子，特别是对热中子的吸收；但随着中子能量升高到快中子范围，^{10}B 核素的中子吸收效率与其他几种元素相当，几乎可以忽略不计[14]。

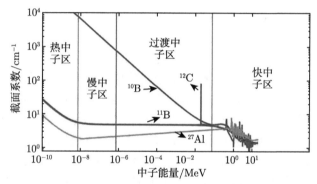

图 7.26   AA6061/B₄C/CF/PI 复合层板主要核素的中子截面系数

慢化后的中子与 ^{10}B 核素发生碰撞后会生成锂 (Li)、氦 (He) 以及次生 γ 射线，而氦元素在材料内部易发生迁移，使得材料内部形成缺陷及空隙，从而形成氦脆，进而影响材料的力学性能，缩短材料的使用寿命。He 是以气体形式存在于材料内部，造成乏燃料贮存材料肿胀、失效。因吸收中子后所产生的 Li、He 不能进一步吸收中子，所以复合层板的中子屏蔽性能随着时间的延续而呈现降低的趋势。^{10}B 核素吸收中子的过程可以用下式来表示：

$$^{10}\text{B} + \text{n} \longrightarrow {}^{7}\text{Li}(1.0\text{MeV}) + {}^{4}\text{He}(1.8\text{MeV}) + \gamma(6.3\%) \tag{7.6}$$

$$^{10}\text{B} + \text{n} \longrightarrow {}^{7}\text{Li}(0.83\text{MeV}) + {}^{4}\text{He}(1.47\text{MeV}) + \gamma(0.48\text{MeV})(93.7\%) \tag{7.7}$$

由公式可以看出，在反应过程中会产生能量为 0.48 MeV 的 γ 射线，需及时屏蔽与吸收。图 7.27 是 ^{10}B 核素吸收热中子的原理图。

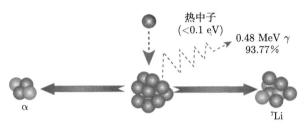

图 7.27　^{10}B 核素吸收热中子原理图

7.2.3　MCNP 数值模拟结果分析

1. B$_4$C 含量对 AA6061/B$_4$C/CF/PI 复合层板中子屏蔽效率的影响

　　分析模拟不同 B$_4$C 含量 AA6061/B$_4$C/CF/PI 复合层板的中子屏蔽性能与其厚度变化之间的关系，并采用归一法将模拟结果进行转换，模拟结果如图 7.28 所示。复合层板的中子透射率随着材料厚度的增加而呈指数规律降低，符合中子透射规律。厚度为 5 cm 纯 PI 树脂中子屏蔽层所对应复合层板的中子透射率为 54.1%；与纯 PI 树脂相比，添加 B$_4$C 颗粒后复合层板的中子屏蔽效率得到了显著提高，说明慢化后的热中子被中子吸收元素 ^{10}B 核素有效地吸收。当复合层板中 B$_4$C 粉体与 PI 树脂质量配比为 50:50 时，数值模拟结果呈现出最佳的中子屏蔽性能，增加 B$_4$C 含量可以有效提高其中子屏蔽性能，B$_4$C 粉体具有显著的中子吸收能力。增加复合层板的厚度，相应的中子透射率呈现出缓慢降低的趋势。对于高能中子 (>0.5 MeV) 而言，则需要足够的复合层板厚度或者依靠高原子序数元素的非弹性散射实现慢化过程，使得高能中子发生衰减，并加以吸收[20]。

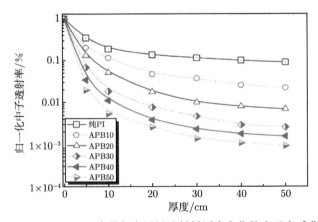

图 7.28　不同 B$_4$C 含量复合层板随材料厚度变化的中子衰减曲线

2. 中子透射谱与复合层板厚度之间的关系

利用 MCNP 数值程序模拟计算中子源发射的中子经过不同厚度复合层板慢化后的中子透射谱，增加复合材料的厚度导致中子透射谱的高能中子所占比例显著降低，厚 10 cm 左右的材料可将约 99% 的快中子能量降至 1 MeV 以下，如图 7.29 所示。当中子能量慢化到非弹性散射阈值以下时，通过弹性散射进一步慢

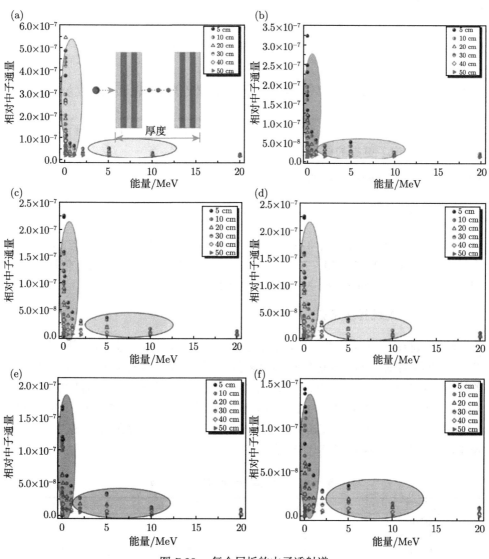

图 7.29　复合层板的中子透射谱

(a) 纯 PI；(b) APB10；(c) APB20；(d) APB30；(e) APB40；(f) APB50

化, 随着中子能量进一步降低到热中子能级, 热中子则被 ^{10}B 核素俘获吸收。对于几种不同厚度的复合层板而言, 计数中子主要集中在低能中子, 随着复合层板铺层厚度的增加, 快中子经过衰减、慢化及吸收, 热中子的比例增加, 并且热中子剂量率呈现出降低的趋势; 随着 B_4C 含量的提高, 低能区的中子计数峰值呈现出降低的趋势[21]。

随着铺层结构的增加, 复合层板的中子屏蔽效率提高, 这主要归因于其中 ^{10}B 核素面密度的升高, ^{10}B 核素是决定中子屏蔽性能最主要的因素。当铺层结构由 2/1 转变为 5/4 时, 复合层板的中子透射率由 85.2% 降低到 23.1%。此外, 碳纤维的存在对复合层板的中子屏蔽性能有着重要的影响。

7.3 AA6061/B_4C/CF/PI 复合层板的辐照损伤效应研究

乏燃料贮存材料的安全性与完整性, 对乏燃料贮存材料的相关性能, 特别是耐辐照性能提出了更高的要求。

7.3.1 ^{60}Co-γ 辐照损伤效应

1. 试验材料

辐照试验的研究对象是 3/2 结构复合层板, 屏蔽层中 PI 树脂与 B_4C 粉体质量配比为 90:10、80:20、70:30、60:40 以及 50:50 五种配比, 依次命名为 APB10、APB20、APB30、APB40 及 APB50。

2. ^{60}Co-γ 射线辐照试验

辐照试验用钴源为大型 γ 射线辐照装置 ^{60}Co 放射双栅板源, 试验装置包括 ^{60}Co 源升降系统、产品传输系统、在线监测系统以及安全防护系统等。辐照试验条件: 放射源强度为 3.0×10^6Ci(1Ci=3.7×10^{10}Bq) 的 ^{60}Co-γ 射线辐照源, 室温环境辐照, ^{60}Co 辐照剂量率为 1 kGy/h, 辐照剂量分别设定为 250 kGy、500 kGy、750 kGy 和 1000 kGy。^{60}Co-γ 射线固定源室干法贮源辐照装置如图 7.30 所示。表 7.5 是 ^{60}Co-γ 射线试验辐照参数。

表 7.5 ^{60}Co-γ 射线辐照试验参数

试样类型	剂量/kGy	辐照时间/h	剂量率/(kGy/h)
试样-0	0	——	
试样-250	250	250	1
试样-500	500	500	1
试样-750	750	750	1
试样-1000	1000	1000	1

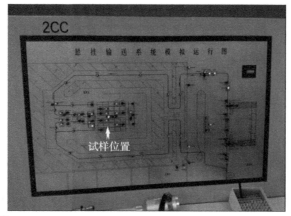

图 7.30　^{60}Co-γ 射线固定源室干法贮源辐照装置的悬挂输送系统模拟运行图

3. ^{60}Co-γ 辐照损伤效应

1) 辐照对复合层板微观形貌的影响

图 7.31 是经过 250 kGy、500 kGy、750 kGy 及 1000 kGy 等不同剂量 γ 射线辐照后铝合金表面的微观形貌。铝合金表面粗糙度呈现出小幅增加的迹象，铝合金表面出现白色斑点和黑色点蚀坑，并且随着辐照剂量的升高，点蚀坑越来越明显，说明 γ 辐照对铝合金有一定程度的辐照损伤。Kanjana 等 [22] 结合 EDS 结果认为，白色斑点的主要元素包括 Al、O、C、H 等，分析认为白色斑点主要成分为 Al(OH)$_3$。

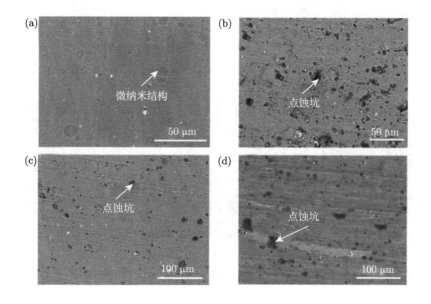

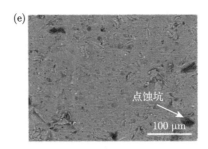

图 7.31　铝合金辐照后的表面形貌

(a) 阳极氧化后；(b) 250 kGy；(c) 500 kGy；(d) 750 kGy；(e) 1000 kGy

图 7.32 是分别经过 250 kGy、500 kGy、750 kGy 和 1000 kGy 等不同剂

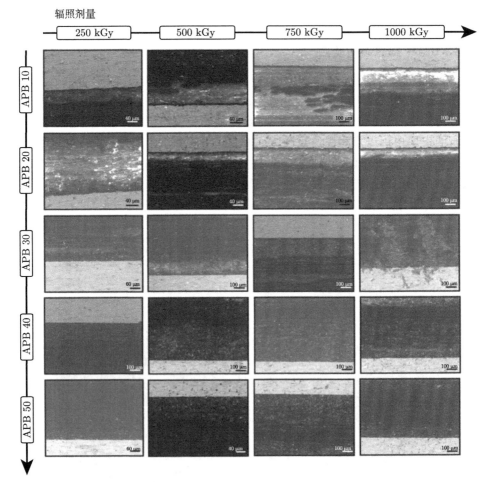

图 7.32　经不同剂量 γ 射线辐照后 AA6061/B₄C/CF/PI 复合层板表面形貌

量 γ 射线辐照后 AA6061/B₄C/CF/PI 复合层板的表面形貌。从图中可以看出，复合层板表面出现白色絮状物，并且随着 γ 射线辐照剂量的升高，白色絮状物呈现出增加的趋势，主要分布于 B₄C/PI 中子屏蔽层，而预浸料层出现较少，因碳纤维具有良好导电性，所呈现的表面微观形貌较清晰[23]。另外，经过剂量为 1000 kGy ^{60}Co-γ 射线辐照后复合层板试样仍保持良好的界面结合，未出现明显的分层、肿胀及表面辐照损伤，依然可以保持试样的完整性，即剂量为 1000 kGy ^{60}Co-γ 射线辐照未对复合层板的整体结构和尺寸稳定性产生重大影响。

2) AA6061/B₄C/CF/PI 复合层板的 FTIR 分析

为对比 γ 射线辐照所产生的表面化学状态与结构变化，检测辐照前后复合层板的 FTIR。图 7.33 是未辐照聚酰亚胺树脂的 FTIR。测试结果显示，聚酰亚胺树脂发生交联反应后，1550 cm^{-1}(酰胺 II) 和 1665 cm^{-1}(酰胺 I) 附近的吸收带消失，说明聚酰胺酸 (PAA) 转变为聚酰亚胺 (PI)。此外，通过测试确定以下各特征峰类型：1770~1780 cm^{-1}(对称伸缩) C=O 拉伸峰、1720~1740 cm^{-1}(不对称伸缩)C=O 拉伸峰 (酰亚胺 I)、1377 cm^{-1}C—N 拉伸峰 (酰亚胺 II)，以及分别在 1070~1140 cm^{-1} 和 720~740 cm^{-1} 的 C—H 峰 (酰亚胺 III) 和 C=O 弯曲吸收带 (酰亚胺 IV)，而在 2900~3100 cm^{-1} 之间存在的 PI 膜的大吸收带与 C—H 拉伸黏合有关[24]。表 7.6 是聚酰亚胺树脂 FTIR 特征峰。

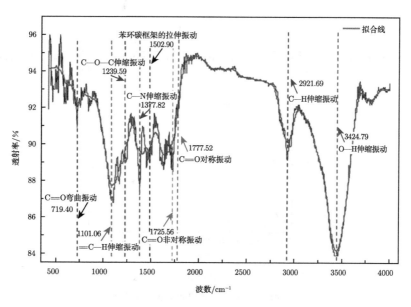

图 7.33   未辐照聚酰亚胺树脂的 FTIR

表 7.6　聚酰亚胺树脂 FTIR 特征峰

树脂类型	基团	吸收峰/cm	振动模式
聚酰亚胺	亚胺环 I	2900~3100	C—H 伸缩振动
		1770~1780	C=O 对称伸缩振动
		1720~1740	C=O 非对称伸缩振动
	芳香环	1500~1520	C=C 伸缩振动
	亚胺环 II	1360~1380	C—N 伸缩振动
	亚胺环 III	1070~1090	C—H 弯曲振动
		1120~1140	
	亚胺环 IV	720~740	C=O 弯曲振动
	醚键	1240~1270	C—O—C 伸缩振动

图 7.34 是经过不同剂量 ^{60}Co-γ 射线辐照后复合层板的 FTIR。从图中可以看出，复合层板辐照前后在 2370 cm^{-1} 处均出现特征峰，查阅相关文献[25]发现此处特征峰对应的是脂肪族—C—H 特征峰，但是较聚酰亚胺的其余特征峰，辐照前后聚酰亚胺树脂的特征峰并未发生显著改变。

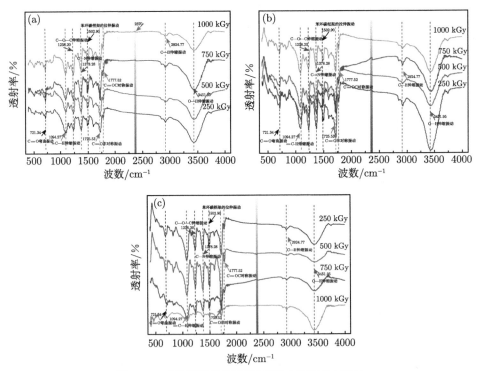

图 7.34　经过不同剂量辐照后复合层板的 FTIR

(a) APB10；(b) APB30；(c) APB50

通过对比研究发现，辐照前后聚酰亚胺树脂的整体化学结构稳定，经过辐照后聚酰亚胺树脂的交联度升高，没有产生或消失其他任何基团。由于聚酰亚胺是含氮的稠环芳香体系,芳香环是一个吸电子基团,易使苯环与氮之间发生共振,这反过来增加了它的共振能量,增加了聚酰亚胺树脂分子结构层级上的耐辐照性能。除了以上特征,聚合物主链上还存在 C—O 官能团和多种分子键,这些结构特征有助于增强聚酰亚胺的耐辐射性能。

3) 辐照对复合层板热稳定性的影响

聚合物的热稳定性很大程度上取决于形成聚合物的分子、原子之间的共价键强度,其中 C—H 键、C—C 键、C—O 键、C=O 键、O—H 键以及 C=C 键的解离能分别为 414 kJ/mol、347 kJ/mol、351 kJ/mol、741 kJ/mol、464 kJ/mol 和 611 kJ/mol[26]。图 7.35 是经过 250 kGy、500 kGy、750 kGy 及 1000 kGy 等不同剂量 γ 射线辐照后复合层板的 TGA 温谱图及对应 DSC 曲线,所有测试在 N_2 保护气氛下进行。随着加热温度的升高,复合层板的质量首先呈现出"平台"区然后显著降低,最后质量趋向稳定。其所对应的 DSC 曲线存在两个峰值,峰 1 为分解起始温度,是由材料表面吸附水、树脂内小分子及 PI 树脂的分解所造成的,峰 2 为分解终止温度。复合层板明显失重区域出现在 400~600 ℃ 之间,说明复合层板在 400° 左右开始发生热分解,主要是复合层板中聚酰亚胺树脂发生分解。随着辐照剂量的增加,复合层板的热稳定性呈现出升高的趋势,当辐照剂量达到 750 kGy 时,复合层板的热稳定性达到最佳,这表明 γ 射线辐照对聚酰亚胺树脂的热稳定性存在影响;若继续增加辐照剂量到 1000 kGy,复合层板的热稳定性则有所降低。分析认为,在辐照剂量为 750 kGy 的 γ 射线辐照下,聚酰亚胺树脂形成彼此接近的自由基,并发生辐照断链与交联反应,使得聚酰亚胺树脂发生一定程度的后固化,辐照产生的占主导地位的交联反应可提高聚酰亚胺树脂小分子的交联度。当辐照剂量达到 1000 kGy 时,复合层板的热稳定性相对于 750 kGy 时有所下降,说明聚酰亚胺树脂的分子断链较交联反应占据主导地位[27]。

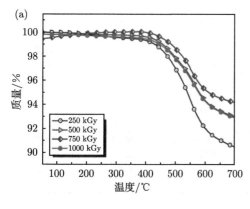
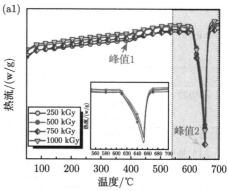

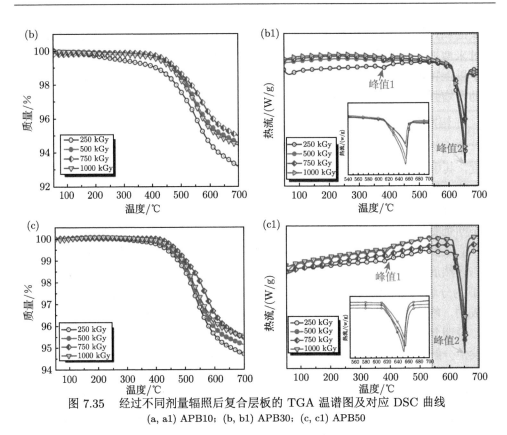

图 7.35　经过不同剂量辐照后复合层板的 TGA 温谱图及对应 DSC 曲线
(a, a1) APB10；(b, b1) APB30；(c, c1) APB50

表 7.7 是 ^{60}Co-γ 射线辐照后不同 B_4C 含量复合层板的质量，归纳 400℃、500℃、600℃ 和 700℃ 四个温度点试验样品的质量变化情况。总体来说，γ 射线

表 7.7　^{60}Co-γ 射线辐照后 AA6061/B_4C/CF/PI 复合层板的质量

复合层板	辐照剂量/kGy	剩余质量/%			
		400℃	500℃	600℃	700℃
APB10	250	99.39	96.97	92.04	90.51
	500	99.64	97.92	94.27	92.92
	750	99.96	98.64	95.24	94.20
	1000	99.45	97.77	94.23	92.89
APB30	250	99.18	97.59	94.51	93.16
	500	99.75	98.46	95.62	94.57
	750	99.83	98.66	96.21	94.98
	1000	99.68	98.26	95.36	94.43
APB50	250	99.80	98.48	95.54	94.70
	500	99.86	98.66	95.89	95.14
	750	99.94	99.03	96.54	95.49
	1000	99.91	98.81	96.19	95.32

辐照剂量为 750 kGy 时, 复合层板的失重率最低, 试样呈现出最优越的热稳定性; 此外, 较 APB10 复合层板试样, APB30 与 APB50 试样质量损失较小, 这主要是由其中子屏蔽层中所含 B_4C 含量不同所导致的。

表 7.8 为三种类型复合层板 DSC 曲线对应的峰值参数, γ 射线辐照剂量为 750 kGy 所对应的峰值 1 参数均高于其他辐照剂量下的测试结果, 表现出良好的热稳定性, 而峰值 2 所对应的参数差异性则不太明显。

表 7.8　AA6061/B₄C/CF/PI 复合层板 DSC 曲线对应峰值参数

复合层板	辐照剂量/kGy	DSC 对应最大反应温度/°C	
		峰值 1	峰值 2
APB10	250	391.26	653.07
	500	392.49	651.08
	750	395.57	652.27
	1000	392.98	652.97
APB30	250	389.42	652.91
	500	391.71	654.57
	750	393.95	653.87
	1000	392.87	652.63
APB50	250	386.60	653.23
	500	389.38	651.74
	750	392.47	651.67
	1000	387.97	652.27

通过 TGA 曲线可获得试样的热稳定性数据, 如初始分解温度 (IDT)、最大质量损失速率 ($T_{\max}$) 和分解活化能 (E_α) 等, 其中 E_α 由 Broido 的积分法 [28] 根据 TGA 曲线进行计算:

$$\ln\left(\ln\frac{1}{y}\right) = -\frac{E_\alpha}{R} \cdot \frac{1}{T} + k \tag{7.8}$$

式中, y 由以下关系式定义: $y = (W_t - W_\infty)/(W_0 - W_\infty)$, W_t、W_0 和 W_∞ 分别是试样在任何时间点的质量、初始质量和最终质量; T 是试样热温谱图记录的热力学温度; R 是摩尔气体常数 [8.314 J/(mol·K)]; k 是常数。活化能 E_α 通过式 (7.8) 计算的 $\ln\left(\ln\frac{1}{y}\right) - \frac{1}{T}$ 斜率获得。

4) AA6061/B₄C/CF/PI 复合层板的 XPS 分析

图 7.36 是经过不同剂量 γ 射线辐照后复合层板的 XPS 全谱图。从图中可以看出, 全谱图中主要元素为 C、O、N 三种元素, C 1s、O 1s 峰值强度随着辐照

剂量改变呈现出微小差别，而碳 C 1s 的参数和相应的状态改变可阐述辐照缺陷及其演变机制，因此，本节分析不同剂量 ^{60}Co-γ 射线辐照复合层板 C 1s 谱。

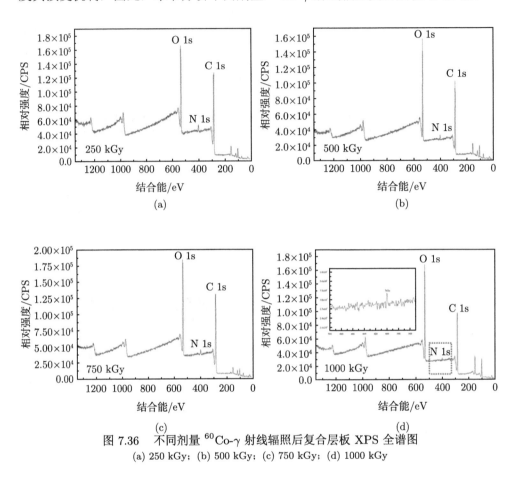

图 7.36　不同剂量 ^{60}Co-γ 射线辐照后复合层板 XPS 全谱图
(a) 250 kGy；(b) 500 kGy；(c) 750 kGy；(d) 1000 kGy

通常，C 1s 谱可以用以下基团进行表述：① 284.8 eV 芳族 C—C 键；② 285~286 eV C—N 键；③ 286.4~286.9 eV C—O 键；④ 288~289 eV C=O 键；⑤ 291 eV 碳酸盐和等离子体损失 [29,30]。XPS 全谱图荷电校准时，选择 C 1s 284.8 eV(C—C 键) 为校准对象，并对 C—O 键 (286.3 eV) 及 C=O 键 (288.4 eV) 进行分峰处理。图 7.37 是经过 250 kGy、500 kGy、750 kGy 及 1000 kGy 不同剂量 ^{60}Co-γ 射线辐照后复合层板高分辨率 C 1s 谱的分峰结果。随着辐照剂量的增加，C=O 键的相对强度出现降低，说明 ^{60}Co-γ 射线辐照造成部分含氧官能团 C=O 的分解。复合层板辐照时间长短不同，影响材料内部吸附/解吸平衡，可能发生含氧官能团的微小变化。辐照后 C 1s 谱不仅造成含氧官能团损失，还使得 284.8 eV 处 C—C 键的峰值强度发生相应变化。

7.3.2 氦离子 (He⁺) 辐照损伤效应

1. 氦离子 (He⁺) 辐照试验

基于 MT3-R Ion Implanter 100 kV 多功能复合离子注入机进行相关氦离子辐照试验，辐照腔真空度为 $2.1\times10^{-4}\sim1.7\times10^{-3}$ Pa，束斑面积为 4.0 cm ×4.0 cm，辐照靶室可装载 4 批试验试样，辐照温度为室温。试验中，He⁺ 辐照能量为 70 keV，离子注入量为 1.0×10^{16} ions/cm² 和 1.62×10^{16} ions/cm²，辐照剂量率为 3.0×10^{12} cm⁻²·s⁻¹。辐照试验装置及试样放置状态如图 7.38 所示。表 7.9 是氦离子辐照试验参数。

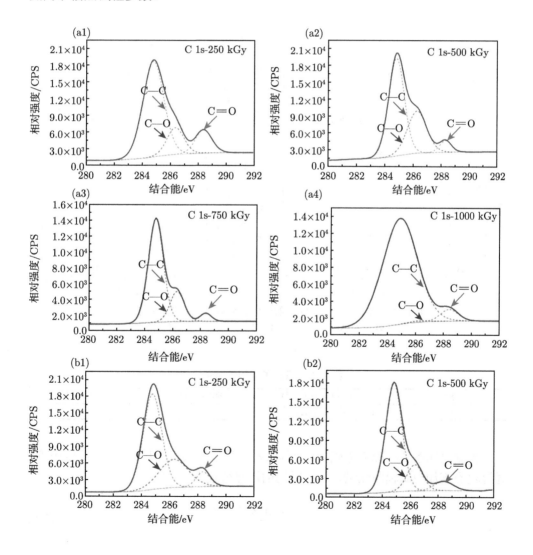

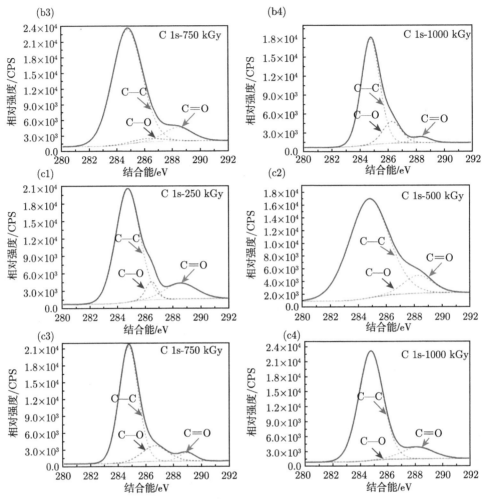

图 7.37　不同剂量 ^{60}Co-γ 射线辐照后复合层板 XPS C 1s 谱

(a1~a4) APB10；(b1~b4) APB30；(c1~c4) APB50

表 7.9　氦离子辐照试验参数

离子辐照	注入剂量/(ions/cm^2)	试验温度/℃	能量/keV
He$^+$	1.0×10^{16}, 1.62×10^{16}	RT	70

根据已知条件实际束流强度、目标束流注量以及束斑面积计算所需辐照时间，通过辐照施加控制辐照注量，辐照时间的计算公式为

$$t = \frac{\phi \times S \times Z \times e}{I} \tag{7.9}$$

式中，t 为辐照时间，s；S 为束斑面积，cm^2；ϕ 为计算所需离子注量，cm^{-2}；e 为单位电荷电量，C；I 为束流流强，A。

图 7.38　氦离子辐照试验

(a) 辐照试验装置；(b) 氦气包；(c) 辐照靶室

2. 氦离子 (He$^+$) 辐照的影响及损伤机制

1) 氦离子辐照对复合层板微观形貌的影响

图 7.39 是 70 keV 氦离子辐照前后复合层板中铝合金的表面形貌，氦离子注入剂量分别为 1.0×10^{16} ions/cm^2 及 1.6×10^{16} ions/cm^2。图 7.39(a) 是未辐照 AA6061 铝合金，铝合金表面平整，轮廓清晰；当注入剂量为 1.0×10^{16} ions/cm^2 时，铝合金表面形成大量氦泡 [图 7.39(b) 和 (c)]；当注入剂量为 1.6×10^{16} ions/cm^2 时，铝合金表面所形成的氦泡发生聚集 [图 7.39(d)~(f)]，辐照后铝合金的表面粗糙度明显增加。

低能氦离子辐照导致复合层板 AA6061 铝合金近表面 (70 keV 氦离子在铝合金中造成的损伤深度 <200 nm) 产生纳米级氦泡缺陷，氦泡的聚集、长大及析出使得铝合金表面产生氦泡及其团聚。当低能氦离子注入铝合金时，由于氦原子在铝合金中的固溶度极低，氦原子通常经过间隙位迁移至晶界处，而铝合金晶界作为晶体结构的面缺陷，晶界处极易俘获氦原子并形成纳米级氦泡缺陷，这类缺陷促使附近区域更多氦原子发生迁移与聚集，形成氦原子–空位复合体，从而导致氦泡成核、聚集并长大，造成铝合金晶界处的氦泡比其内部氦泡的尺寸更大 [31]。当氦离子辐照剂量较小时，铝合金辐照损伤程度相应较低，同时氦原子扩散深度浅；当氦离子辐照剂量较大时，已形核的氦泡在后续氦离子的注入下进一步长大，长大后的氦泡容易沿着铝合金的晶界处析出，即氦离子辐照剂量的增加促进所成核氦泡的增长。

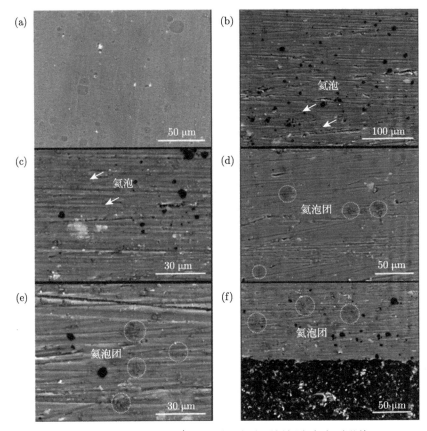

图 7.39   不同注量 He$^+$ 辐照前后复合层板铝合金表面形貌

(a) 未辐照；(b) APB40，$500\times$，1.0×10^{16} ions/cm^2；(c) APB40，$1000\times$，1.0×10^{16} ions/cm^2；(d) APB20，$800\times$，1.6×10^{16} ions/cm^2；(e) APB10，$1000\times$，1.6×10^{16} ions/cm^2；(f) APB50，$800\times$，1.6×10^{16} ions/cm^2

此外，氦离子辐照还会对铝合金表面产生明显的刻蚀作用，原因在于铝合金近表面所形成纳米尺寸的氦泡缺陷长大，导致氦泡内部压力升高，当氦泡内部压力超过铝合金表面的屈服强度时，铝合金表面就被氦泡冲破并发生表皮脱落，形成多孔的表面结构。

2) 氦离子辐照对纳米硬度的影响

图 7.40 是纳米压痕试验的压头加载示意图及加载–卸载曲线示意图；其中，$P_{\max}$ 是最大压入时载荷，$h_{\max}$ 是最大载荷时压头位移，h_{f} 是卸载后最终接触压痕深度，S 是初始卸载刚度 [32,33]。

初始卸载刚度 S 与弹性模量和测试试样接触的投影面积 A 通过以下公式进行计算：

$$S = \left(\frac{\mathrm{d}P}{\mathrm{d}h}\right)^{卸载}_{P=P_{\max}} = \frac{2}{\sqrt{\pi}}E_{\mathrm{r}}\sqrt{A} \tag{7.10}$$

降低的弹性模量 E_{r} 通过如下公式进行计算:

$$\frac{1}{E_{\mathrm{r}}} = \frac{1-\nu^2}{E} + \frac{1-\nu_{\mathrm{i}}^2}{E_{\mathrm{i}}} \tag{7.11}$$

式中,E、ν 分别为测试试样的杨氏模量和泊松比;E_{i}、ν_{i} 是纳米压头材料的相关参数。

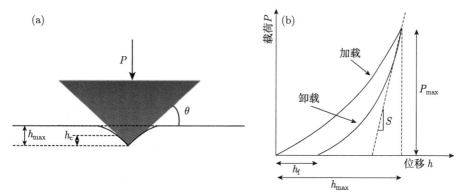

图 7.40 纳米压痕试验

(a) 压头加载示意图;(b) 加载–卸载曲线示意图

处于峰值载荷时,压头与试样的接触面积是由压头的几何形状和接触深度 h_{c} 决定的。压头的几何形状可以用面函数 $F(h)$ 进行描述,该面函数是将压头的横截面积与它尖端的距离 h 相关联。加载过程中压头本身不考虑变形,在峰值载荷下的投影接触面积为

$$A = F(h_{\mathrm{c}}) \tag{7.12}$$

测试试样的纳米硬度 H 为所施加的载荷 $P_{\max}$ 与压头及试样之间的投影面积 A 之间的比值,即

$$H = \frac{P_{\max}}{A} \tag{7.13}$$

图 7.41 是未辐照以及经过 1.0×10^{16} ions/cm^2 和 1.62×10^{16} ions/cm^2 不同剂量氦离子辐照后 AA6061 铝合金的纳米硬度-位移曲线。从图 7.41(a) 可以看出,对于未辐照铝合金而言,在 60~80 nm 深度范围内其硬度达到峰值,平均纳米硬度为 3.75 GPa。随着压痕深度不断增加,纳米硬度逐渐下降,到 500 nm 后趋于稳定,这主要是受到压痕尺寸效应的影响。当 AA6061 铝合金经过 1.0×10^{16}

ions/cm² 氦离子辐照后，硬度由初始的 3.75 GPa 下降到 2.75 GPa[图 7.41(b)]；
进一步增加辐照剂量至 1.6×10^{16} ions/cm²，则硬度继续降低 [图 7.41(c)]，其硬度
随着原子位移损伤 (辐照剂量) 增大而下降。铝合金硬度变化受到晶粒尺寸、晶界
等因素影响，其力学性能不但取决于辐照缺陷导致晶粒内部结构的变化，也取决
于微观尺度下晶粒间的相互作用 [34]。当注入氦离子时，铝合金近表面产生空位、
空洞和自间隙原子，其硬度降低。

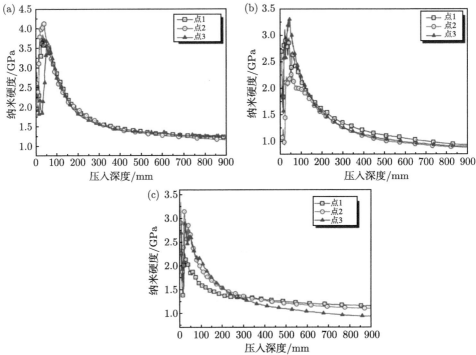

图 7.41　氦离子辐照前后铝合金的纳米硬度与压入深度之间的变化关系曲线

(a) 未辐照 AA6061 铝合金；(b) 辐照剂量为 1.0×10^{16} ions/cm² 铝合金；(c) 辐照剂量为 1.62×10^{16}
ions/cm² 铝合金

3) 氦离子辐照损伤机制

氦离子注入铝合金中，会在铝合金内部产生空位、空洞和自间隙原子，形成
纳米量级氦泡缺陷，并以纳米量级氦泡缺陷作为前驱体促使氦泡聚集，在空位/空
洞处长大，形成更大的缺陷，使得测试试样表面产生微米级的辐照产物。所形成
的空位及缺陷可以俘获注入的氦离子并形成氦原子–空位复合体，且氦原子–空位
复合体成为纳米氦泡的形核中心，使得氦泡的分布受到影响。增加复合层板的氦
离子注入量，可以观察到更多辐照产物的产生，主要是因为在后续氦离子的持续
注入下，氦泡不断地进行聚集、长大、迁移与析出，试样表面的辐照产物出现团

聚。氦离子辐照缺陷的形成机制如图 7.42 所示。

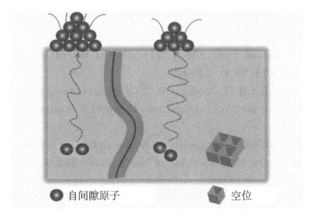

自间隙原子　　　空位

图 7.42　氦离子辐照缺陷的形成机制

经过 γ 射线辐照后，复合层板的整体结构稳定，未出现明显的基团破坏和失稳。当注入氦离子剂量为 1.6×10^{16} ions/cm^2 时，铝合金内部产生纳米级氦泡缺陷，发生氦泡的聚集、长大及析出，并在铝合金表面出现聚集。

参 考 文 献

[1] Mohamed N M A. Direct reuse of spent nuclear fuel[J]. Nuclear Engineering and Design, 2014, 278: 182-189.

[2] 符学龙. 乏燃料贮存用 B4C/CF/PI/AA6061 超混杂复合层板的制备及性能研究 [D]. 南京: 南京航空航天大学, 2018.

[3] 嵇培军, 陈梦怡, 杨明, 等. PMR 聚酰亚胺石英纤维织物复合材料性能的研究 [C]. 第十五届全国复合材料学术会议论文集 (上册), 2008.

[4] Huang Y, Liang L, Xu J, et al. The design study of a new nuclear protection material[J]. Nuclear Engineering and Design, 2012, 248: 22-27.

[5] Suo Z, Hutchinson J W. Interface crack between two elastic layers[J]. International Journal of Fracture, 1990, 43(1): 1-18.

[6] Yaghoubi A S, Liaw B. Thickness influence on ballistic impact behaviors of GLARE 5 fiber-metal laminated beams: experimental and numerical studies[J]. Composite Structures, 2012, 94(8): 2585-2598.

[7] 陈飞达, 汤晓斌, 王鹏, 等. 基于蒙特卡罗方法的中子屏蔽材料设计 [J]. 强激光与粒子束, 2012, 24(12): 3006-3010.

[8] Zhang P, Li Y, Wang W, et al. The design, fabrication and properties of B4C/Al neutron absorbers[J]. Journal of Nuclear Materials, 2013, 437(1): 350-358.

[9] Shultis J K, Faw R E. An MCNP primer [R]. Manhattan: Kansas State University, 2011: 12-20.

[10]　Wang P, Tang X, Chai H, et al. Design, fabrication, and properties of a continuous carbon-fiber reinforced Sm_2O_3/polyimide gamma ray/neutron shielding material[J]. Fusion Engineering and Design, 2015, 101: 218-225.

[11]　Aygün B, Korkut T, Karabulut A, et al. Production and neutron irradiation tests on a new epoxy/molybdenum composite[J]. International Journal of Polymer Analysis and Characterization, 2015, 20(4): 323-329.

[12]　Rivard M J, Zamenhof R G. Moderated [252]Cf neutron energy spectra in brain tissue and calculated boron neutron capture dose[J]. Applied Radiation and Isotopes, 2004, 61(5): 753-757.

[13]　Li Z F, Xue X X. Shielding properties of boron-containing ores composites for 1 keV, 1 eV and 0.0253 eV neutron[J]. Journal of Northeastern University, 2011, 32(12): 1716-1720.

[14]　Li Y, Wang W, Zhou J, et al. [10]B areal density: a novel approach for design and fabrication of B_4C/6061Al neutron absorbing materials[J]. Journal of Nuclear Materials, 2017, 487: 238-246.

[15]　张鹏, 张哲维. 碳纤维增强 B4C/Al 中子吸收材料的优化设计 [J]. 核技术, 2015, 38(3): 30605.

[16]　Yun C X, Lin Z X. Properties, types, production and application of nuclear graphite nuclear reactors[J]. Carbon Techniques, 2009, 28(6): 28-35.

[17]　戴宏毅, 杨化中. 用蒙特卡罗方法计算快中子屏蔽体的厚度 [J]. 国防科技大学学报, 1996, 18(1): 129-134.

[18]　Kluge H, Weise K. The neutron energy spectrum of a [241]Am-Be (α,n) source and resulting mean fluence to dose equivalent conversion factors[J]. Radiation Protection Dosimetry，1982, 2(2): 85-93.

[19]　戴春娟, 刘希琴, 刘子利, 等. 铝基碳化硼材料中子屏蔽性能的蒙特卡罗模拟 [J]. 物理学报, 2013, 62(15): 131-135.

[20]　Elmahroug Y, Tellili B, Souga C. Calculation of fast neutron removal cross-sections for different shielding materials[J]. International Journal of Physics and Research, 2013, 3(2): 7-16.

[21]　郁海燕, 汤晓斌, 王鹏, 等. 基于蒙特卡罗方法的新型乏燃料干式贮存容器辐射安全仿真验证 [J]. 核技术, 2016, 39(3): 30201.

[22]　Kanjana K, Ampornrat P, Channuie J. Gamma-radiation-induced corrosion of aluminum alloy: low dose effect[J]. Journal of Physics: Conference Series, 2017, 860(1): 012041.

[23]　Zhu H, Holmes R, Hanley T, et al. High-temperature corrosion of helium ion-irradiated Ni-based alloy in fluoride molten salt[J]. Corrosion Science, 2015, 91: 1-6.

[24]　Diaham S, Locatelli M L, Lebey T, et al. Thermal imidization optimization of polyimide thin films using Fourier transform infrared spectroscopy and electrical measurements[J]. Thin Solid Films, 2011, 519(6):1851-1856.

[25]　Fu E G, Carter J, Swadener G, et al. Size dependent enhancement of helium ion

irradiation tolerance in sputtered Cu/V nanolaminates[J]. Journal of Nuclear Materials, 2009, 385(3): 629-632.

[26] Said H M. Effects of gamma irradiation on the crystallization, thermal and mechanical properties of poly (L-lactic acid)/ethylene-*co*-vinyl acetate blends[J]. Journal of Radiation Research and Applied Sciences, 2013, 6(2): 11-20.

[27] Zegaoui A, Wang A, Dayo A Q, et al. Effects of gamma irradiation on the mechanical and thermal properties of cyanate ester/benzoxazine resin[J]. Radiation Physics and Chemistry, 2017, 141: 110-117.

[28] Broido A. A simple, sensitive graphical method of treating thermogravimetric analysis data[J]. Journal of Polymer Science Part B: Polymer Physics, 1969, 7(10): 1761-1773.

[29] Figueiredo J L, Pereira M F R. The role of surface chemistry in catalysis with carbons[J]. Catalysis Today, 2010, 150(1): 2-7.

[30] Ansón-Casaos A, Puértolas J A, Pascual F J, et al. The effect of gamma-irradiation on few-layered graphene materials[J]. Applied Surface Science, 2014, 301: 264-272.

[31] 张飞飞. Al/B4C 中子吸收材料和锆合金的离子辐照效应和服役评估 [D]. 厦门: 厦门大学, 2015.

[32] Lu Y C, Jones D C, Tandon G P, et al. High temperature nanoindentation of PMR-15 polyimide[J]. Experimental Mechanics, 2010, 50(4): 491-499.

[33] Mussert K M, Vellinga W P, Bakker A, et al. A nano-indentation study on the mechanical behaviour of the matrix material in an AA6061-Al_2O_3 MMC[J]. Journal of Materials Science, 2002, 37(4): 789-794.

[34] 肖厦子, 宋定坤, 楚海建, 等. 金属材料力学性能的辐照硬化效应 [J]. 力学进展, 2015, 45(1): 201505.

第 8 章 纤维金属层板夹层结构的设计与应用性能研究

夹层结构是由高刚度、高强度的薄面板与轻质且较厚的芯材组成,包括泡沫、蜂窝、波纹板及新型点阵夹层结构 (周期桁架结构)。从微观结构看,泡沫属于随机芯子类型,后几种属于周期芯子类型。泡沫、蜂窝等传统轻质结构已被广泛应用于机械、工程和建筑等领域。我国现有标准化动车组的蒙皮结构 (包括开闭机构、驾驶舱、设备舱底板、裙板等) 均采用铝合金面板 + 铝蜂窝等传统金属夹层结构制造,具有良好的比刚度、比强度特性。然而,随着列车的进一步提速,这一传统结构已无法满足车体在轻量化、抗疲劳、抗振动和抗噪等方面的要求。例如,现役设备舱底板主要结构为铝框架的铝蜂窝夹层板,由于其安装于大型电气设备的下方,在列车的运行过程中会承受气动载荷或石子飞溅、冰雪刮擦等载荷,铝合金面板与铝蜂窝芯材可能会出现脱胶、变形或腐蚀等问题,严重时甚至会导致雨雪进入设备舱内部而影响电气设备的安全性。此外,蜂窝芯是离散的封闭腔体,难以处理预埋、传热及传声等问题。针对上述问题,采用周期桁架结构 (如三维中空复合材料) 作为芯材,纤维金属层板作为面板的超混杂复合材料代替现有结构,根据高速列车蒙皮结构的服役要求,开展了纤维金属层板夹层结构的轻量化设计及性能分析工作。

8.1 纤维金属层板夹层结构的设计及制备方法

纤维金属层板夹层结构的面板为 6061-T6 铝合金层与玻璃纤维增强聚丙烯层交替铺层的 Al/GF/PP 层板,芯材为 10 mm 厚的三维中空复合材料 (标记为 S0),整体结构命名为 Al/GF/PP 面板–三维中空夹层复合材料,其铺层如图 8.1 所示。研究表明,面板中的玻璃纤维增强聚丙烯层与三维中空复合材料芯层黏结,其黏结性能优于铝合金层和三维中空复合材料芯层黏结的结果 [1]。由于设计的夹层复合材料在高速列车的服役部位较多,而性能要求各不相同,提供了 4 种结构进行分析,为夹层复合材料的设计和应用提供了选材方案,分别命名为结构 1 至结构 4(以下简写为 S1~S4),试样 S1~S4 的两侧面板所含铝合金层数分别从一层递增到四层。例如,试样 S1 的结构铺层依次是 0.5 mm 的 6061-T6 铝合金薄板、0.6 mm 的玻璃纤维增强聚丙烯预浸料层 (0.3 mm 正交铺层的 GFPP)、三维中空复合材料、0.6 mm 的玻璃纤维增强聚丙烯预浸料层、0.5 mm 的 6061-T6 铝合金薄板。试样 S2 的结构铺层依次是 0.5 mm 的 6061-T6 铝合金薄板、0.6 mm 的玻璃纤维增强聚丙烯预浸料层、0.5 mm 的 6061-T6 铝合金薄板、0.6 mm 的玻璃纤维增强聚丙烯预浸料层、三维中空复合材料、0.6 mm 的玻璃纤维增强聚丙烯预浸料层、0.5 mm 的 6061-T6 铝合金薄板、0.6 mm 的玻璃纤维增强聚丙烯预浸料层、0.5 mm 的 6061-T6 铝合金薄板。试样 S3 和试样 S4 的结构铺层以此类推，具体尺寸参数见表 8.1。

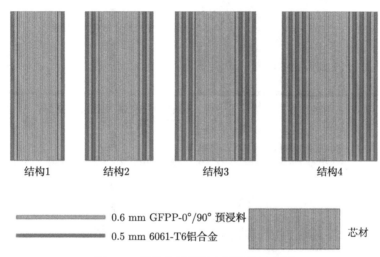

图 8.1 纤维金属层板夹层结构示意图

表 8.1 纤维金属层板夹层结构的几何参数

	芯材厚度/ mm	面板厚度/ mm	整体厚度/ mm	面密度/(kg/m^2)
S1	8.5	1.1	10.7	5.8
S2	8.5	2.2	12.9	9.9
S3	8.5	3.3	15.1	14.5
S4	8.5	4.4	17.3	19.1

三维中空复合材料的制备工艺流程如图 8.2 所示：第一步，称量三维中空织物质量，以三维中空织物和树脂 3:4 的质量比计算树脂用量，按树脂和固化剂 100:45 的质量比混合环氧树脂。第二步，三维中空复合材料的真空导流，如图 8.3 所示，在玻璃工作台上依次铺上脱模布、三维中空织物试样、导流网及真空袋膜。将胶管铺设好后，用胶带将真空袋膜的四周封边。打开真空泵站系统，观察树脂的流动情况，当树脂遍布三维中空织物后关闭真空泵。第三步，拆下真空袋膜和导流网，三维中空复合材料由于毛细作用自然"站立"。第四步，在室温下固化

24 h 后，将试样放入烘箱。依据厂家提供的树脂固化工艺条件设置烘箱温度，随
烘箱升温至 60 ℃、100 ℃、150 ℃ 时各保温 0.5 h，最后升温至 195 ℃ 保温 2 h。
第五步，去除毛刺，制备成形三维中空复合材料。

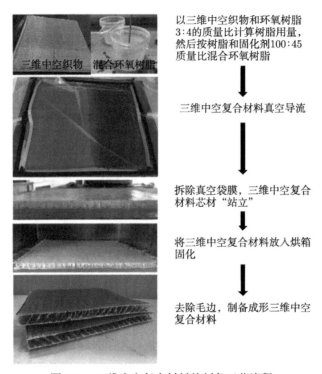

以三维中空织物和环氧树脂
3:4的质量比计算树脂用量，
然后按树脂和固化剂100:45
质量比混合环氧树脂

↓

三维中空复合材料真空导流

↓

拆除真空袋膜，三维中空复合
材料芯材"站立"

↓

将三维中空复合材料放入烘箱
固化

↓

去除毛边，制备成形三维中空
复合材料

图 8.2　三维中空复合材料的制备工艺流程

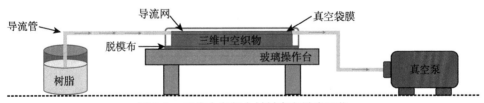

图 8.3　三维中空复合材料真空导流工艺

　　Al/GF/PP 面板–三维中空夹层复合材料的制备采用热模压法，首先，将脱模
布包裹的试样水平置于硫化机中，固化温度和固化压力分别为 180℃、0.8 MPa。
保温保压 10 min。停止加热后，试样在模具中自然冷却至 80 ℃。将 Al/GF/PP
面板–三维中空夹层复合材料取出，空冷至室温，切割后的试样如图 8.4 所示。

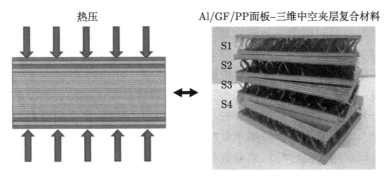

图 8.4 Al/GF/PP 面板–三维中空夹层复合材料制备示意图及试样

8.2 纤维金属层板夹层结构的力学性能及失效行为

8.2.1 层间性能

1. 夹层复合材料的界面胶层设计

纤维金属面板与芯材的界面结合质量对夹层复合材料的综合性能具有重要的影响,本书通过滚筒剥离试验对比了 Al/GF/PP 面板与三维中空复合材料芯及铝蜂窝芯的界面结合强度 (图 8.5)。当胶膜厚度为零时,仅依靠预浸料中所含的 PP 树脂无法实现面板与芯材之间的有效黏合,而且芯材表面几乎无树脂残留。随着胶膜厚度的增加,滚筒剥离强度呈增大趋势。需要注意的是,胶膜需要具有适合黏合夹层结构的黏度和流动性。随着胶膜厚度从 0.20 mm 增加到 0.24 mm,Al/GF/PP 面板–三维中空夹层复合材料的滚筒剥离强度仅提高 3%。因此,考虑到胶膜厚度增加带来的成本及质量增加问题,过量添加胶膜提高界面结合强度并不合适。经验证,Al/GF/PP 面板–三维中空夹层复合材料的最佳胶膜厚度为 0.20 mm。此外,当三维中空复合材料作为芯材时,面板与芯材以面接触的接触形式实现黏结,通过对比两者的剥离强度可知,夹层结构之间的界面接触形式不同导致三维中空夹层结构的滚筒剥离强度显著大于铝蜂窝芯夹层结构,具有更加优异和可调控的界面结合强度。

2. 夹层复合材料的剪切性能

Al/GF/PP 面板–三维中空夹层复合材料典型剪切载荷–位移曲线及失效过程如图 8.6 所示,加载过程可分为四个阶段:阶段 I 中,"8"形纤维束 (此处简称为纤维束) 承受剪切载荷并在面内稳定协调变形,曲线呈线性增长。阶段 II 中,载荷–位移曲线上升趋势减缓,该过程持续伴随试样发出树脂基体破碎断裂的响声,夹层复合材料的厚度不断被压缩,每一束纤维通过参与协调变形,承受两侧面板施加的拉应力，同时发生屈曲变形。由于纤维束本身具备一定曲率且树脂含量较高，发生屈曲变形时树脂基体率先发生破碎与断裂，此时大部分纤维束仍未断裂失效，仅有少量纤维束完全断裂。随着纤维塑性变形程度增加，夹层复合材料厚度被进一步压缩，由于在阶段 II 中树脂基体已失效，在阶段 III 中主要为纤维束承载，应力集中于纤维束靠近面板的根部并不断引发其在该部位失效。随着纤维束中树脂完全开裂破碎，在前半部分较小的位移内夹层结构完全由纤维束承载，曲线斜率增大，当载荷值到达纤维承载极限时，纤维束不断发生断裂，载荷值下降并进入平台区。当大部分纤维束断裂失效时，阶段 III 平台区结束，进入阶段 IV，该阶段载荷值迅速下降直至完全失效。其失效模式表现为大部分纤维束在靠近面板的根部发生断裂，少量纤维束在其中部断裂。由于夹层复合材料面板及芯材界面结合强度高，未见面芯界面分层失效，其剪切性能取决于三维中空复合材料芯的剪切强度，三维中空复合材料芯在较大的剪切变形范围内可保持承载能力。

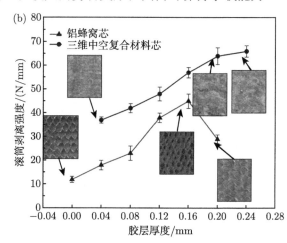

图 8.5　夹层复合材料的滚筒剥离试验

(a) 试样尺寸及滚筒剥离试验图；(b) 测试结果

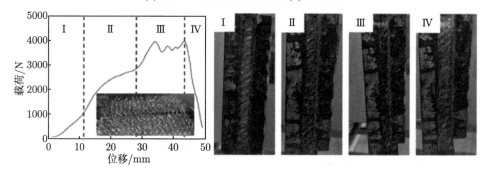

图 8.6　Al/GF/PP 面板–三维中空夹层复合材料典型剪切载荷–位移曲线及失效过程

8.2.2　弯曲性能

1. 面板结构对夹层复合材料弯曲性能影响的分析

1) 夹层复合材料的弯曲失效

图 8.7(a) 是 Al/GF/PP 面板–三维中空夹层复合材料 (S1) 的载荷–挠度曲线, 呈线性上升趋势 (阶段 I), 且在加载过程中未观察到试样明显的损坏。随后, 由于三维中空复合材料芯的增强机制和 Al/GF/PP 面板的变形, 该曲线非线性增加, 并在挠度约 15 mm 处达到平均 733N 的极限破坏载荷 (阶段 II)。一般对金属面板的夹层结构而言, 会保持这种失效形式继续变形直至失效 [图 8.7(b)]。而 Al/GF/PP 面板会出现分层现象 (阶段 III), 载荷呈波动下降至最大载荷的 55%。

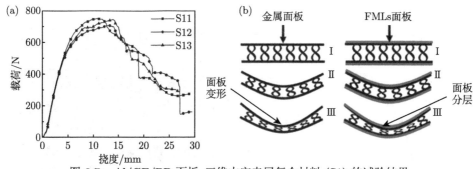

图 8.7　Al/GF/PP 面板–三维中空夹层复合材料 (S1) 的试验结果
(a) 载荷–挠度曲线; (b) 典型失效模式

如图 8.8(a) 所示, 试样 S2 的载荷–挠度曲线与试样 S1 的相似。首先, 曲线呈线性增长。随后, 曲线增长减缓直至达到平均载荷 1314 N。随着 Al/GF/PP 面板的弯曲和变形 [图 8.8(b)], 在加载过程中试样发出连续且清晰的纤维断裂声, 表现为芯材的纤维根部出现白化现象 [图 8.8(c)]。最后, 由于中部的纤维挤压和上部 Al/GF/PP 面板的分层, 曲线进入到最终载荷的 70%~75% 的长平台阶段 [图 8.8(d~e)]。

图 8.9 为 Al/GF/PP 面板–三维中空夹层复合材料 (S3) 的三点弯曲试验结果。载荷–挠度曲线 [图 8.9(a)] 首先线性增加, 并在达到平均载荷 2081 N 时缓慢失效, 挠度接近 14~15 mm。当夹层复合材料受弯曲载荷作用时, 芯材首先发生纤维脆断的失效形式 [图 8.9(b)]。随后, 上层 Al/GF/PP 面板中出现分层现象, 而在芯材的中部存在玻璃纤维压溃现象 [图 8.9(c)]。最后, 由于上层 Al/GF/PP 面板分层失效产生的扩散效应, 载荷–挠度曲线直线下降, 并以极限载荷的 70%~75% 进入长平台阶段 [图 8.9(d)]。

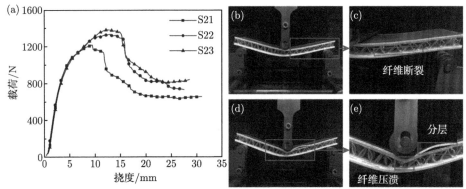

图 8.8　Al/GF/PP 面板–三维中空夹层复合材料 (S2) 的试验结果
(a) 载荷–挠度曲线；(b~e) 典型失效模式

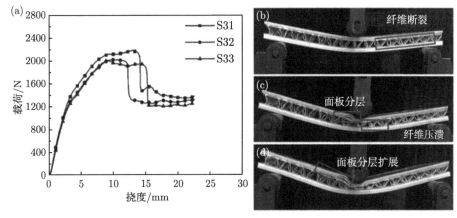

图 8.9　Al/GF/PP 面板–三维中空夹层复合材料 (S3) 的试验结果
(a) 载荷–挠度曲线；(b~d) 典型失效模式

图 8.10(a) 是 Al/GF/PP 面板–三维中空夹层复合材料 (S4) 的载荷–挠度曲线，曲线首先线性增长，并缓慢地达到平均峰值载荷 3096 N，此时，挠度接近 13 mm。随后，由于上部面板的分层和芯材中纤维断裂压溃失效，曲线崩塌式下降至峰值载荷的 65% 处。接着，曲线出现第二峰值载荷 (挠度为 24 mm)，是第一峰值载荷的 80%。当上下面板之间的距离达到最小值 (类似于试样 S3 的破坏模式) 时，上面板已经发生分层扩展失效 [图 8.10(b) 和 (c)]。三维中空复合材料绒经的塑性转动 [2] 是试样 S3 和 S4 失效的主要原因。与前几种结构相比，较厚的面板具有更高的强度和刚度。值得注意的是，三维中空复合材料芯材受弯曲载荷后呈现不对称的致密化，并且每侧面板之间的间距明显不同。这是因为绒经与面板之间的角度通常为 80° ~ 90°，当芯材在弯曲载荷作用下旋转到较小的锐角，整体

结构以压缩扭结的形式失效[3]。而在面板之间间距较大的一侧，上层 Al/GF/PP 面板将因分层而失效。

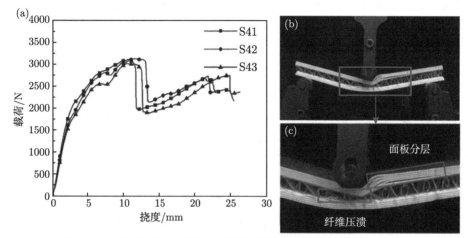

图 8.10 Al/GF/PP 面板–三维中空夹层复合材料 (S4) 的试验结果
(a) 载荷–挠度曲线；(b, c) 典型失效模式

2) 夹层复合材料的弯曲延性

与结构的脆性破坏相比，延性破坏指试样在达到屈服或最大承载能力状态后，产生较大的塑性变形，最后导致断裂失效。延性可定义为能量吸收能力，表示为总能量 (E_t) 与弹塑性能量 (E_e) 的比例。夹层复合材料的延性系数[4]表示为

$$\mu = \frac{1}{2}\left(\frac{E_t}{E_e} + 1\right) \tag{8.1}$$

式中，E_t 为总能量，是载荷–位移曲线与坐标轴所围区域的面积；E_e 为弹塑性能量，是斜率为 K_3 的线在 $X_0 \sim X_3$ 区间上的积分三角形的面积，见图 8.11(a)。

$$K_3 = [P_1 K_1 + (P_2 - P_1) K_2]/P_2 \tag{8.2}$$

式中，K_1 和 K_2 为拟合载荷–位移曲线的斜率；P_1 和 P_2 为对应拟合线终点的载荷值。

如图 8.11(b~e) 所示，Al/GF/PP 面板–三维中空夹层复合材料 (S1~S4) 的弯曲载荷–挠度曲线呈延性失效形式。三维中空复合材料是典型的脆性材料 [图 8.11(f)]，Al/GF/PP 面板–三维中空夹层复合材料在三维中空复合材料芯材完全压碎的情况下，仍可继续变形，这归因于 Al/GF/PP 面板具有出色的延展性 [图 8.11(g)]。可见，这类面板增强的三维中空夹层复合材料的延性破坏机制取决于面板的延性特性。表 8.2 为试样 S1~S4 的延性系数，其中，试样 S2 的延性系

数最大。由于面板和芯材的协同作用机制，在试样失效模式相同的情况下，随着 Al/GF/PP 面板厚度的增加，结构的延性变得更好。例如，试样 S1 和 S2 的上面板均发生分层失效，试样 S2 的延性系数大于试样 S1 的。类似地，试样 S4 的延性优于试样 S3 的，并且均表现为非对称变形的破坏模式。

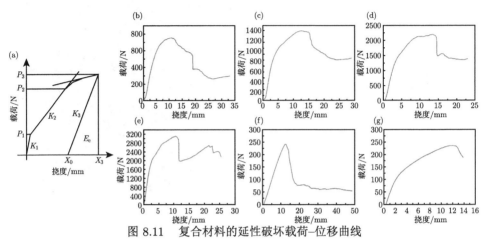

图 8.11　复合材料的延性破坏载荷–位移曲线

(a) 典型复合材料；(b) S1；(c) S2；(d) S3；(e) S4；(f) 三维中空复合材料；(g) Al/GF/PP 层板 (3/2)

表 8.2　三维中空夹层复合材料的延性系数

	P_1	K_1	P_2	K_2	P_3	K_3	X_0	X_3	E_e	E_t	μ
S1	328.8	134.9	581.7	104.7	749.6	121.8	4.5	10.7	2.3	14.8	3.7
S2	814.7	324.6	1065.9	116.1	1385.2	275.5	6.5	11.5	3.5	28.5	4.6
S3	1361.2	466.4	2000.9	153	2191.3	366.2	7.0	13.0	6.6	36.5	3.3
S4	1779.8	866.3	2806.1	220.4	3118.6	630.1	5.8	10.7	7.7	55.9	4.1

3) 夹层复合材料的弯曲刚度

夹层复合材料的弯曲刚度越大，抵抗弯曲变形的能力越强。在许多工程应用中，弯曲刚度是夹层复合材料设计过程中的重要参考值。依据铁摩辛柯梁理论[5]，对于上下面板具有相同厚度和对称截面的夹层复合材料，其弯曲刚度可表示为

$$D = 2D_f + D_0 + D_c = \frac{E_f t_f^3}{6} + \frac{E_f t_f d^2}{2} + \frac{E_{cx} t_c^3}{12} \tag{8.3}$$

式中，$2D_f$ 为上面板和下面板对其各自中性轴的弯曲刚度；D_0 为面板对夹层梁中心轴的弯曲刚度；D_c 为芯材的弯曲刚度；d 为上面板和下面板的中性轴之间的距离；t_f 和 t_c 分别为面板和芯材的厚度；E_f 和 E_{cx} 分别为面板和芯材长轴方向的刚度。为方便起见，所讨论的夹层复合材料均具有单位宽度。

弯曲刚度 [6] 的计算公式如下：

$$R = \frac{PL^3}{48\delta} \tag{8.4}$$

式中，P 为峰值载荷；L 为跨距；δ 为峰值载荷所对应的挠度。

表 8.3 为 Al/GF/PP 面板–三维中空夹层复合材料的弯曲刚度。由式 (8.4) 可知，Al/GF/PP 面板–三维中空夹层复合材料的弯曲刚度由三部分组成。根据四种结构的特征可知，四种结构具有相同的 D_c，Al/GF/PP 面板的结构从 2/1 扩展到 3/2 及 4/3 等，面板的刚度 (E_f) 呈较小的下降趋势。然而，较厚的芯材提高了面板与夹层复合材料中性层的距离 (d)。因此，Al/GF/PP 面板–三维中空夹层复合材料的弯曲刚度随着面板的增厚呈增大趋势。

表 8.3 　Al/GF/PP 面板–三维中空夹层复合材料的弯曲刚度 $[R/(\mathrm{N \cdot m^2})]$

S1	S2	S3	S4
5.05±0.59	10.16±0.87	16.71±1.67	24.52±0.95

4) 夹层复合材料的比弯曲强度

通过三点弯曲试验，可结合式 (8.5) 和式 (8.6) 计算弯曲强度和比弯曲强度：

$$F = \frac{3PL}{2bt^2} \tag{8.5}$$

$$S = \frac{F}{\rho} \tag{8.6}$$

式中，F 为弯曲强度；P 为峰值载荷；L 为跨距；b、t 和 ρ 分别为试样的宽度、厚度及面密度。

Al/GF/PP 面板–三维中空夹层复合材料的比弯曲强度随着 Al/GF/PP 面板结构的变化（厚度增加）而降低（图 8.12），分别为 3.31 MPa·m²/kg、2.50 MPa·m²/kg、2.04 MPa·m²/kg 和 1.91 MPa·m²/kg。在弯曲载荷的作用下，弯矩转化为上下面板的面内压缩应力和拉伸应力，而三维中空复合材料芯层主要承受剪切应力作用。如图 8.13 所示，在卸载后的三点弯曲试样 S1~S4 中，未发生明显的面芯剥离失效。这是由于三维中空复合材料作为芯材时，面板与芯材以面接触的形式实现黏结，界面结合强度优异。

2. Al/GF/PP 面板–三维中空夹层复合材料弯曲性能模拟仿真研究

以试样 S2 为例，Al/GF/PP 面板–三维中空夹层复合材料的有限元模型如图 8.14 所示，分别赋予铝合金层 (Al) 和 GFPP 层的网格属性为 C3D8R。考虑到试验中未出现面板和芯材的脱胶现象，为了简化模型并提高运算效率，面板与芯层采用"Tie"约束。支座及压头和上下面板之间采用摩擦系数为 0.3 的通用接触 (general contact)，法向行为定义为硬接触 (hard contact)。Al/GF/PP 面板的建模可参考文献 [7]，基于内聚力接触设置铝合金与 GFPP 复合材料之间的界面性能。

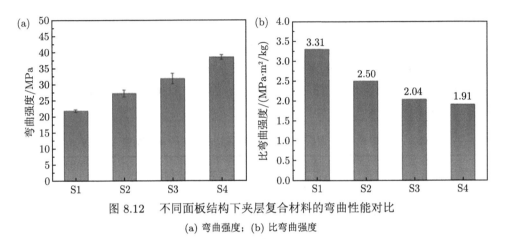

图 8.12　不同面板结构下夹层复合材料的弯曲性能对比

(a) 弯曲强度；(b) 比弯曲强度

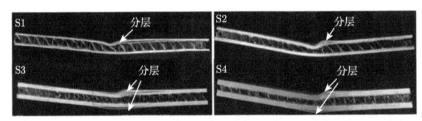

图 8.13　不同面板结构下夹层复合材料的失效模式对比

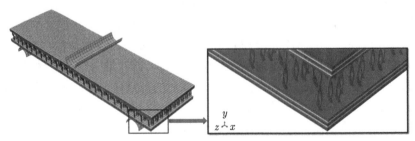

图 8.14　Al/GF/PP 面板–夹层复合材料弯曲性能有限元模型

　　建立三维中空复合材料的有限元法模型首先要采用 Pro-E 建立三维模型，再通过有限元软件 ABAQUS/Explicit 进行组装并分析求解。依据三维中空复合材料的实际测量形状，假设单个"8"形纤维由两条空间正弦曲线构成。其方程为：
$x = A\sin(wz)$，芯材的振幅 A 由绒经的送经量确定，$w = 2\pi/h$，h 为芯材高度；
纬向的构型为一斜直线段，其方程为

$$\frac{y}{h\cot\theta} + \frac{z}{h} = 1 \tag{8.7}$$

式中，绒经与纬向的夹角 θ 的范围为 $80° \sim 90°$。

以 10 mm 厚的三维中空复合材料为例，建立三维中空复合材料的全尺寸有
限元分析模型，如图 8.15 所示。

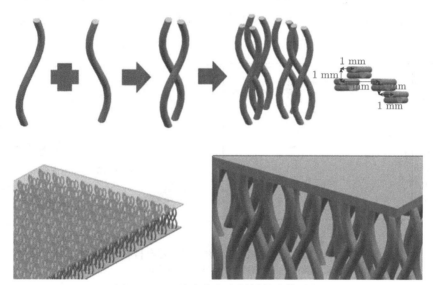

图 8.15　三维中空复合材料的建模过程

建模过程如下，首先依据其对应单束绒经的参数化方程 (表 8.4) 建立单根空
间正弦曲线。随后，通过坐标变化将两条单束绒经组成"8"形结构。接着，根据
实际测量间距将四个"8"形结构组成一个阵列单元，分别在经向、纬向以 6 mm
和 8 mm 的间隔阵列。最后，在阵列的结构上下表面加上薄面板，薄面板看作各
向同性材料。薄面板与阵列结构均采用 SC8R 壳单元建模，二者之间采用"Tie"
约束，具体材料参数如表 8.5 所示 [8]。

表 8.4　三维中空复合材料有限元参数

高度 h/mm	面板厚度 h_f/mm	曲线方程 (拉伸圆直径为 0.5mm)
8.5	0.5	$x = 0.8\sin(360t)$ $y = 1.76(1 - t)$ $z = 10t$

表 8.5　三维中空复合材料面板及芯材材料参数

	E_1/MPa	E_2/MPa	Nu_{12}	G_{12}/MPa	G_{13}/MPa	G_{23}/MPa
面板	11230	14670	0.151	1660	4780	4780
芯材	16560	4750	0.334	1730	2120	2120

图 8.16(a) 是 Al/GF/PP 面板–三维中空夹层复合材料有限元模拟的弯曲载荷–挠度曲线,可见其结果高估了复合材料的弯曲刚度及最大载荷。这是由于在建模过程中"8"形纤维设置了相同的偏转角度,导致三维中空复合材料芯的刚度偏大。而曲线变化趋势大致相同,其失效模式主要包括面板的整体塑性变形及芯材的不对称密实化 [图 8.16(b) 和 (c)]。此外,试验曲线在加载初期有一段过渡区域,而在模拟的过程中,由于压头和试样的距离通常设置为零,因此无该区域段。

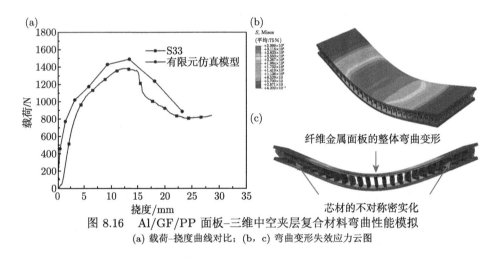

图 8.16　Al/GF/PP 面板–三维中空夹层复合材料弯曲性能模拟
(a) 载荷–挠度曲线对比;(b, c) 弯曲变形失效应力云图

图 8.17 和图 8.18 为 Al/GF/PP 面板–三维中空夹层复合材料的芯材及面板组分材料在弯曲载荷下的应力云图,其中面板包含两层铝合金和两层 GFPP(S2)。"8"形纤维中放大部分显示的不同应力状态 (图 8.17) 以及金属层中不对称的应力分布 (图 8.18) 直接说明了 Al/GF/PP 面板–三维中空夹层复合材料的不对称变形。"8"形纤维在弯曲载荷下的塑性转动是夹层复合材料主要的弯曲失效机制。夹层复合材料自上而下的铺层顺序标注为 MU1 - FU01 - FU901 - MU2 - FU02 - FU902 - 中空复合材料芯材 (core) - FL903 - FL03 - ML3 - FL904 - FL04 - ML4。一方面,上层 Al/GF/PP 面板中金属层与其相邻的复合材料层之间发生分层失效,尤其是在试样长度方向的边缘处 (MU2、FU02 和 FU902)。另一方面,底部金属层 (ML4) 和复合材料 (FL904 和 FL04) 之间也会发生分层,这在试样 S3 和 S4 的试验结果中得到了直观的体现。因此,今后在制备这种多层结构复合材料的过程中,可根据事先模拟的应力分布,重点加强各层薄弱部位的层间性能。

Al/GF/PP 面板提高了三维中空复合材料的抗弯曲性能,体现在三维中空复合材料芯的绒经发生塑性转动,这进一步说明 Al/GF/PP 面板提高了三维中空复合材料的抗弯强度、抗弯刚度和延性。

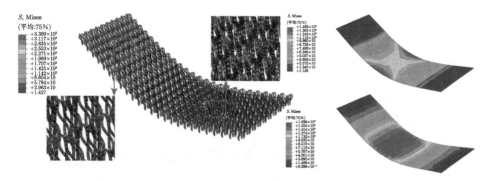

图 8.17 三维中空复合材料芯中面层及芯材的应力云图

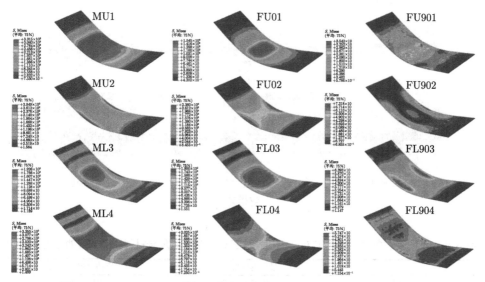

图 8.18 Al/GF/PP 面板–三维中空夹层复合材料中各材料层应力云图

M: 金属层; U: 上部纤维金属面板; L: 下部纤维金属面板; F: 玻璃纤维增强聚丙烯层; 0: 0° 方向; 90: 90° 方向; 1 ∼ 4: 自上而下顺序

3. 不同受载条件下夹层复合材料的弯曲性能

Al/GF/PP 面板–三维中空夹层复合材料 (S3) 的长梁弯曲载荷–挠度曲线如图 8.19 所示,曲线加载和卸载段平滑过渡。试样并未发生目视可见的失效,加载过程中只听到内部芯材连续的脆断声音,这主要归因于环氧树脂的失效。与短梁法结果不同的是,芯材只发生纤维脆断失效,而长梁弯曲中试样 S3 未发生上层 Al/GF/PP 面板分层现象及芯材的纤维挤压现象。可见在长梁弯曲载荷下，Al/GF/PP 面板–三维中空夹层复合材料发生了纯弯曲失效，其弯曲强度与短梁法的结果在同一数量级，前者为 46.3 MPa，比后者高 45%(表 8.6)。这说明不同受载条件对 Al/GF/PP 面板–三维中空夹层复合材料的弯曲性能影响较大，这是由试样跨距 (跨厚比) 的差异所致。短梁法在夹层复合材料的力学性能变化规律获取中具有指导性意义，但是在试验条件允许的前提下，通过长梁弯曲试验获取的弯曲强度更接近真实弯曲强度。

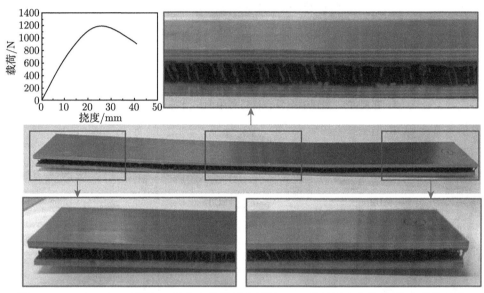

图 8.19　Al/GF/PP 面板–三维中空夹层复合材料 (S3) 的长梁弯曲载荷–挠度曲线及失效模式

表 8.6　不同受载条件对 Al/GF/PP 面板–三维中空夹层复合材料 (S3) 弯曲性能的影响

	最大弯曲载荷/N	弯曲强度/MPa
短梁弯曲 (三点)	2081.0±78.5	31.9±1.6
长梁弯曲 (四点)	1196.5±12.4	46.3±0.5

8.2.3　冲击性能

1. 低速冲击性能测试及损伤表征方法

1) 冲击性能测试方法

依据 ASTM D7136/D7136M-15，低速冲击试验在落锤冲击试验机 (CEAST/Instron 9350) 上进行，试样尺寸为 150 mm×100 mm，其中铝合金板的轧制方向平行试样长边, 试样装夹如图 8.20 所示。半球头式落锤质量为 5.41 kg, 直径为 16 mm。

图 8.20 Al/GF/PP 面板–三维中空夹层复合材料落锤冲击试验图

此外, 为对比相同冲击能量下不同冲击方式对 Al/GF/PP 面板–三维中空夹层复合材料低速冲击性能的影响, 进行落球冲击试验。结合轨道交通行业对高速列车蒙皮结构的抗冲击性能考核要求, 钢球质量为 0.227 kg, 垂直下落高度为 4 m(冲击能量约为 9 J)。

2) 冲击损伤表征方法

使用微纳米焦点 CT 检测系统 (diondo d$_2$) 进行试样内部冲击损伤 (40 mm ×40 mm) 的检测及分析。电压为 120 kV, 电流为 110 μA, 积分时间为 2000, 投影张数为 1800, 分辨率为 0.015 mm。试样在检测范围内旋转 360° 并进行照射, 每个角度采集一幅二维投影图像, 将采集到的二维投影图像经计算机数据重建, 获得三维 CT 体数据, 借助专用软件对数据进行可视化分析, 切片步长为 0.05 mm(注: 可结合该参数及三维中空夹层复合材料中 CT 俯视图右下角的序号推算相应的扫描位置)。

冲击损伤区域尺寸通过双目三维扫描仪 Handy SCAN BLACK(Creaform) 测量。在测量之前, 将显影剂喷在试样表面以提高扫描质量。同时, 粘贴反射定位目标于试样表面以辅助蓝光扫描 [图 8.21(a)]。测量完成后, 得到试样的三维点云数据。最后, 使用逆向工程技术 (借助 CATIA 和 UG 软件) 重构冲击损伤区域的几何形状 [图 8.21(b)]。

2. 冲击能量对夹层复合材料冲击响应影响的分析

本节通过落锤冲击试验研究了冲击能量对 Al/GF/PP 面板–三维中空夹层复合材料冲击性能的影响。以试样 S2 为例, 通过调节落锤下落高度获得不同冲击能量, 旨在使试样从产生目视可见的变形到发生贯穿式损伤破坏, 以研究 Al/GF/PP 面板–三维中空夹层复合材料在不同低速冲击能量条件下对断裂的抵抗能力。同时, 引入相同面板结构的铝蜂窝夹层复合材料为三维中空夹层复合材料的对比结构，验证芯材对夹层复合材料抗冲击性能的贡献。

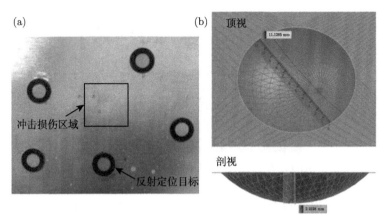

图 8.21　逆向重构方法

(a) 双目三维扫描试样；(b) 冲击损伤区域重构及测量

图 8.22 是 Al/GF/PP 面板–铝蜂窝夹层复合材料的冲击载荷–时间曲线，曲线波动较大，这是由蜂窝芯的变形所致 [9]。根据曲线特点，可大致将其分为四个阶段：① 弹性阶段，在该阶段夹层结构处于弹性变形阶段，曲线呈现线性增长趋势，一般持续时间较短，易被忽略 [10]；② 塑性变形阶段，该阶段夹层复合材料的上面板在冲击载荷的作用下发生塑性变形；③ 损伤扩展阶段，由于上面板的塑性变形，下方的蜂窝芯产生压皱变形，并将应力传递至下面板；④ 卸载阶段，该阶段为前一阶段的延续及扩展。

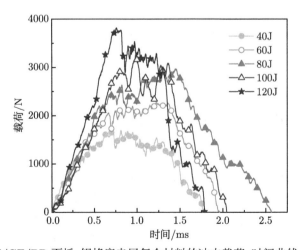

图 8.22　Al/GF/PP 面板–铝蜂窝夹层复合材料的冲击载荷–时间曲线 (40~120 J)

图 8.23 为 Al/GF/PP 面板–铝蜂窝夹层复合材料在不同冲击能量下冲击正面和冲击背面损伤失效形式。当冲击能量为 40 J 和 60 J 时，虽然曲线变化趋势相近，但是试样的损伤失效形式略有区别。试样在 40 J 冲击后的冲击正面出现目视可见的金属变形，下面板并未出现损伤。随着能量增大到 60 J，冲击正面损伤区域铝合金层开裂，冲击背面出现铝合金层塑性变形。冲击能量增大到 80 J，试样的冲击响应时间最长。在此能量等级之后，冲击响应时间逐渐缩短。这说明该能量等级是 Al/GF/PP 面板–铝蜂窝夹层复合材料的损伤模式转变点，表现为下面板是否萌生目视可见的金属裂纹。当冲击能量为 100 J 和 120 J 时，曲线变化趋势不同于低能量冲击时的趋势，最大峰值载荷处波动范围较大，且卸载初始段出现崩溃式快速下降阶段。试样的冲击背面在 100 J 时出现由冲击点向三个方向扩展的裂纹。试样在 120 J 被穿破，即发生贯穿式失效。因此，为了研究 Al/GF/PP 面板–三维中空夹层复合材料在不同冲击能量下的抗冲击性能，参考 Al/GF/PP 面板–铝蜂窝夹层复合材料的低速冲击试验结果，选取的起始冲击能量为 40 J。

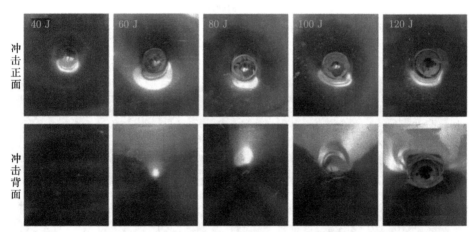

图 8.23　Al/GF/PP 面板–铝蜂窝夹层复合材料在不同冲击能量下冲击损伤失效形式

图 8.24 为 Al/GF/PP 面板–三维中空夹层复合材料 (S2) 在冲击能量为 40∼80 J 时的冲击载荷–时间曲线，曲线初始段为弹性变形区域，呈线性增长 (标号 1)。随后，塑性变形段 (标号 2) 的斜率相近，可见，该阶段发生了相同的失效形式。如图 8.25 所示，夹层复合材料的冲击正面均出现目视可见的局部压痕。当冲击能量为 40 J 时，其失效形式与铝蜂窝芯夹层结构相同。在冲击能量每隔 10 J 不断增大到 80 J 的过程中，试样冲击背面在冲击区域发生凸起变形且范围不断变大。接着，曲线进入损伤扩展阶段，在冲击能量为 70 J 和 80 J 的曲线中分别出现小范围的下降 (标号 3 和 4)，此时上面板的塑性变形导致下方的三维中空复合材料芯产生变形，由于 "8" 形纤维不具有承载能力，载荷出现短暂下降趋势[11]。此后，

应力传递至夹层复合材料的下面板, 载荷继续呈上升趋势。随着冲击能量的递增, 试样达到冲击载荷峰值的响应时间不断延长, 冲击载荷峰值介于 3500～8000 N。

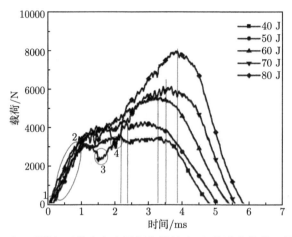

图 8.24　Al/GF/PP 面板–三维中空夹层复合材料 (S2) 的冲击载荷–时间曲线 (40～80J)

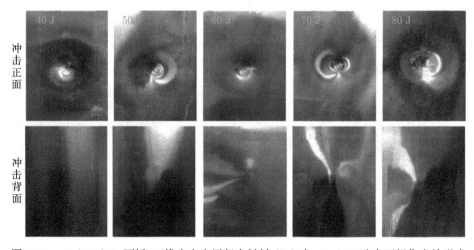

图 8.25　Al/GF/PP 面板–三维中空夹层复合材料 (S2) 在 40～80J 冲击下损伤失效形式

图 8.26 为 Al/GF/PP 面板–三维中空夹层复合材料 (S2) 在 100～140 J 冲击能量时的冲击载荷–时间曲线, 其初始加载段 (标号 1) 斜率重合, 该阶段为上面板在冲击区域的塑性变形。在曲线的损伤扩展阶段出现短暂的下降区域 (标号 2～4), 这是由三维中空复合材料芯受冲击变形所致。在该冲击能量范围内, 试样的上面板出现金属裂纹, 下面板的凸起变形逐渐增大, 曲线约在 3.6 ms 时达到冲

击载荷峰值, 其值介于 8200~9500 N。随后, 曲线进入卸载阶段, 其中标号 5 的区域出现曲线重合, 说明在 100~140 J 冲击能量范围内, 夹层复合材料出现相同的失效模式而导致最后在卸载时的应力传递速率相近。

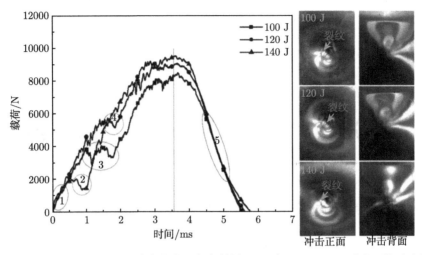

图 8.26 Al/GF/PP 面板–三维中空夹层复合材料 (S2) 在 100~140 J 冲击下的试验结果

图 8.27 为 Al/GF/PP 面板–三维中空夹层复合材料 (S2) 在 160~200 J 冲击能量时的冲击载荷–时间曲线。160 J 为试样失效损伤形式发生转变的分界处, 即在冲击能量为 140 J 时下面板的金属变形到产生裂纹 (160 J), 再到产生金属破裂 (180 J)。当试样发生贯穿式损伤失效时, 损伤区域直径接近冲头的直径, 击穿的损伤形式基本不会对结构造成大面积的破坏, 但在冲击区域造成穿孔。在冲击载荷–时间曲线 (180~200 J) 中可以观察到冲击载荷随时间变化的连续失效阶段: 三维中空复合材料芯压溃失效 (标号 1)、冲击正面断裂失效 (标号 2) 以及冲击背面的断裂 (标号 3)。

图 8.28 为夹层复合材料在不同冲击能量下冲击损伤失效形式的对比, 当冲击能量不高于 40 J 时, Al/GF/PP 面板起主要的抗冲击作用。随着冲击能量的增加, 三维中空复合材料芯和铝蜂窝芯的夹层结构分别在能量为 100 J 和 60 J 处发生相同的失效, 即冲击面铝合金出现断裂失效, 说明芯材的抗冲击性能分别在该能量等级处开始起作用。其中, 三维中空复合材料芯的吸能效果优于铝蜂窝芯, 这在更高能量的落锤冲击中亦有体现。铝蜂窝芯夹层复合材料在冲击能量为 120 J 时被击穿, 而 Al/GF/PP 面板–三维中空夹层复合材料 (S2) 的击穿能量为 200 J。此外, 图 8.28 揭示了 Al/GF/PP 面板–三维中空夹层复合材料在不同冲击能量下的损伤演化规律, 即使 Al/GF/PP 面板–三维中空夹层复合材料的上面板在冲击载荷作用下发生变形乃至出现金属裂纹, 其下面板仍可在较大的冲击能

量范围内 (50∼140 J) 保持塑性变形的损伤模式。

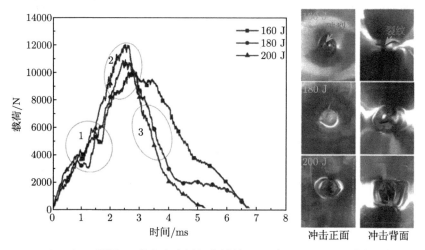

图 8.27　Al/GF/PP 面板–三维中空夹层复合材料 (S2) 在 160∼200 J 冲击下的试验结果

Al/GF/PP面板-三维中空夹层复合材料

冲击能量/J	40	50	60	70	80	100	120	140	160	180	200
冲击正面	▲	▲	▲	▲	▲	▲●	▲●	▲●	▲◆	▲◆	▲◆ ①
冲击背面		▲	▲	▲	▲	▲	▲	▲	▲●	▲◆	▲◆ ②

Al/GF/PP面板-铝蜂窝夹层复合材料

冲击能量/J	40	60	80	100	120
冲击正面	▲	▲●	▲◆	▲◆	▲◆ ③
冲击背面		▲	▲	▲	▲◆ ④

S2

金属塑性变形 ▲　金属裂纹 ●　金属破裂 ◆

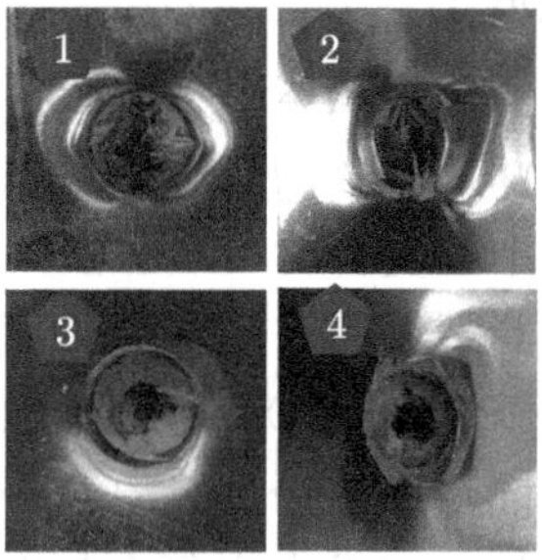

图 8.28　夹层复合材料在不同冲击能量下冲击损伤失效形式对比

图 8.29 为 Al/GF/PP 面板–三维中空夹层复合材料 (S2) 在不同冲击能量下的能量吸收率，其随冲击能量的增加而增大，而相应的增幅不同。当冲击能量为 40 J 和 50 J 时，能量吸收率接近 30%；当冲击能量为 60∼100 J 时，能量吸收率介于 40%∼50%；当冲击能量大于 100 J 后，能量吸收率迅速增至 70% 以上，直至到达其发生贯穿式失效的 100%。因此，100∼120 J 的冲击能量是能量吸收率的一个分界线，这与前文的分析结果相同。此时，冲击面金属出现断裂失效，三

维中空复合材料芯的抗冲击性能开始发挥作用。

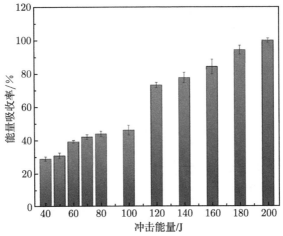

图 8.29 Al/GF/PP 面板–三维中空夹层复合材料 (S2) 的能量吸收率

3. 面板结构对夹层复合材料冲击响应影响的分析

1) 不同面板结构下夹层复合材料低速冲击历程分析

根据轨道交通行业对高速列车蒙皮结构的抗冲击性能考核要求 (冲击能量为 9 J)，本节通过落锤冲击试验研究面板结构对复合材料冲击性能的影响。图 8.30 是 Al/GF/PP 面板–三维中空夹层复合材料 (S1~S4) 的冲击载荷–时间曲线，试样 S1 的冲击载荷–时间曲线 [图 8.30(a)] 可分为三个阶段：第 I 阶段表现为冲击载荷随时间增长的线弹性增长；当冲击载荷达 2000 N 且时间约为 1.6 ms 时，曲线出现波动，说明复合材料出现损伤，该阶段为第 II 阶段，其中损伤不断扩展并达到最大冲击载荷。随后，曲线进入第 III 阶段，该阶段冲击载荷呈下降趋势直至为零。试样 S2~S4 的冲击载荷–位移曲线变化形式相近 [图 8.30(b~d)]，可分为四个阶段：阶段 I 是在冲击初期，载荷随时间迅速增加，这一阶段曲线的变化是由面板的变形所致。随后，曲线出现波动并开始发生小范围的下降。在此之后，曲线进入阶段 II，这一阶段曲线继续上升，这是由三维中空复合材料的损伤变形所致。与阶段 I 相似，冲击载荷随着时间增长而增大且出现波动，随后发生小范围的下降。阶段 III 为曲线波动上升直至达到最大值，此时曲线的波动程度和范围也相应增大，这是由于面板厚度不同导致损伤的扩展剧烈程度不同。最后，曲线进入阶段 IV，载荷波动下降直至归零。

三维中空复合材料 (S0) 冲击载荷–时间曲线 [图 8.31(a)] 在加载 (阶段 I) 和卸载 (阶段 II) 过程中波动较大，这是由大量纤维发生断裂所致。图 8.31(b) 中冲击载荷–位移曲线形状完整闭合，说明 9 J 的冲击能量未引起三维中空复合材料发生贯穿式损伤。

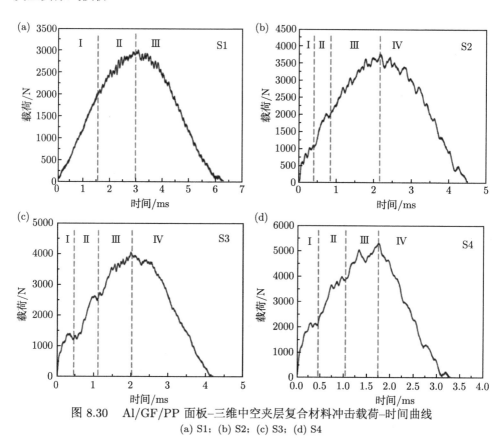

图 8.30　Al/GF/PP 面板–三维中空夹层复合材料冲击载荷–时间曲线

(a) S1；(b) S2；(c) S3；(d) S4

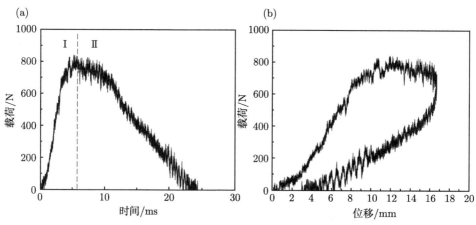

图 8.31　三维中空复合材料 (S0) 低速冲击响应

(a) 冲击载荷–时间曲线；(b) 冲击载荷–位移曲线

图 8.32 是 Al/GF/PP 面板–三维中空夹层复合材料冲击载荷–位移曲线,其斜率代表复合材料抵抗冲击载荷的刚度 [12],可见夹层复合材料 (S1~S4) 的刚度随面板厚度的增加呈增长趋势。在冲击载荷的作用下,试样 S1 的平均刚度值接近 5.04 N/m 且变化较小。试样 S2~S4 的平均刚度值分别为 9.03 N/m、10.41 N/m 和 17.55 N/m,分别低于其初始段的刚度值。可见较厚 Al/GF/PP 面板的三维中空复合材料受冲击载荷后由于损伤而发生刚度的折减。此外,由冲击载荷–位移曲线与坐标轴所围面积可计算复合材料的吸能情况。

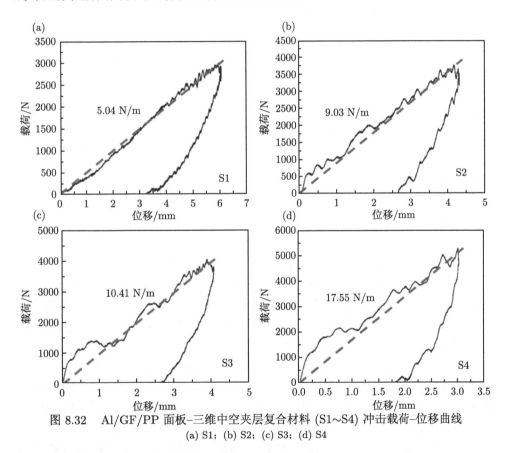

图 8.32　Al/GF/PP 面板–三维中空夹层复合材料 (S1~S4) 冲击载荷–位移曲线
(a) S1;(b) S2;(c) S3;(d) S4

表 8.7 为复合材料最大冲击载荷、吸能及凹痕损伤的对比,Al/GF/PP 面板提高了三维中空复合材料的最大冲击载荷及能量吸收率。随着 Al/GF/PP 面板结构变化 (厚度增加),Al/GF/PP 面板–三维中空夹层复合材料的最大冲击载荷分别比三维中空复合材料 (S0) 提高了 2.6 倍、3.5 倍、3.8 倍和 5.3 倍。试样 S0 在 9 J 的冲击能量下,其能量吸收率为 60%。在同等级的能量冲击下,Al/GF/PP 面板–三维中空夹层复合材料的能量吸收率介于 70%~79%。此外,在冲击试验结束

后的 48 h 之内，借助数显深度计及游标卡尺初步测量了冲击损伤区域 (凹痕) 的外观尺寸。由于凹痕的形状存在三维曲面过渡区域，为验证数显深度计及游标卡尺测量结果的准确性，又采用双目线激光三维扫描试样并重构凹痕的外观形貌，并记录其凹痕深度和凹痕直径。结果表明，虽然凹痕深度重构结果大于数显深度计及游标卡尺的结果，但整体变化趋势一致。随着 Al/GF/PP 面板结构变化 (厚度增加)，Al/GF/PP 面板–三维中空夹层复合材料的凹痕外观尺寸逐渐减小，可见凹痕尺寸与 Al/GF/PP 面板的厚度密切相关。当 Al/GF/PP 面板从 1.1 mm(试样 S1 的厚度) 到 2.2 mm(试样 S2 的厚度) 变化时，9J 的冲击能量使得凹痕尺寸明显下降，而从 2.2 mm(试样 S3 的厚度) 到 4.4 mm(试样 S4 的厚度) 变化时，凹痕尺寸继续下降，但下降幅度减小。结合前文冲击载荷–时间曲线分析结果，Al/GF/PP 面板厚度大于 2.2 mm，有利于提高三维中空复合材料抗冲击性能。

表 8.7　复合材料 (S0~S4) 冲击性能对比

试样	最大冲击载荷/N	最大位移/mm	吸能/J	能量吸收率/%	凹痕深度/mm		凹痕直径/mm	
					数显深度计	双目三维扫描	游标卡尺	双目三维扫描
S0	843.48	11.93	5.39	60	—	—	—	—
S1	3005.92	5.96	6.32	70	1.58	2.25	6.78	11.13
S2	3774.50	4.18	6.68	74	1.38	1.44	6.06	8.84
S3	4057.83	3.90	7.01	78	1.12	1.25	5.95	8.60
S4	5298.63	3.02	7.14	79	1.08	1.03	5.64	7.85

2) 不同面板结构下夹层复合材料内部冲击损伤分析

图 8.33 是三维中空复合材料 (S0) 落锤冲击后的失效模式。目视可见损伤如图 8.33(a) 所示，三维中空复合材料冲击正面出现分叉裂痕，表现为图中的泛白区域，这是由环氧树脂的失效及编织纤维的断裂所致。图 8.33(b~d) 是试样 S0 的 CT 俯视图，面板中间的黑色区域 [图 8.33(b)] 及芯材中间出现的编织区域 [图 8.33(c)] 表明，9 J 的落锤冲击能量虽未使三维中空复合材料产生贯穿式的破坏损伤，但在其表面留下了目视不可见的轻微凹痕。观察其 CT 剖视图 [图 8.33(e) 和 (f)]，内部并未发现芯部纤维失效，亦未观察到上表面的明显凹陷。可见三维中空复合材料的面板具有一定的吸能作用，表现为冲击正面的损伤失效。

图 8.34 和图 8.35 分别是 Al/GF/PP 面板–三维中空夹层复合材料 (S1) 落锤冲击后的俯视和剖视 CT 图。上面板铝层 [图 8.34(a)] 右上角出现一片不规则黑色区域及部分 GFPP 层，可见 Al/GF/PP 面板中铝层与 GFPP 层已发生分层失效。在上面板正交的 GFPP 层中 [图 8.34(b) 和 (c)]，不仅冲击区域包含菱形的黑色部分，在冲击区域周围也分布着大大小小的黑色部分，说明 GFPP 层中也发生了分层失效。上面板 GFPP 层的凹陷深度可由图 8.34(f) 推断，至少达到三维中空复合材料芯材厚度的 27%。同理，三维中空复合材料上层织物面的凹陷深度至

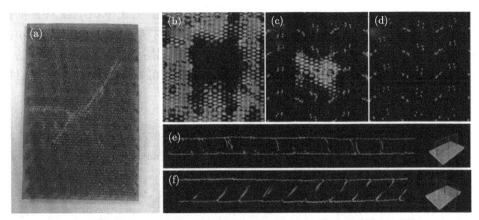

图 8.33　三维中空复合材料 (S0) 落锤冲击后的失效模式
(a) 宏观失效图；(b~d) CT 俯视图；(e, f) CT 剖视图

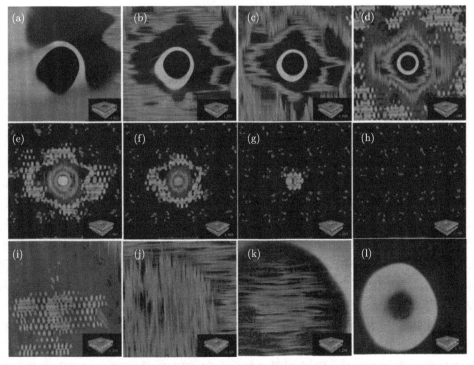

图 8.34　Al/GF/PP 面板–三维中空夹层复合材料 (S1) 落锤冲击后的 CT 俯视图
(a) 上面板铝层；(b，c) 上面板 GFPP 层；(d) 三维中空复合材料的上层织物面；(e~h) 三维中空复合材料芯
层；(i) 三维中空复合材料下层织物面；(j, k) 下面板 GFPP 层；(l) 下面板铝层

少达到了三维中空复合材料芯材厚度的 36%[图 8.34(g)]。结合图 8.35 可知，9 J 的冲击能量不仅引起试样 S1 上下面板的面芯分层失效，且上下 Al/GF/PP 面板中也发生了分层失效。这一点可分别从三维中空复合材料下层织物面 [图 8.34(i)] 中、下面板 GFPP 层 [图 8.34(j) 和 (k)] 中、下面板铝层 [图 8.34(l)] 中包含的不规则材料种类及黑色区域 (分层失效) 得到验证。由此可知，试样 S1 发生了目视可见的正反面变形失效及目视不可见的内部分层失效。

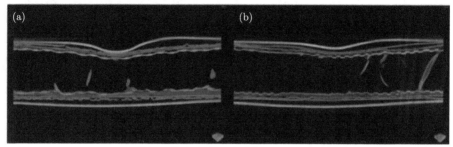

图 8.35　Al/GF/PP 面板–三维中空夹层复合材料 (S1) 落锤冲击后的 CT 剖视图
(a) 经向；(b) 纬向

　　Al/GF/PP 面板–三维中空夹层复合材料 (S2) 落锤冲击后 CT 俯视图和 CT 剖视图见图 8.36 和图 8.37。首先，在上面板铝层 1[图 8.36(a)] 和上面板铝层 2[图 8.36(d) 和 (e)] 中间出现几乎规则的圆形失效区域，对应地在上面板 GFPP 层 1[图 8.36(b) 和 (c)] 和上面板 GFPP 层 2[图 8.36(f) 和 (g)] 中间区域也出现相同的现象。0° 和 90° 方向铺层的 GFPP 在冲击区域以外的纤维依然呈连续状态，说明在上层 Al/GF/PP 面板中，冲击区域主要是金属的塑性变形，表现为面板向下凹陷，而未发生明显的分层失效。其次，由图 8.36(h)~(j) 可知，三维中空复合材料的上层织物面中心出现灰色区域，其中还包含裂纹，结合图 8.37 可知，此时面芯处于脱粘的临界状态，若冲击能量继续增大，裂纹将进一步扩展，面芯发生分层失效。此外，三维中空复合材料上层织物面的凹陷深度至少达到了三维中空复合材料芯材厚度的 31%[图 8.36(l)]。最后，由三维中空复合材料下层织物面 [图 8.36(n)] 和下面板 GFPP 层 3[图 8.36(o)] 中分布的黑色区域可知，下面板也出现面芯脱粘及 GFPP 复合材料层的分层失效。从下面板铝层 3[图 8.36(p)] 往下，未发现冲击损伤现象 (图 8.37 亦可见)。

　　图 8.38 和图 8.39 分别是 Al/GF/PP 面板–三维中空夹层复合材料 (S3) 落锤冲击后俯视和剖视 CT 图。与试样 S2 不同，一方面，上面板的铝层 1[图 8.38(a)]、GFPP 层 1[图 8.38(b)]、铝层 2[图 8.38(c)] 和 GFPP 层 2[图 8.38(d)] 出现了非对称的变形，这可能是由 Al/GF/PP 面板在冲击载荷作用下瞬间不对称层间失效所致 (图 8.39 亦可见)。另一方面，试样 S3 的上面板与三维中空复合材料芯层之

间出现面芯脱粘 (图 8.39), 这是从试样 S2 到 S3 最大冲击载荷提高的幅度较小的主要原因。此外, 三维中空复合材料上层织物面的凹陷深度至少达到了三维中空复合材料芯材厚度的 28%[图 8.38(i)], 可见 9 J 的冲击能量对试样 S3 的三维中空复合材料芯材的损伤相比试样 S2 已减小。结合图 8.38(k) 和图 8.39(a), 试样 S3 下面板的面芯分层范围也已缩小。此时, 下面板 GFPP 层 4[图 8.38(l)] 中的 0° 铺层的 GFPP 中已无明显损伤。

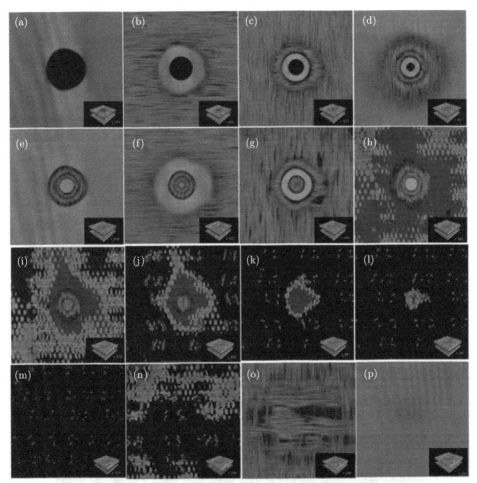

图 8.36　Al/GF/PP 面板–三维中空夹层复合材料 (S2) 落锤冲击后的 CT 俯视图

(a) 上面板铝层 1; (b, c) 上面板 GFPP 层 1; (d, e) 上面板铝层 2; (f, g) 上面板 GFPP 层 2; (h~j) 三维中空复合材料的上层织物面; (k~m) 三维中空复合材料芯层; (n) 三维中空复合材料下层织物面; (o) 下面板 GFPP 层 3; (p) 下面板铝层 3

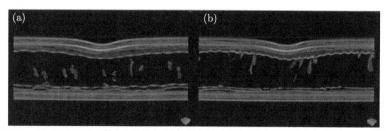

图 8.37   Al/GF/PP 面板–三维中空夹层复合材料 (S2) 落锤冲击后的 CT 剖视图
(a) 经向；(b) 纬向

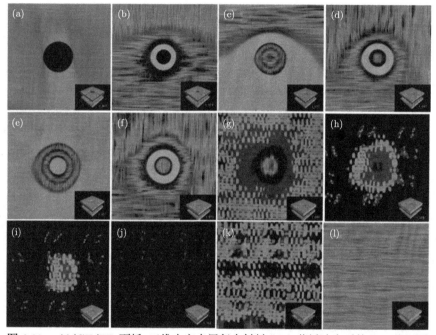

图 8.38   Al/GF/PP 面板–三维中空夹层复合材料 (S3) 落锤冲击后的 CT 俯视图
(a) 上面板铝层 1；(b) 上面板 GFPP 层 1；(c) 上面板铝层 2；(d) 上面板 GFPP 层 2；(e) 上面板铝层 3；
(f) 上面板 GFPP 层 3；(g, h) 三维中空复合材料的上层织物面；(i, j) 三维中空复合材料芯层；(k) 三维中空
复合材料下层织物面；(l) 下面板 GFPP 层 4

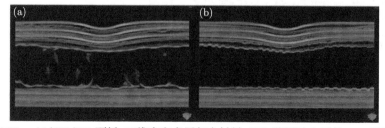

图 8.39   Al/GF/PP 面板–三维中空夹层复合材料 (S3) 落锤冲击后的 CT 剖视图
(a) 经向；(b) 纬向

Al/GF/PP 面板–三维中空夹层复合材料 (S4) 落锤冲击后俯视和剖视 CT 图见图 8.40 和图 8.41。与试样 S2 和 S3 相同的是, 上面板在冲击区域也出现了分

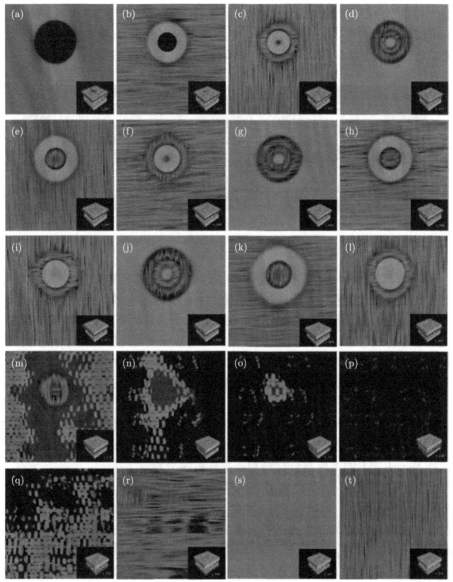

图 8.40 Al/GF/PP 面板–三维中空夹层复合材料 (S4) 落锤冲击后的 CT 俯视图
(a) 上面板铝层 1; (b, c) 上面板 GFPP 层 1; (d) 上面板铝层 2; (e, f) 上面板 GFPP 层 2; (g) 上面板铝层 3; (h, i) 上面板 GFPP 层 3; (j) 上面板铝层 4; (k, l) 上面板 GFPP 层 4; (m, n) 三维中空复合材料的上层织物面; (o, p) 三维中空复合材料芯层; (q) 三维中空复合材料下层织物面; (r) 下面板 GFPP 层 5; (s) 下面板铝层 5; (t) 下面板 GFPP 层 6

层失效 [图 8.40(b)~(l) 和图 8.41]。9 J 的冲击能量也引起了三维中空复合材料芯整体的失效,表现为下面板的面芯分层现象 [图 8.40(q) 和 (r) 和图 8.41]。不同的是,三维中空复合材料的上层织物面 [图 8.40(m)] 中灰色的区域较大,其中同样有裂纹分布于中心损伤区域以外。对比图 8.41(a),可见试样 S4 在冲击区域出现小范围的面芯脱粘及分层失效。此外,由图 8.40(o) 可知,三维中空复合材料上层织物面的凹陷深度至少达到了三维中空复合材料芯材厚度的 26%。

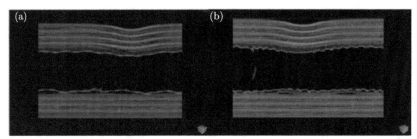

图 8.41 Al/GF/PP 面板–三维中空夹层复合材料 (S4) 落锤冲击后的 CT 剖视图
(a) 经向;(b) 纬向

一方面,试样 S2~S4 在相同能量 (9 J) 的落锤冲击下失效模式相同,均发生了目视可见的正面变形失效和目视不可见的上面板分层失效以及中空复合材料芯的整体变形失效,且下面板并未出现目视可见损伤及目视不可见的内部分层失效。而试样 S1 发生了目视可见的正反面变形失效及目视不可见的内部分层失效,这是其曲线的变化形式与试样 S2~S4 不同的主要原因。另一方面,随着 Al/GF/PP 面板结构的演变 (厚度增加),三维中空复合材料芯均发生了变形失效,试样 S1~S4 的失效表现为上层织物面的凹陷深度分别达到了三维中空复合材料芯材厚度的 36%、31%、28% 和 26%。由此可见,较厚的 Al/GF/PP 面板以塑性变形及分层的失效形式吸收更多的能量,从而减小三维中空复合材料芯的冲击变形。

3) 基于 FEM 的夹层复合材料冲击损伤机制分析

由上文分析可知,Al/GF/PP 面板厚度大于 2.2 mm,有利于提高三维中空复合材料抗冲击性能。而试样 S2~S4 在 9 J 的落锤冲击下失效模式相同,下面以 Al/GF/PP 面板厚度为 2.2 mm 的三维中空夹层复合材料为例,结合有限元模拟分析结果揭示 Al/GF/PP 面板–三维中空夹层复合材料的冲击损伤失效机制。

基于已验证的 Al/GF/PP 面板–三维中空夹层复合材料弯曲性能有限元模型,建立了 Al/GF/PP 面板–三维中空夹层复合材料冲击性能有限元模型,试样尺寸为 150 mm×100 mm,网格尺寸为 1.5 mm。冲头半径为 8 mm,冲头的顶点与夹层结构的冲击面中心接触,冲头只保留冲击方向的自由度,在预定义场中对冲头设置初速度,以获得设定的低速冲击能量。Al/GF/PP 面板–三维中空夹层复合材料冲击性能的有限元模型如图 8.42(a) 所示，试样被放置于离散刚体的夹具上，该夹具被约束所有自由度，其尺寸如图 8.42(b) 所示。

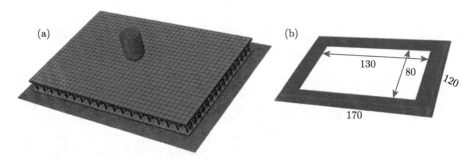

图 8.42   Al/GF/PP 面板–夹层复合材料冲击性能有限元模型

(a) 网格模型；(b) 夹具尺寸 (mm)

Al/GF/PP 面板–三维中空夹层复合材料 (S2) 在 9 J 能量冲击下的模拟结果如图 8.43 所示。载荷–时间曲线 [图 8.43(a)] 中极限载荷的预测值略高于试验值，这是由于在建模过程中 "8" 形纤维设置了相同的偏转角度，导致三维中空复合材料芯的刚度偏大。FEM 模拟曲线与试验所得曲线变化趋势大致相同，在 FEM 模拟结果曲线中标注为点 "1~8"，其对应于图 8.44 中复合材料的损伤演化过程，表现为冲击载荷下 Al/GF/PP 面板–三维中空夹层复合材料内部损伤的逐渐积累，导致其性能退化 [13]。损伤由冲击点向下扩展，标注点 "1~4" 对应于载荷–时间曲线的上升阶段，变形主要集中于上面板的铝合金层，上面板内侧铝合金层的损伤范围远大于外侧铝合金层的损伤范围。当载荷达到峰值后开始下降，复合材料层出现损伤变形，而上面板的内层铝合金层在冲击区域的损伤范围不断扩大，最终表现为标注点 "8" 对应的损伤形式 [图 8.43(b) 的截面图]。由于三维中空复合材料芯的吸能作用，仅有少部分应力波传递至下面板，下面板并未出现失效变形。

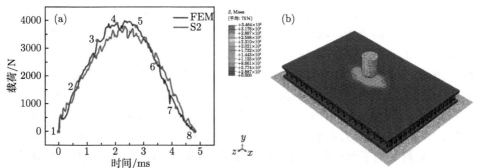

图 8.43   Al/GF/PP 面板–三维中空夹层复合材料 (S2) 在 9 J 能量冲击下的模拟结果

(a) 载荷–时间曲线；(b) 失效应力云图

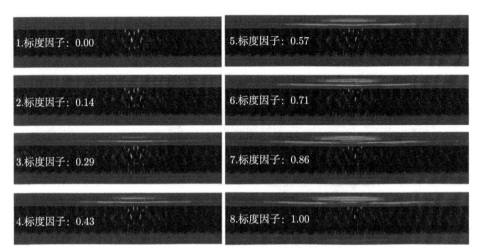

图 8.44 Al/GF/PP 面板–三维中空夹层复合材料 (S2) 在 9 J 能量冲击下损伤演化过程

在 Al/GF/PP 面板–三维中空夹层复合材料中，铝合金层的失效应力云图如图 8.45 所示，上面板的外层铝合金层 (MU1) 的损伤区域呈椭圆形，其长轴与铝合金的轧制方向相同。上面板的内层铝合金层 (MU2) 的损伤区域近似为圆形，这是由于其邻近的 GFPP 层为正交铺层。MU1 和 MU2 的最大 Von Mises 应力区域均呈圆形，接近冲头的外形，前者比后者小 31%。下面板的铝合金层 (ML3 和 ML4) 的损伤区域均近似圆形，最大 Von Mises 应力仅为 MU2 的 12% 和 17%。可见上面板承受主要冲击载荷，当冲击应力传递至三维中空复合材料芯时，能量被大量吸收，表现为下面板中铝合金层的应力大幅度减小。

夹层复合材料自上而下的铺层顺序标注为 MU1 - FU01 - FU901 - MU2 - FU02 - FU902 - 中空复合材料芯材 (core) - FL903 - FL03 - ML3 - FL904 - FL04 - ML4。如图 8.46 所示，GFPP 层 FU01 和 FU901 的损伤区域的形状为椭圆形，其长轴方向垂直于纤维排布方向，最大 Von Mises 应力相同且为铝合金层 MU1 的 44%。FU902 层的损伤区域呈十字形，较 FU02 层而言，应力沿垂直于纤维排布方向进一步扩展，最大 Von Mises 应力仅为 FU02 层的 50%。这是由于 FU902 层下表面的三维中空复合材料芯吸收了另一部分能量。如图 8.47 所示，FL903 和 FL03 为紧邻三维中空复合材料芯的下面板表面，其损伤区域较大，呈椭圆形，最大 Von Mises 应力仅为 FU902 的 11% 和 8%。FL904 和 FL04 的损伤区域形状及最大 Von Mises 应力水平与相邻的铝合金层相近 (ML3 和 ML4)。由此可见，在夹层复合材料的下面板中，铝合金层未发生变形，GFPP 层和金属层的应力水平相当。而在夹层复合材料的上面板中，由于铝合金层发生塑性变形，其承受主要冲击载荷，GFPP 层承受部分载荷并传递应力。

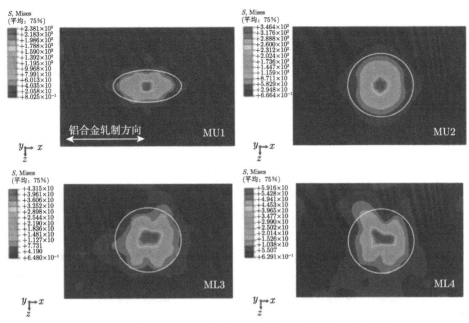

图 8.45 试样 S2 在 9 J 能量冲击后铝合金层的失效应力云图

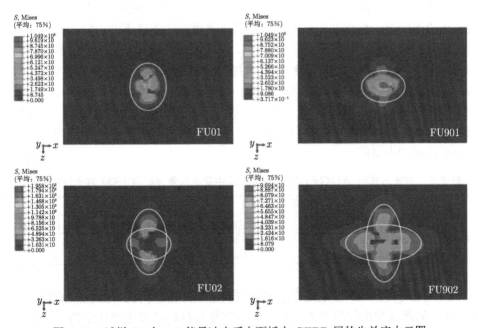

图 8.46 试样 S2 在 9 J 能量冲击后上面板中 GFPP 层的失效应力云图

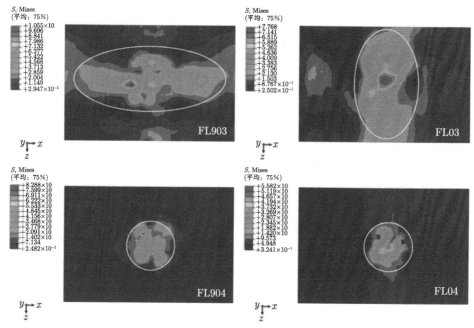

图 8.47　试样 S2 在 9 J 能量冲击后下面板中 GFPP 层的失效应力云图

4. 冲击方式对夹层复合材料冲击响应影响的分析

由前文试验结果和有限元模拟分析可知，9 J 的冲击能量仅在 Al/GF/PP 面板表面留下凹痕，落球冲击后的失效形式与落锤冲击条件下的相似，此处无须开展有限元模拟分析。本节以试样 S3 为例，仅通过试验研究相同冲击能量下不同冲击方式对 Al/GF/PP 面板–三维中空夹层复合材料低速冲击性能的影响。表 8.8 为冲击方式对复合材料冲击性能的影响，在相同的冲击能量下，落球冲击后的凹痕深度约为落锤冲击后的 1/3。凹痕的直径与冲击物的外观尺寸相关，落球的直径 (38 mm) 大于落锤的直径 (16 mm)，落球冲击后的结果表现为其冲击损伤区域小于落锤冲击后的。

表 8.8　冲击方式对 Al/GF/PP 面板–三维中空夹层复合材料 (S3) 冲击性能的影响

冲击方式	凹痕深度/ mm		凹痕直径/ mm	
	数显深度计	双目三维扫描	游标卡尺	双目三维扫描
落球冲击 (38 mm)	0.36	0.44	4.76	8.12
落锤冲击 (16 mm)	1.12	1.25	5.95	8.60

图 8.48 和图 8.49 分别是夹层复合材料落球冲击后俯视和剖视的 CT 图。首先，9 J 的落球冲击能量并未使得三维中空复合材料芯发生整体结构的抗冲击响应，在下层织物面和 Al/GF/PP 面板之间未出现分层及脱粘现象 (图 8.49)。其

次,与落锤冲击的结果不同之处在于,一方面,图 8.48(b∼i) 中各材料层的冲击区域中只有邻近层的材料,说明落球冲击后的凹痕深度小于相同冲击能量下落锤冲击的凹痕深度。另一方面,冲击损伤的四周无黑色区域,说明 Al/GF/PP 面板中未出现分层失效的现象。然后,结合图 8.48(j) 中冲击区域灰色部分及图 8.49可知,试样 S3 并未萌生裂纹及发生面芯分层失效。最后,由图 8.48(k) 推断,三维中空复合材料上层织物面的凹陷深度至少达到了三维中空复合材料芯材厚度的16%。因此,在相同冲击能量下不同的冲击方式对 Al/GF/PP 面板–三维中空夹层复合材料的冲击性能的影响显著。

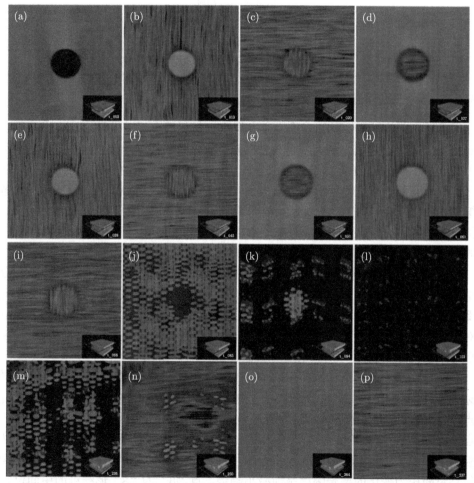

图 8.48 Al/GF/PP 面板–三维中空夹层复合材料 (S3) 落球冲击后的 CT 俯视图
(a) 上面板铝层 1;(b, c) 上面板 GFPP 层 1;(d) 上面板铝层 2;(e, f) 上面板 GFPP 层 2;(g) 上面板铝层 3;(h, i) 上面板 GFPP 层 3;(j, k) 三维中空复合材料的上层织物面;(l) 三维中空复合材料芯层;(m) 三维中空复合材料下层织物面;(n) 下面板 GFPP 层 4;(o) 下面板铝层 4;(p) 下面板 GFPP 层 5

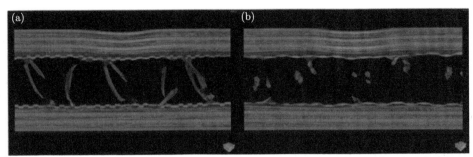

图 8.49　Al/GF/PP 面板–三维中空夹层复合材料 (S3) 落球冲击后的 CT 剖视图
(a) 经向；(b) 纬向

8.3　纤维金属层板夹层结构的应用性能

8.3.1　基于气动效应的强度分析

由于 Al/GF/PP 面板–三维中空夹层复合材料的全尺寸几何 (300 mm × 300 mm) 模型运算效率低，故利用该模型的对称性，选取其 1/5 模型作为代表性单元 (60 mm × 60 mm) 进行有限元模拟分析，即三维中空复合材料的平压模型，以简化计算。此外，与实际编织面板结构不同的是，本书采用等效的三维实体模型模拟三维中空复合材料的上下面板，故无须增加 Al/GF/PP 面板。简化后的有限元仿真模型如图 8.50(a) 所示，分别在试样一侧施加 4 kPa、5 kPa、6 kPa 和 7 kPa 的压力，另一侧完全固定 (U1=U2=U3=UR1=UR2=UR3)。

图 8.50(b) 是在模型表面分别施加 4 kPa、5 kPa、6 kPa 和 7 kPa 的压力后，结构的位移云图，可见，芯材与上面板连接处的载荷应力最大，结构主要是靠近受压侧出现位移，最大位移值分别为 1.801 μm、2.260 μm、2.721 μm 和 3.186 μm。对于结构的整体变形而言，该数量级的压力不会引起试样宏观的变形失效，"8" 形纤维承受主要载荷。

图 8.51 为 "8" 形纤维在压向 (U_{22}) 的位移情况，均在微米数量级。经网格划分后的纤维如图 8.51(a) 所示，从上到下依次标注为点 "1~9"。在四种压力下点 "1" 的压向位移量最大，且随着压力的增加，位移量呈增大趋势。点 "2" 和点 "3" 的应力变化趋势与点 "1" 相同，可见 "8" 形纤维靠近受压侧面板 (上面板) 的变形较大，这与图 8.50(b) 所示结果一致。而自点 "4" 和点 "5" 开始，其位移量随压力变化的增长幅度呈现减小趋势。点 "6" 为 "8" 形纤维的中间位置，其位移量约为点 "1" 位移量的 1/3。与以上点位的位移量相比，"8" 形纤维靠近试样下面板的位移量 (点 "7~9") 较小。因此，在实际应用中，需重点关注 "8" 形纤维靠近受载侧的位移量。

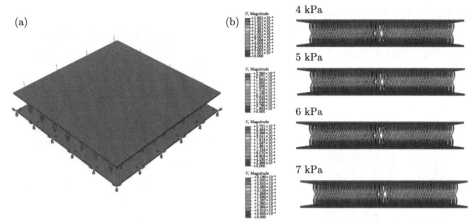

图 8.50 Al/GF/PP 面板–三维中空夹层复合材料基于气动效应的强度分析模型
(a) 几何模型；(b) 位移模拟结果

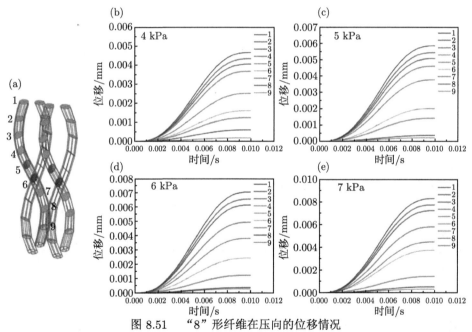

图 8.51 "8" 形纤维在压向的位移情况
(a) "8" 形纤维代表点示意图；(b) 4 kPa 各点压向位移；(c) 5 kPa 各点压向位移；(d) 6 kPa 各点压向位移；
(e) 7 kPa 各点压向位移

图 8.52 为 "8" 形纤维在不同压力下的应力分布，包含三个方向的应力，分别是 S_{11}、S_{22} 和 S_{12}。S_{11} 的应力最大，其在 4 kPa、5 kPa、6 kPa 和 7 kPa 的最大应力分别为 1.555 MPa、1.949 MPa、2.344 MPa 和 2.742 MPa，远小于 "8" 形纤维的失效载荷。S_{22} 在不同压力下所对应的最大应力仅为 S_{11} 的 54%，可见 "8" 形纤维在纬向的应力大于其受加载方向的应力。换言之，"8" 形纤维在承受垂直于纤维方

向的作用力时，纬向承受主要载荷，有利于减小其在加载方向的位移量。可预测，若压力持续增大，达到"8"形纤维的失效载荷，其在纬向将发生变形。而据上文分析可知，"8"形纤维根部 (靠近试样下面板) 位移量非常小，结合对夹层复合材料弯曲性能的研究结果，"8"形纤维将以根部为支点，发生纬向的塑性转动。

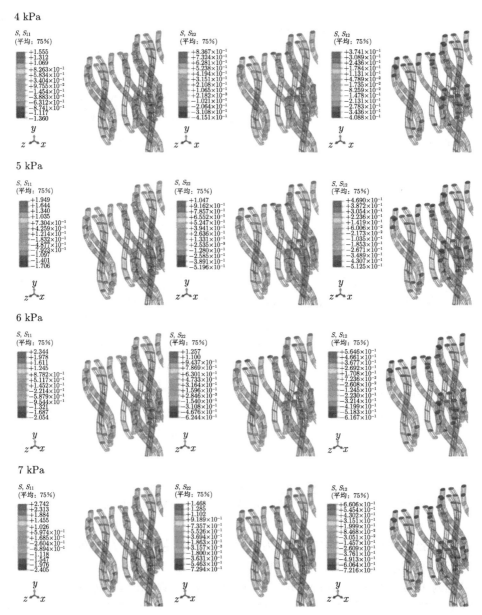

图 8.52　"8"形纤维在 4 kPa 时应力 (S_{11}、S_{22}、S_{12})

综上，结合有限元模拟分析可知，4 kPa、5 kPa、6 kPa 和 7 kPa 的压力对于 Al/GF/PP 面板–三维中空夹层复合材料而言，不能引起试样宏观变形失效。下面结合基于气动效应的强度试验，验证 Al/GF/PP 面板–三维中空夹层复合材料的强度。

根据 UIC-566《车体以及车体部件的载荷》的要求，对 Al/GF/PP 面板–三维中空夹层复合材料基于高速列车气动效应的强度性能进行测试评价。以试样 S3(300 mm × 300 mm) 为例，将其分为 A、B 两面 [图 8.53(a)]。Al/GF/PP 面板–三维中空夹层复合材料强度试验安装示意图如图 8.53(b) 所示，将试样固定在密封工装上，利用工装对试样进行加压，用位移传感器测量结构的变形情况，位移传感器精确到小数点后一位。用气泵分别对 A、B 两面施加 4 kPa 的压力，5 min 后卸载，观察位移传感器的数值变化情况。再将压力调至 6 kPa，5 min 后观察位移传感器的数值变化情况。

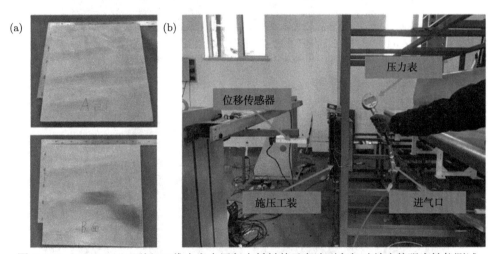

图 8.53　Al/GF/PP 面板–三维中空夹层复合材料基于高速列车气动效应的强度性能测试
(a) A 面和 B 面；(b) 试验安装示意图

结合图 8.54 和图 8.55 可知，位移传感器的值在分别施加 4 kPa 和 6 kPa 后未出现变化。A 面测试时位移传感器的值保持在 104.3 mm，B 面测试时位移传感器的值保持在 100.1 mm。图 8.56 为基于高速列车气动效应的强度试验后 Al/GF/PP 面板–三维中空夹层复合材料的外观形貌。从不同角度可观察到试样在 4 kPa 压力下无明显变形，在 6 kPa 压力下无明显的破坏。在试验过程中，无明显异响及芯材纤维断裂的声音。因此，制备的 Al/GF/PP 面板–三维中空夹层复合材料满足 UIC-566《车体以及车体部件的载荷》的要求。

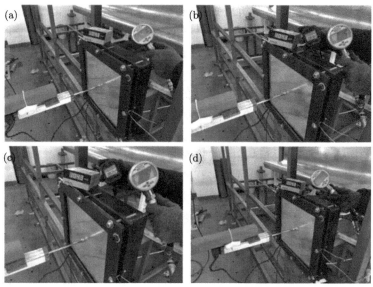

图 8.54　对 Al/GF/PP 面板–三维中空夹层复合材料 A 面施压前后
(a) 施加前；(b) 施加 4 kPa；(c) 施加 6 kPa；(d) 施加后

图 8.55　对 Al/GF/PP 面板–三维中空夹层复合材料 B 面施压前后
(a) 施加前；(b) 施加 4 kPa；(c) 施加 6 kPa；(d) 施加后

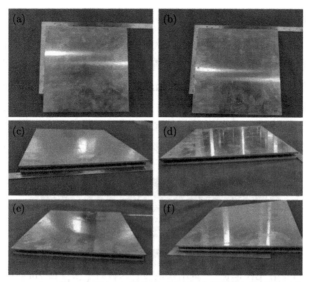

图 8.56 Al/GF/PP 面板–三维中空夹层复合材料强度试验后外观形貌
(a) A 面；(b) B 面；(c) 侧面 1；(d) 侧面 2；(e) 侧面 3；(f) 侧面 4

8.3.2　隔声性能

1. 隔声研究基本理论

隔声规律源于对单层均质板的研究，隔声特性曲线在频率范围内可分三个区域：劲度控制区、质量控制区和吻合效应区，如图 8.57 所示。首先在低于板的谐振频率范围内，板受自身的劲度控制，隔声量随频率升高而降低。当声波频率继续升高，质量控制开始与劲度控制共同作用，板进入阻尼控制区，隔声曲线出现共振。随后，进入质量控制区，质量每增加一倍，隔声量随频率的增加提高 6 dB。最后，隔声曲线进入吻合效应区，并在最低的吻合效应频率处产生隔声低谷[14]。

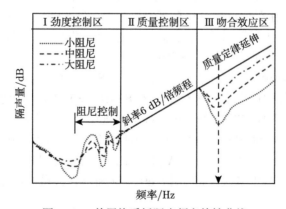

图 8.57　单层均质板隔声频率特性曲线

2. 隔声性能试验

根据国家标准 GB/Z 27764—2011《声学 阻抗管中传声损失的测量 传递矩阵法》测试规定执行，试验所用的阻抗管 (B&K 3560) 由大管和小管组成，大管和小管的内径分别为 100 mm 和 30 mm，试验过程中分别测量试样 200~6300 Hz(1/3 倍频程) 频段的隔声量。其中，大管测试频率范围是 200~1600 Hz；小管的测试频率范围是 200~6300 Hz。将待测材料制成直径分别为 99.2 mm 和 29.2 mm 的圆形试样 (图 8.58)，试样和阻抗管接触位置的缝隙采用硅脂密封。

图 8.58　Al/GF/PP 面板–三维中空夹层复合材料隔声试样 (以试样 S4 为例)

3. 不同面板结构下夹层复合材料的隔声性能

图 8.59 是三维中空复合材料 (S0) 和 Al/GF/PP 面板–三维中空夹层复合材料 (S1~S4) 隔声量测试结果。由图可知，这些复合材料在不同频率下均有一定的隔声能力，且隔声曲线的变化趋势基本相同，由于质量控制作用，隔声量随频率变化逐渐增大，又由于阻尼控制及吻合效应，分别在中频区 (630~1000 Hz) 和高频区 (2000~20000 Hz) 出现隔声低谷。然而同一试样在不同频率下的隔声结果并不相同。

三维中空复合材料 (S0) 的最大隔声量为 21.00 dB(6300 Hz)，最小隔声量为 5.40 dB(2000 Hz)。其"8"形纤维 (绒经) 相当于"声桥"，声波入射到第一层面板后，"声桥"的存在使得声波传至第二层面板 (图 8.60)。然而，中空的结构使得空气层可看作"弹簧"，空气层的弹性形变具有减振作用。因此，三维中空复合材料具有一定的隔声能力，但并不突出。

Al/GF/PP 面板–三维中空夹层复合材料 (S1~S4) 的隔声性能随着面板厚度增加而提高。试样 S1 的最大隔声量为 32.80 dB(6300 Hz)，最小隔声量为 12.10 dB(2000 Hz)。试样 S2 和 S3 的隔声曲线变化规律相近，最大隔声量 50.10 dB 和 52.10 dB 均出现于 400 Hz 频率处。试样 S4 的最大隔声量为 58.20 dB(6300 Hz)，最小隔声量为 32.90 dB(2000 Hz)。Al/GF/PP 面板内每层材料的阻抗不同，造成声波在各层界面上产生多次反射 (图 8.60)，从而消耗大量的声能达到隔声效果。

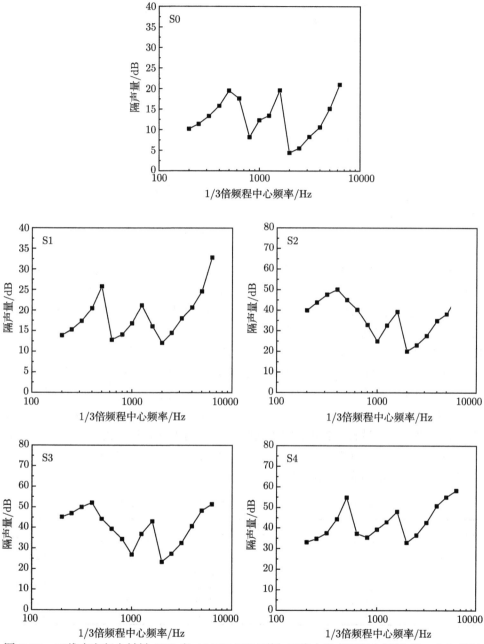

图 8.59　三维中空复合材料 (S0) 和 Al/GF/PP 面板–三维中空夹层复合材料 (S1~S4) 的隔声曲线

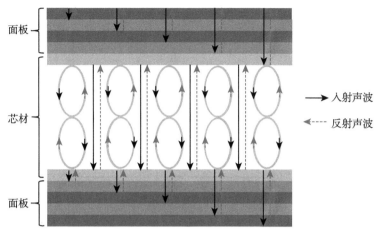

图 8.60　Al/GF/PP 面板–三维中空夹层复合材料的隔声机制示意图

　　表 8.9 是复合材料在不同频率段的综合隔声性能。一般材料的隔声量应分频段评判。实际工程中，常以 500 Hz 时的隔声量 (TL500) 代表材料的平均隔声量[15]，可见 Al/GF/PP 面板的厚度为 2.2 mm 及以上时，Al/GF/PP 面板–三维中空夹层复合材料 (S2~S4) 的隔声量均大于 40 dB。从中低频区 (250~1000 Hz) 的平均隔声量中亦可得相同结论。而由试样 S2~S4 的全频段 (200~6300 Hz) 平均隔声量可知，Al/GF/PP 面板结构显著提高了三维中空复合材料的隔声性能，全频段平均隔声量均高于 30 dB，全频段平均隔声量相比于试样 S0 分别提高了 24.22 dB、27.71 dB 和 29.86 dB。若从高频区 (1250~6300 Hz) 及中频区 (630~1600 Hz) 的结果考虑，试样 S2~S4 的平均隔声量也高于 30 dB。综上可知，厚度为 2.2 mm 及以上的 Al/GF/PP 面板对提高三维中空复合材料的隔声性能具有显著作用，平均隔声量均高于 30 dB。

表 8.9　复合材料在不同频率区段的综合隔声性能

	平均隔声量/dB				
	500 Hz	250~1000 Hz	1250~6300 Hz	200~6300 Hz	630~1600 Hz
S0	19.50	14.01	11.36	12.46	14.22
S1	25.80	17.53	20.00	18.54	16.20
S2	45.00	40.67	32.76	36.68	34.02
S3	44.20	42.00	37.94	40.17	36.12
S4	54.80	40.31	45.86	42.32	40.58

8.3.3　隔热性能

1. 隔热性能试验

Al/GF/PP面板–三维中空夹层复合材料的隔热性能可用热导率表征，热导率

也称导热系数。导热的基本定律依据傅里叶定律，其关系式为

$$q = -\lambda \frac{\partial t}{\partial x} \qquad (8.8)$$

式中，λ 为导热系数，$\mathrm{W/(m \cdot K)}$；q 为热流密度，$\mathrm{W/m^2}$。

依据 ASTM C518—2010，利用热流量法测夹层复合材料的稳态传热特性，采用 Netzsch HFM 436 导热分析仪测定 Al/GF/PP 面板–三维中空夹层复合材料的导热系数。ISO 8502-4 规定：列车车内设计空气参数温度 20℃，相对湿度 30%。试样尺寸为 300 mm × 300 mm，其测试原理图及试验图如图 8.61 所示。

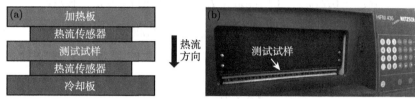

图 8.61   热流量法测复合材料导热系数

(a) 测试原理图；(b) 试验图

2. 不同面板结构下夹层复合材料的隔热性能

与欧姆定律的电阻一样，热量传递过程中也存在热阻的概念。对单位面积而言，面积热阻的计算公式为

$$R_{\mathrm{A}} = \frac{\delta}{\lambda} \qquad (8.9)$$

式中，R_{A} 为面积热阻，$\mathrm{m^2 \cdot K/W}$；δ 为材料厚度，m。

则 Al/GF/PP 面板–三维中空夹层复合材料中各材料的面积热阻为

$$R_{\mathrm{A10.5}} = \frac{\delta_{\mathrm{A10.5}}}{\lambda_{\mathrm{Al}}} = \frac{0.5 \times 10^{-3}}{155} \ \mathrm{m^2 \cdot K/W} = 3.23 \times 10^{-6} \ \mathrm{m^2 \cdot K/W} \qquad (8.10)$$

$$R_{\mathrm{A11.5}} = \frac{\delta_{\mathrm{A11.5}}}{\lambda_{\mathrm{Al}}} = \frac{1.5 \times 10^{-3}}{155} \ \mathrm{m^2 \cdot K/W} = 9.68 \times 10^{-6} \ \mathrm{m^2 \cdot K/W} \qquad (8.11)$$

$$R_{\mathrm{GFPP}} = \frac{\delta_{\mathrm{GFPP}}}{\lambda_{\mathrm{GFPP}}} = \frac{0.6 \times 10^{-3}}{0.254} \ \mathrm{m^2 \cdot K/W} = 2.36 \times 10^{-3} \ \mathrm{m^2 \cdot K/W} \qquad (8.12)$$

$$R_{\mathrm{3D}} = \frac{\delta_{\mathrm{3D}}}{\lambda_{\mathrm{3D}}} = \frac{9.5 \times 10^{-3}}{0.07196} \ \mathrm{m^2 \cdot K/W} = 1.32 \times 10^{-1} \ \mathrm{m^2 \cdot K/W} \qquad (8.13)$$

式中，下标 Al0.5、Al1.5、GFPP 和 3D 分别代表 0.5 mm、1.5 mm 铝合金薄板和玻璃纤维增强聚丙烯预浸料层以及三维中空复合材料。6061-T6 铝合金的导热系

数为 155 W/(m·K)，玻璃纤维增强聚丙烯复合材料的导热系数为 0.254 W/(m·K)，三维中空复合材料的导热系数为 0.07196 W/(m·K)。

Al/GF/PP 面板–三维中空夹层复合材料的热阻相当于各个热阻串联而成，则各结构的热阻为

$$R_{S0} = R_{3D} = 0.13200000 \ \text{m}^2 \cdot \text{K/W} \tag{8.14}$$

$$R_{S1} = 2R_{Al0.5} + 2R_{GFPP} + R_{3D} = 0.13672646 \ \text{m}^2 \cdot \text{K/W} \tag{8.15}$$

$$R_{S2} = 4R_{Al0.5} + 4R_{GFPP} + R_{3D} = 0.14145292 \ \text{m}^2 \cdot \text{K/W} \tag{8.16}$$

$$R_{S3} = 6R_{Al0.5} + 6R_{GFPP} + R_{3D} = 0.14617938 \ \text{m}^2 \cdot \text{K/W} \tag{8.17}$$

$$R_{S4} = 8R_{Al0.5} + 8R_{GFPP} + R_{3D} = 0.15090584 \ \text{m}^2 \cdot \text{K/W} \tag{8.18}$$

则各结构导热系数为

$$\lambda_{S0} = \frac{\delta_{S0}}{R_{S0}} = \frac{9.5 \times 10^{-3}}{0.13200000} = 0.0720 \text{W}/(\text{m} \cdot \text{K}) \tag{8.19}$$

$$\lambda_{S1} = \frac{\delta_{S1}}{R_{S1}} = \frac{11.7 \times 10^{-3}}{0.13672646} = 0.0856 \text{W}/(\text{m} \cdot \text{K}) \tag{8.20}$$

$$\lambda_{S2} = \frac{\delta_{S2}}{R_{S2}} = \frac{13.9 \times 10^{-3}}{0.14145292} = 0.0983 \text{W}/(\text{m} \cdot \text{K}) \tag{8.21}$$

$$\lambda_{S3} = \frac{\delta_{S3}}{R_{S3}} = \frac{16.1 \times 10^{-3}}{0.14617938} = 0.1101 \text{W}/(\text{m} \cdot \text{K}) \tag{8.22}$$

$$\lambda_{S4} = \frac{\delta_{S4}}{R_{S4}} = \frac{18.3 \times 10^{-3}}{0.15090584} = 0.1213 \text{W}/(\text{m} \cdot \text{K}) \tag{8.23}$$

图 8.62 为中空夹层复合材料的导热系数，试验结果和理论计算值的变化趋势一致。随着夹层复合材料上下面板结构厚度增加，Al/GF/PP 面板–三维中空夹层复合材料 (S1~S4) 的导热系数呈增大趋势。依据国标，保温隔热材料的导热系数小于 0.12 W/(m·K)[16]。理论上设计的中空夹层复合材料均为保温材料，这是由于 Al/GF/PP 面板–三维中空夹层复合材料为中空结构，其中的空气层热传导性能差，可起到保温作用。随着面板厚度的增加，空气所占体积比逐渐减小，因此导热系数不断提高。然而，实测 Al/GF/PP 面板–三维中空夹层复合材料 (S1~S4) 的导热系数分别为 0.09064 W/(m·K)、0.10978 W/(m·K)、0.12608 W/(m·K) 和 0.14135 W/(m·K)，比理论值高 5.9%、11.7%、14.5% 和 16.5%。在理论计算中未考虑胶膜的厚度，导致 Al/GF/PP 面板–三维中空夹层复合材料的理论厚度偏小，尤其是面板结构较厚的情况，所以导热系数的理论计算值偏小。

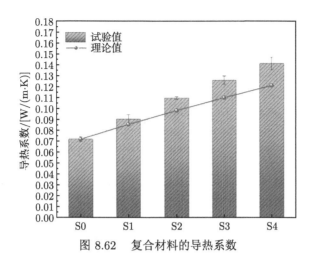

图 8.62　复合材料的导热系数

Al/GF/PP 面板–三维中空夹层复合材料 (12~18 mm) 的导热系数远小于铝蜂窝夹层复合材料 (20 mm) 的导热系数 [4.4~4.8 W/(m·K)][17] 以及文献报道的高速列车车体铝型材 (30 mm) 的导热系数 [2.93 W/(m·K)][18]，与市域列车车体平壁结构中 3D 蜂窝内饰件 (6 mm) 的导热系数 [0.12 W/(m·K)][19] 相近。

本章基于我国新一代高速列车的研制任务，围绕列车车体对轻质高强结构的迫切需求，提出以热塑性纤维金属层板为面板、三维中空复合材料为芯材的夹层复合结构进行设计和应用性能研究。结果显示，该类夹层复合结构具有比强度高、抗冲击性能好的优势，同时兼具隔声和隔热特性。Al/GF/PP 面板–三维中空夹层复合材料的成功制备为该类具有超混杂面板的中空夹层复合材料的设计和应用提供了新的思路。新面板材料、新芯材结构、新一体化成型工艺的探究，有利于最大化发挥夹层复合结构综合性能。

参 考 文 献

[1] Liu C, Zhang Y, Heslehurst R. Impact resistance and bonding capability of sandwich panels with fibre-metal laminate skins and aluminium foam core[J]. Journal of Adhesion Science and Technology, 2014, 28(24): 2378-2392.

[2] Fan H, Chen H, Zhao L, et al. Flexural failure mechanisms of three-dimensional woven textile sandwich panels: experiments[J]. Journal of Composite Materials, 2014, 48(5): 609-620.

[3] Najafi M, Ansari R, Darvizeh A. Experimental characterization of a novel balsa cored sandwich structure with fiber metal laminate skins[J]. Iran Polymer Journal, 2018, 28(1): 87-97.

[4] Sayyad A, Ghugal Y. Bending, buckling and free vibration of laminated composite and sandwich beams: a critical review of literature[J]. Composite Structures, 2017, 171:

486-504.

[5]　Pandey A, Muchhala D, Kumar R, et al. Flexural deformation behavior of carbon fiber reinforced aluminum hybrid foam sandwich structure[J]. Composites Part B: Engineering, 2020, 183: 107729.

[6]　Wang H, Belarbi A. Ductility characteristics of fiber-reinforced-concrete beams reinforced with FRP rebars[J]. Construction and Building Materials, 2011, 25: 2391-2401.

[7]　Du D, Hu Y, Li H, et al. Open-hole tensile progressive damage and failure prediction of carbon fiber-reinforced PEEK-titanium laminates[J]. Composites Part B: Engineering, 2016, 91: 65-74.

[8]　钟志珊. 整体中空夹层复合材料力学性能研究 [D]. 南京: 南京航空航天大学, 2007.

[9]　王闯, 刘荣强, 邓宗全, 等. 铝蜂窝结构的冲击动力学性能的试验及数值研究 [J]. 振动与冲击, 2008, 27(11): 56-61.

[10]　霍新涛. 铝蜂窝三明治结构耐撞性能研究 [D]. 长沙: 湖南大学, 2018.

[11]　Carrillo J G, Gonzalez-Canche N G, Flores-Johnson E A, et al. Low velocity impact response of fibre metal laminates based on aramid fibre reinforced polypropylene[J]. Composite Structures, 2019, 220: 708-716.

[12]　王杰. 复合材料泡沫夹层结构低速冲击与冲击后压缩性能研究 [D]. 上海: 上海交通大学, 2013.

[13]　Tu W, Pindera M J. Damage evolution in cross-ply laminates revisited via cohesive zone model and finite-volume homogenization[J]. Composites Part B: Engineering, 2016, 86(2): 40-60.

[14]　张宇. 大型动力机械结构噪声分析与治理 [D]. 沈阳: 沈阳工业大学, 2006.

[15]　种祥璋. 建筑吸声材料与隔声材料 [M]. 北京: 化学工业出版社, 2012.

[16]　庄园. 寒区隧道保温材料浸水导热特性及合理厚度研究 [D]. 西安: 长安大学, 2018.

[17]　樊卓志. 铝合金蜂窝板的隔热性能及热力耦合数值模拟研究 [D]. 昆明: 昆明理工大学, 2013.

[18]　齐凯文, 苑玉展, 徐刚. 高速列车车体铝合金型材传热系数仿真计算方法研究 [J]. 世界有色金属, 2017, 15: 260-263.

[19]　王晶凯. 浅谈市域列车隔热性能 [J]. 科学技术创新, 2019, 3: 35-36.